当代主力战机
数据和结构图·2

〔英〕保罗·艾登 索普·莫恩 主编 胡水清 汪宏海 孔 鑫 译

中国市场出版社
China Market Press

图书在版编目（CIP）数据

当代主力战机：数据和结构图·2/（英）艾登（Eden, P. E.），（英）莫恩（Moeng, S.）
主编；胡水清，汪宏海，孔鑫译．—北京：中国市场出版社，2014.6
书名原文：Modern Military Aircraft Anatomy
ISBN 978-7-5092-1229-5

Ⅰ．①当…　Ⅱ．①艾…　②莫…　③胡…　④汪…　⑤孔…　Ⅲ．军用飞机—世
界　Ⅳ．① E926.3

中国版本图书馆 CIP 数据核字（2014）第 070149 号

著作权合同登记号：　图字 01—2013—3045

出版发行　中国市场出版社

社　　址　北京月坛北小街2号院3号楼　　邮政编码　100837

电　　话　编 辑 部（010）68034190　　　　读者服务部（010）68022950

　　　　　发 行 部（010）68021338　　68020340　　68053489

　　　　　　　　　　68024335　　68033577　　68033539

　　　　　总 编 室（010）68020336

　　　　　盗版举报（010）68020336

邮　　箱　1252625925@qq.com

经　　销　新华书店

印　　刷　北京佳明伟业印务有限公司

规　　格　240毫米×225毫米　12开本　　　版　　次　2014年6月第1版

印　　张　16　　　　　　　　　　　　　　　印　　次　2014年6月第1次印刷

字　　数　485千字　　　　　　　　　　　　定　　价　66.00元

版权所有　侵权必究　　印装差错　负责调换

目 录

战斗机
Fighters

达索公司，"阵风"

Dassault Rafale

↑作为海军首架投产机，"阵风"M1与单座的C型机在机构、系统等方面保持了80%的相似度。最初的软件标准使战机在执行空防任务时，能同时攻击多个目标。后来F1.1标准软件增加了"米卡"空－空导弹和与E-2C通信数据链。

达索公司"阵风"
主要部件剖面图

1 凯夫拉复合材料雷达罩；

2 泰利斯公司的RBE2电子扫描下视/下射多模式雷达扫描装置；

3 固定式（可拆卸）空中受油管；

4 前扇区光学系统（FSO）－红外搜索与跟踪（IRST）设备；

5 FSO－被动视觉、低照度电视（LLTV）；

6 前视光学系统模块；

7 空气流量传感器，俯仰与偏航；

8 总温传感器；

9 雷达设备模块；

10 动态测压探针；

11 座舱前气密隔板；

12 仪表盘罩；

13 方向舵脚蹬；

14 座舱盖紧急抛射器；

15 冷光源编队条形灯；

16 可选择的机鼻起落架部件，用于"阵风"M；

17 弹射索连杆；

18 甲板进场和识别灯；

19 阻力撑杆；

20 液压收缩千斤顶；

21 鼻轮舱；

22 左侧控制板；

23 发动机油门杆，显示图像控制器和手控节流阀控制系统（HOTAS），线传飞控系统的侧杆控制器位于右侧；

24 肘衬；

25 飞行员的广角全息抬头显示器（HUD）；

26 无框风挡；

27 座舱盖，开启状态时的位置；

28 汤姆逊－CSF公司的ATLIS II激光指示吊舱，安装于右侧进气道附近的挂架下；

29 ATLIS II安装挂架适配器；

30 后视镜（3面）；

31 飞行员头盔及综合视觉显示器；

32 座舱盖，铰接于右侧；

33 飞行员的SEMMB（获得了马丁－贝克公司的生产许可）Mk16F零－零弹射座椅；

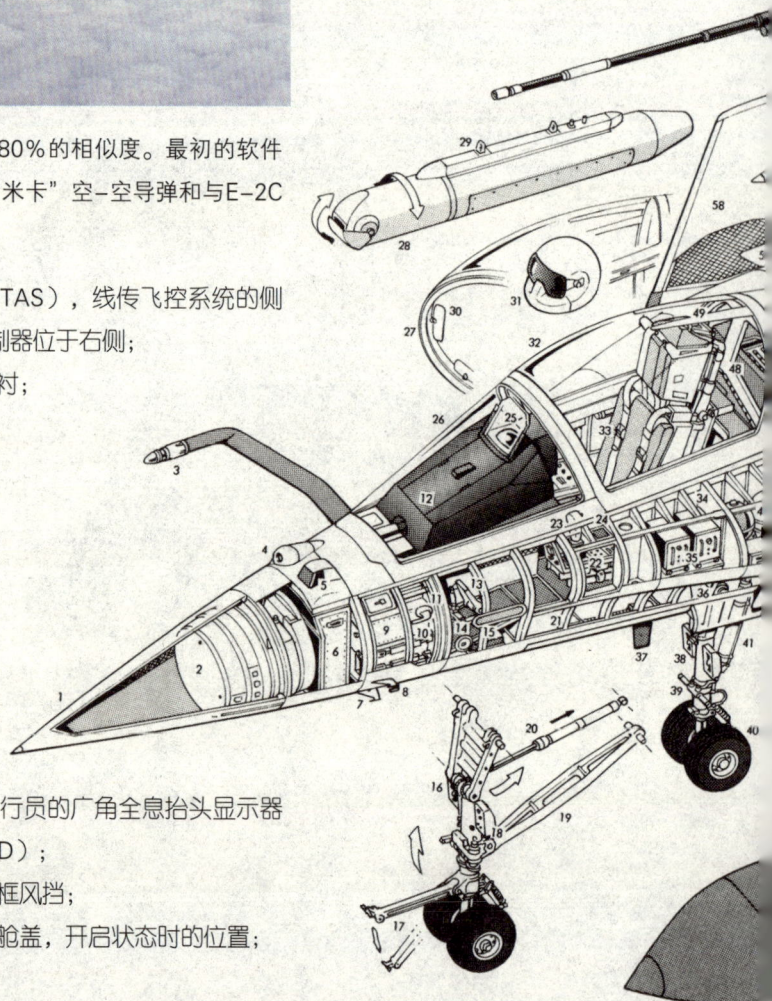

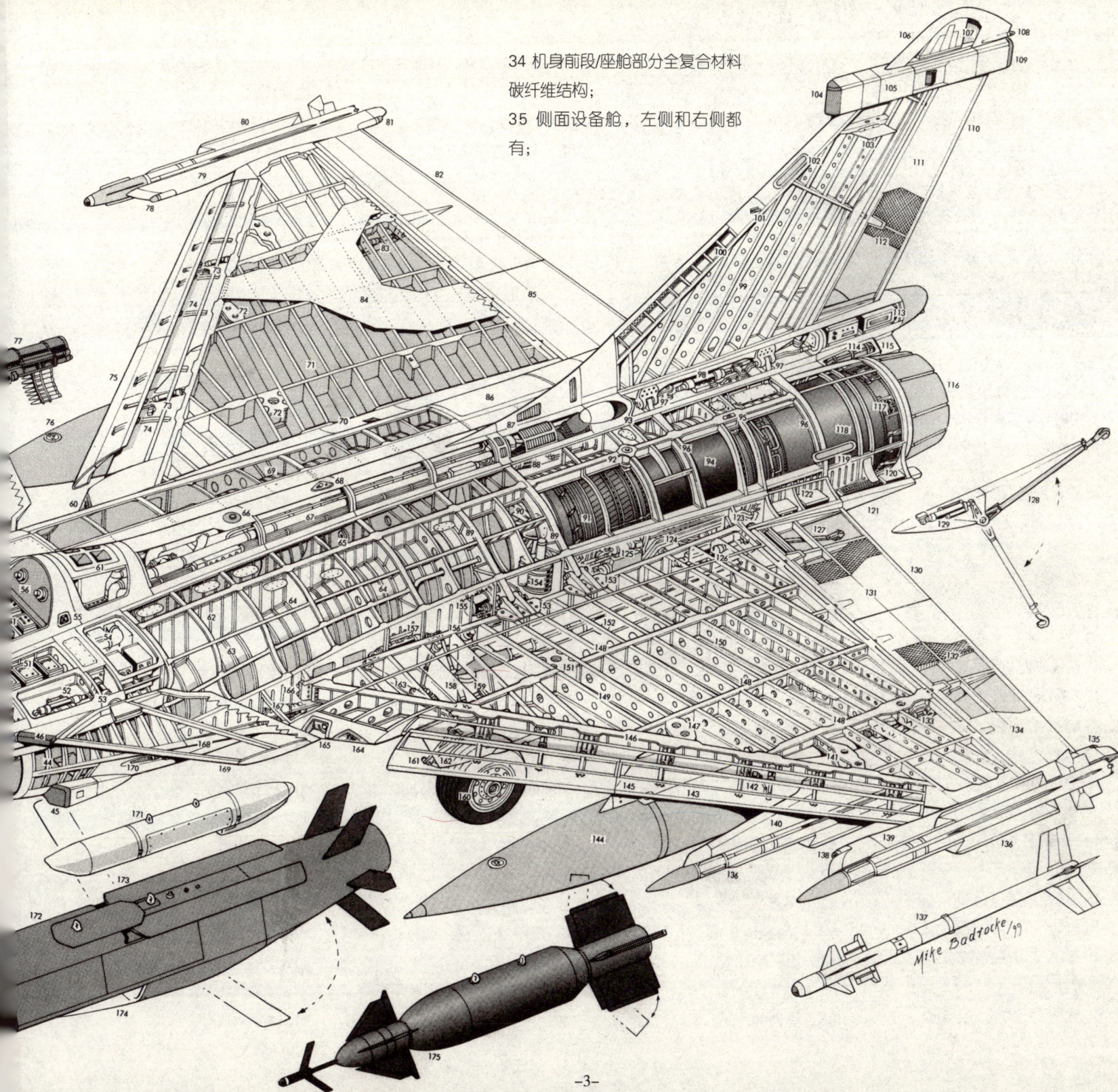

34 机身前段/座舱部分全复合材料碳纤维结构；

35 侧面设备舱，左侧和右侧都有；

Mike Badrocke/99

↑ 法国空军将要采购单座机和双座机，后者在数量上有绝对优势。这两种机型都被称为"阵风"D（D代表"审慎"），暗指型号的隐形特征。

36 机鼻起落架枢轴安装点；

37 鼻轮舱门处安装的下方UHF天线；

38 滑行灯；

39 液压转向动作筒；

40 双轮鼻轮，向前方收起；

41 液压收缩和闭锁撑杆；

42 左侧发动机进气道；

43 附面层分流板；

44 机腹进气道溢气口；

45 左侧倾斜式"频谱"（SPECTRA）ECM天线；

46 "频谱"（SPECTRA）RWR天线；

47 机载制氧系统（OBOGS）；

48 座舱盖中部拱起和支撑架；

49 埋入式电子操纵的座舱盖紧急破碎器；

50 电路断路器和诊断面板；

51 航电设备舱；

52 鸭翼液压动作筒；

53 鸭翼铰链座；

54 环境控制系统（ECS）设备舱；

55 座舱盖紧急抛射器；

56 座舱增压溢流阀；

57 鸭翼铰接固定装置；

58 右侧鸭翼；

59 碳纤维鸭翼结构，蜂窝状内部结构；

60 右侧导航灯；

61 空调系统热交换排气管；

62 机身内部铝锂合金基本结构；

63 进气道；

64 机身内部油箱，内部容量为1407加仑（5325升）；

65 左侧主纵梁；

66 卫星通信（SATCOM）天线；

67 背部整流罩，内部为系统管道；

68 防撞灯；

69 右侧机身整体油箱；

70 凯夫拉复合材料机翼/机身整流板；

71 右侧机翼整体油箱；

72 机翼外挂点；

73 前缘缝翼液压千斤顶和位置报告器；

74 缝翼导轨；

75 右侧两段式自动前缘缝翼；

76 右侧副油箱；

77 GIAT公司的 30M791 30毫米机炮，位于右侧机翼根部；

78 前向RWR天线；

79 翼尖固定式导弹挂架/发射导轨；

80 马特拉公司的"米卡"空对空导弹（红外制导型）；

81 后向RWR天线；

82 右侧外侧升降副翼；

83 副翼液压动作筒；

84 机翼碳纤维蒙皮；

85 内侧升降副翼；

86 机身铝锂合金蒙皮，碳纤维机腹发动机舱检修窗口；

87 辅助动力装置（APU）进气格栅；

88 微型涡轮发动机公司的APU；

89 机翼与机身采用锻造和机械式连接；

90 发动机压缩进气道和可变导流叶片；

91 斯奈克玛公司的M88-2加力涡扇发动机；

92 发动机前部安装架；

93 APU排气管；

94 碳纤维发动机外涵道；

95 发动机后部安装架；

96 垂尾连接主机身；

97 翼根螺栓连接件；

98 方向舵液压动作筒；

99 碳纤维多梁垂尾结构；

100 碳纤维前缘；

101 飞行控制系统气流传感器；

102 编队条形灯；

103 甚高频全向信标（VOR）定位天线；

104 前向ECM发射天线；

105 "频谱"（SPECTRA）整体式ECM系统设备罩；

106 垂尾顶部的天线整流罩；

107 甚高频（VHF）/超高频（UHF）通信天线；

108 尾部航行灯；

109 尾部ECM发射天线；

110 方向舵；

111 碳纤维方向舵蒙皮；

112 铝制蜂窝状内部结构；

113 ECM设备和天线整流罩；

114 减速伞舱；

115 发动机舱排气顶窗；

116 可变面积加力燃烧室喷嘴盖板；

117 喷嘴动作筒（5个）；

118 加力燃烧室管道；

119 编队条形灯

120 箔条/诱饵发射器；

121 机翼后缘翼根延伸段；

122 飞行控制设备；

123 机翼尾梁连接点；

124 发动机附件设备；

125 发动机油箱；

126 内侧升降副翼液压动作筒；

127 储能（弹簧承载）跑道紧急着陆钩；

128 甲板着陆钩，"阵风"M；

129 着陆钩液压动作筒和减震器；

130 左侧内侧升降副翼；

131 碳纤维升降副翼蒙皮；

132 铝制蜂窝状内部结构；

133 机腹整流罩内的升降副翼液压动作筒；

134 左侧外侧升降副翼；

135 左侧后向RWR天线；

136 马特拉公司的"米卡"雷达制导（EM）空对空导弹；

137 马特拉公司的"魔术"II短程空对空导弹；

138 前向RWR天线；

139 左侧翼尖导弹挂架/发射导轨；

140 机翼外侧导弹挂架；

141 外侧挂架硬连接点；

142 前缘逢翼导轨和液压千斤顶；

143 左侧自动前缘逢翼，采用超塑成型的扩散结合钛合金制造；

144 449加仑（1700升）副油箱，528加仑（2000升）副油

可挂载在内侧挂架或机身中线下方；

145 左侧机翼中部挂架；

146 前缘翼梁；

147 中部挂架硬连接点；

148 钛合金翼肋；

149 碳纤维多梁翼板结构；

150 左侧机翼整体油箱；

151 内侧挂架硬连接点；

152 机腹后部马特拉"米卡"导弹挂架；

153 翼板钛合金螺栓连接固定装置；

154 液压油箱和蓄压器，左侧和右侧都有，独立双系统；

155 安装于机身的配件设备变速箱，依靠发动机驱动，左侧和右侧的变速箱相互连接；

156 主起落架支腿枢轴支架；

157 液压收缩千斤顶；

158 支腿旋转连杆，机轮平躺在进气道下方；

159 主轮减震支杆；

160 左侧主轮；

161 扭接连杆；

162 内侧机翼挂架；

163 主轮支腿缓冲支杆；

164 左侧航行灯；

165 着陆灯；

166 前梁/机身连接点；

167 电动备用液压泵；

168 机翼/机身棱锥；

169 左侧鸭翼；

170 位于机身右侧的机炮炮口；

171 罗比斯公司的前视红外（FLIR）吊舱，安装在左侧进气道下方；

172 马特拉公司的"阿帕奇"防区外发射子弹药撒布器；

173 可折叠翼板；

174 "阿帕奇"可抛弃的独立式发动机进气口整流罩；

175 马特拉公司的BGL1000激光制导2205磅（1000千克）高爆（HE）炸弹。

→该机携带了4枚惰性GBU-12激光制导炸弹，翼尖装备了"魔术"空-空导弹。还请注意可拆卸（此处已安装）的空中加油管。当进行低空突防任务时，"阵风"可以携带12枚551磅重（250千克）的炸弹、4枚"米卡"空-空导弹，其外置油箱可装载880英制加仑（4000升）的燃油，其作战半径达到了655英里（1055千米）。

达索"阵风"技术说明

主要尺寸

长度：50英尺2.375英寸（15.30米）

翼展（包括导弹）：35英尺9.125英寸（10.90米）

高度：17英尺6.25英寸（5.34米）

动力装置

2台斯奈克玛公司的M88-2涡扇发动机，每台发动机净推力10960磅（48.75千牛），开加力时推力16413磅（73.01千牛）

重量

空重：大约20925磅（9500千克）

最大起飞重量（初始型号）：42951磅（19500千克）

最大起飞重量（发展型号）：49559磅（22500千克）

性能

高空最大速度2马赫；低空最大速度750节（1390千米/小时）

实用升限：59055英尺（18000米）

执行对地攻击任务时作战半径591海里（1093千米），携带12500磅炸弹、4枚"米卡"导弹、1个2000升和2个1250升副油箱；

执行防空任务时作战半径1000海里（1853千米），携带8枚"米卡"导弹、2个2000升和2个1250升副油箱

欧洲战斗机"台风"
Eurofighter Typhoon

↓DA.7号原型机由意大利阿莱尼亚公司建造。"欧洲战斗机"的原型机DA.7号在1997年年初首次试飞,主要用做导航和通信、性能和武器整合方面的测试。DA.7的后继者是5架标准量产机,其中,第一架(航宇公司生产的IPA.1)是双座战机,于2002年4月15日首飞。

↑在当前军事形势下,需要发展一种能够同时执行空中格斗和对地攻击任务的战机,而英国皇家空军的"欧洲战斗机"的设计从一开始就是按照这种标准进行规划的。

欧洲战斗机"台风"
主要部件剖面图

1 玻璃纤维强化塑料(GFRP)雷达天线罩,铰接于右侧;

2 欧洲雷达公司生产的"捕捉者"多模式脉冲多普勒雷达扫描装置;

3 机械扫描装置;

4 可收缩式空中受油管;

5 仪表盘罩;

6 Eurofirst公司的无源红外机载跟踪设备(PIRATE)前视红外搜索与跟踪传感器;

7 雷达设备舱;

8 大气数据传感器;

9 左侧鸭翼前舱;

10 前舱扩散焊接钛金属结构;

11 前舱枢轴座;

12 液压动作筒;

13 方向舵脚蹬;

14 仪表盘和史密斯工业公司的全彩多功能低头显示器(MHDD);

15 英国宇航系统公司航电设备公司的抬头显示器(HUD);

16 后视镜;

17 铰接式座舱盖,向上开启;

18 飞行员的马丁-贝克Mk16A零-零弹射座椅;

19 操纵杆、柱形手柄和全权数字式主动控制技术(ACT)的线传飞控系统;

20 发动机节流阀杆,HOTAS控制系统;

21 侧杆控制面板;

22 延伸状态的登机梯;

23 附面层分流板;

24 航电设备舱下面的空调设备;

25 座舱后气密隔板;

26 座舱增压阀;

27 座舱盖闭锁制动器;

28 座舱后盖板;

29 航电设备舱,左侧和右侧都有;

30 低压冷光源编队条形灯;

31 前机身翼板;

32 空调系统热交换排气口;

33 左侧发动机辅助进气道;

34 进气道斜坡式溢出气流排气

道;

35 左侧发动机进气道;

36 带有"整流罩"的液压制动器;

37 座舱盖外部解锁装置;

38 低频UHF天线;

39 向后收起式鼻轮;

40 机身前部半埋入式导弹挂架;

41 压力加油连接头;

42 固定式机翼内侧前缘部分;

43 导弹发射和迫近告警天线;

44 导弹发射和迫近告警接收器;

45 中央伺服马达驱动的前缘缝翼驱动轴;

46 进气道;

47 机身前部油箱,左侧和右侧都有;

48 重力式燃油注入口;

49 减速板的铰链座;

50 座舱盖铰点;

51 双座战斗教练型的中部和前部机身;

52 飞行学员的座位;

53 教练员的座位;

54 背部油箱;

55 位置有所变化的航电设备舱,左侧和右侧都有;

56 背部减速板;

57 减速板液压千斤顶;

58 机身中部内油箱;

59 油箱盖板;

60 辅助动力装置(APU),机身右侧相同位置则是机炮舱;

61 APU排气口;

62 机炮弹药舱;

63 钛合金翼段连接固定装置;

64 主起落架轮舱;

65 碳纤维复合材料(CFC)机身中段蒙皮;

66 翼段和机身主框架的机械式连接点;

67 防撞闪光灯;

68 战术空中导航(TACAN)天线;

69 背部整流罩,空气和电线管道;

70 机身中部内油箱;

71 后备式电源系统(SPS)设备舱,依靠发动机驱动、安装于机身的配件设备变速箱;

72 欧洲喷气发动机公司的EJ200加力低涵道比涡扇发动机;

73 发动机前部连接点;

74 液压油箱,左侧和右侧都有,独立双系统;

75 发动机溢出气流主热交换机;

76 热交换机冲压空气进气道;

77 右侧翼段整体式油箱;

78 右侧翼段整体式油箱;

79 右侧前缘缝翼部分;

80 机翼CFC蒙皮;

81 右侧翼尖电子战(EW)设备;

82 右侧航行灯;

83 英国宇航系统公司的拖曳式雷达诱饵(TRD);

欧洲战斗机"台风"技术说明

主要尺寸

机长:52英尺4英寸(15.96米)

高度:17英尺4英寸(5.28米)

翼展:35英尺11英寸(10.95米)

机翼面积:538.21英尺²(50.00米²)

平尾翼展:14英尺1.5英寸(4.31米)

机翼面积:25.83英尺²(2.40米²)

动力装置

2台欧洲喷气发动机公司的EJ200加力涡扇发动机,每台发动机净推力13490磅(60.00千牛),开加力时推力20250磅(90.00千牛)

重量

空重:21495磅(9750千克)

最大起飞重量:46297磅(21000千克)

性能

最大速度:在36090英尺(11000米)高度不携带武器)为1321英里/小时(1147节)

航程

作战半径:288～345英里(463～556千米)

武器装备

1门27毫米"毛瑟"BK27机炮、短程空对空导弹、中程空对空导弹、空对地导弹、反雷达导弹、制导和非制导炸弹;机炮安装于机身右侧,其余武器挂载在9个机翼下挂架和4个机身下导弹发射架。所有的武器载荷超过14000磅(大约6500千克)

↓由意大利阿莱尼亚公司建造的"欧洲战斗机"的原型机DA.7号在1997年年初首次试飞。

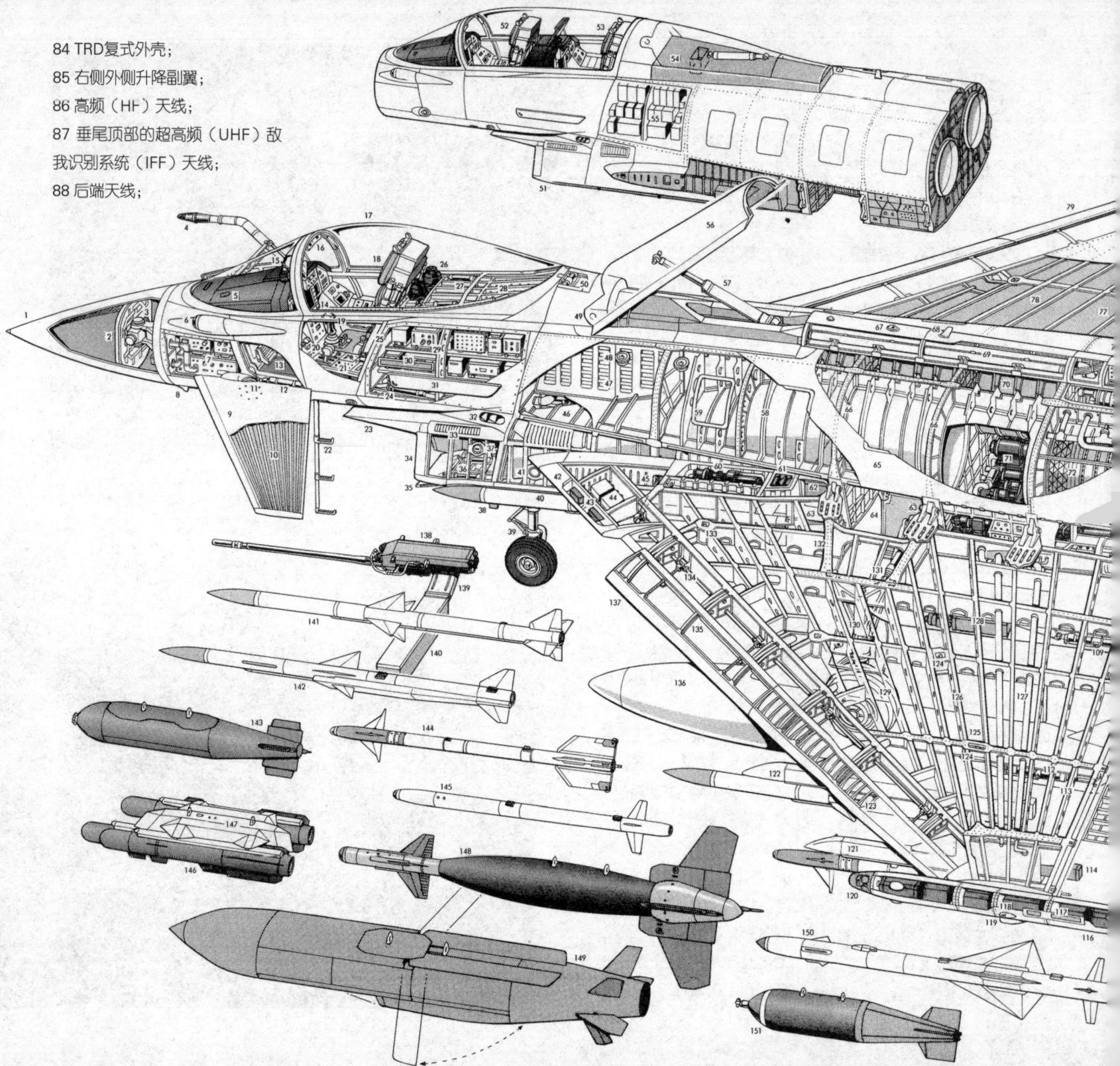

84 TRD复式外壳；

85 右侧外侧升降副翼；

86 高频（HF）天线；

87 垂尾顶部的超高频（UHF）敌

我识别系统（IFF）天线；

88 后端天线；

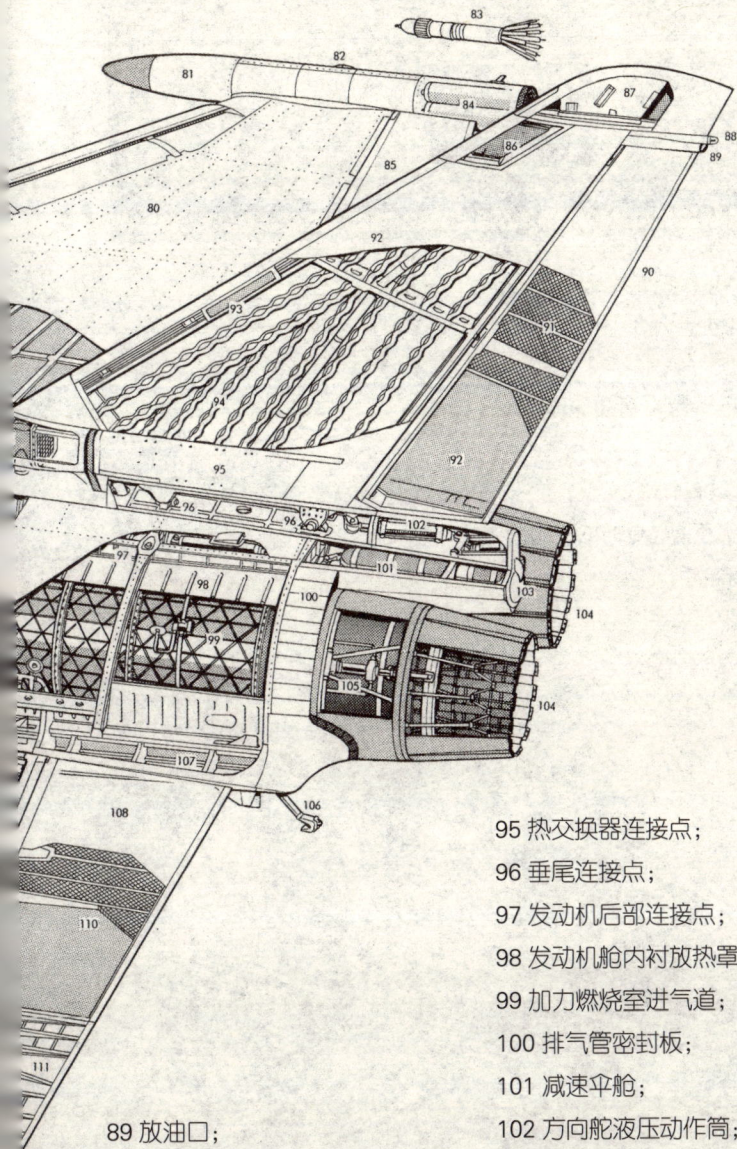

109 内侧挂架安装的箔条/曳光弹发射器；

110 升降副翼的蜂窝状内部结构；

111 外侧升降副翼的全钛结构；

112 外侧挂架安装的箔条/曳光弹发射器；

113 后部电子对抗设备（ECM）/电子支援设备（ESM）天线整流罩；

114 左侧机翼外侧挂架下的箔条撒布器；

115 翼尖编队条形灯；

116 左侧翼尖电子对抗设备/电子监视吊舱；

117 翼尖编队条形灯；

118 左侧航行灯；

119 电子设备冷却冲压空气进气口；

120 外侧导弹挂架；

121 钛合金前缘缝翼结构；

122 挂架硬连接点；

123 钛合金前缘缝翼结构；

124 电线管道；

125 铰接于升降副翼上的箔条/曳光弹发射器和控制器；

126 左侧主轮支杆；

127 液压收缩千斤顶；

128 安装起落架的翼梁根部；

129 翼面多梁结构；

130 电线管道；

131 铰接于升降副翼上的箔条/曳光弹发射器和控制器；

132 左侧主轮；

133 主轮支杆；

134 液压收缩千斤顶；

135 安装起落架的翼梁根部；

136 外挂副油箱的内侧挂架；

137 左侧两段式前缘缝翼，伸出状态；

138 右侧机翼根部的"毛瑟"27毫米机炮；

139 供弹槽；

140 横向弹舱；

141 AIM-120 AMRAAM中程空对空导弹；

142 欧洲导弹公司的"流星"先进视距外导弹；

143 BL-755集束炸弹；

144 AIM-9L"响尾蛇"短程空对空导弹；

145 MBDA公司的ASRAAM先进短程导弹；

146 三联装导弹挂载/发射器挂架适配器；

147 GBU-24/B"铺路石"Ⅲ 2000磅（907千克）激光制导炸弹；

148 MBDA公司的"风暴阴影"区域外发射精确攻击武器；

149 MBDA公司的ALARM反雷达导弹；

150 117型1000磅（454千克）减速炸弹。

95 热交换器连接点；

96 垂尾连接点；

97 发动机后部连接点；

98 发动机舱内衬放热罩；

99 加力燃烧室进气道；

100 排气管密封板；

101 减速伞舱；

102 方向舵液压动作筒；

103 减速伞舱门；

104 可变区域加力燃烧室喷嘴；

105 喷嘴液压动作筒；

106 跑道紧急着陆钩；

107 机身后部半埋入式导弹挂架；

108 左侧CFC内侧升降副翼；

89 放油口；

90 方向舵；

91 蜂窝状内部结构；

92 垂尾和方向舵的CFC蒙皮；

93 编队条形灯；

94 垂尾的CFC"正弦波"梁结构；

洛克希德·马丁公司，F-22 "猛禽"

Lockheed Martin F-22 Raptor

↑F/A-22A正在投下曳光诱饵弹。诱饵弹的发射位置于主起落架舱的正后方。

**洛克希德·马丁F-22 "猛禽"
主要部件剖面图**

1 雷达复合材料天线罩；

2 诺斯罗普·格鲁曼/得州仪器AN/APG-77多模式主动电子扫描（E-Scan）雷达天线；

3 倾斜式雷达安装隔板；

4 空速管探头；

5 大气数据传感器系统接收器（4个方位）；

6 雷达设备舱；

7 导弹发射探测窗口；

8 座舱前气密隔板；

9 座舱侧壁板；

10 座舱底板下方的航电设备舱；

11 航电设备模块（铰接式舱盖，向下方开启）；

12 冷光源编队条形灯；

13 复合材料前机身侧蒙皮；

14 方向舵脚蹬；

15 仪表控制板（6个多功能全彩液晶显示器）；

16 GEC-马可尼航电设备公司的抬头显示器；

17 上开式座舱盖；

18 麦克唐纳·道格拉斯公司的ACES II（改进型）弹射座椅；

19 安装有驾驶杆的右侧控制板（用于数字线传飞控系统）；

20 安装有油门杆的左侧控制板；

21 登机梯装载室；

22 座舱后气密隔板；

23 电源设备舱；

24 电池舱；

25 鼻轮门；

26 着陆/滑行灯；

27 向前收起式鼻轮；

28 扭力臂；

29 左侧进气道；

30 钛合金进气道框架；

31 进气道溢出气流排气口；

32 进气道流量控制板；

33 流量控制板液压动作筒；

34 进气道下方的数据链天线和微波着陆系统天线；

35 风冷式飞行关键设备（ACFC）的冷却空气进气道，利用的是附面层吸除导气管和地面操作的吹风机；

36 附面层吸除排气口；

37 机载制氧系统（OBOGS）；

38 1号机身油箱；

39 座舱盖铰接点；

40 座舱盖电动制动器；

41 右侧进气道；

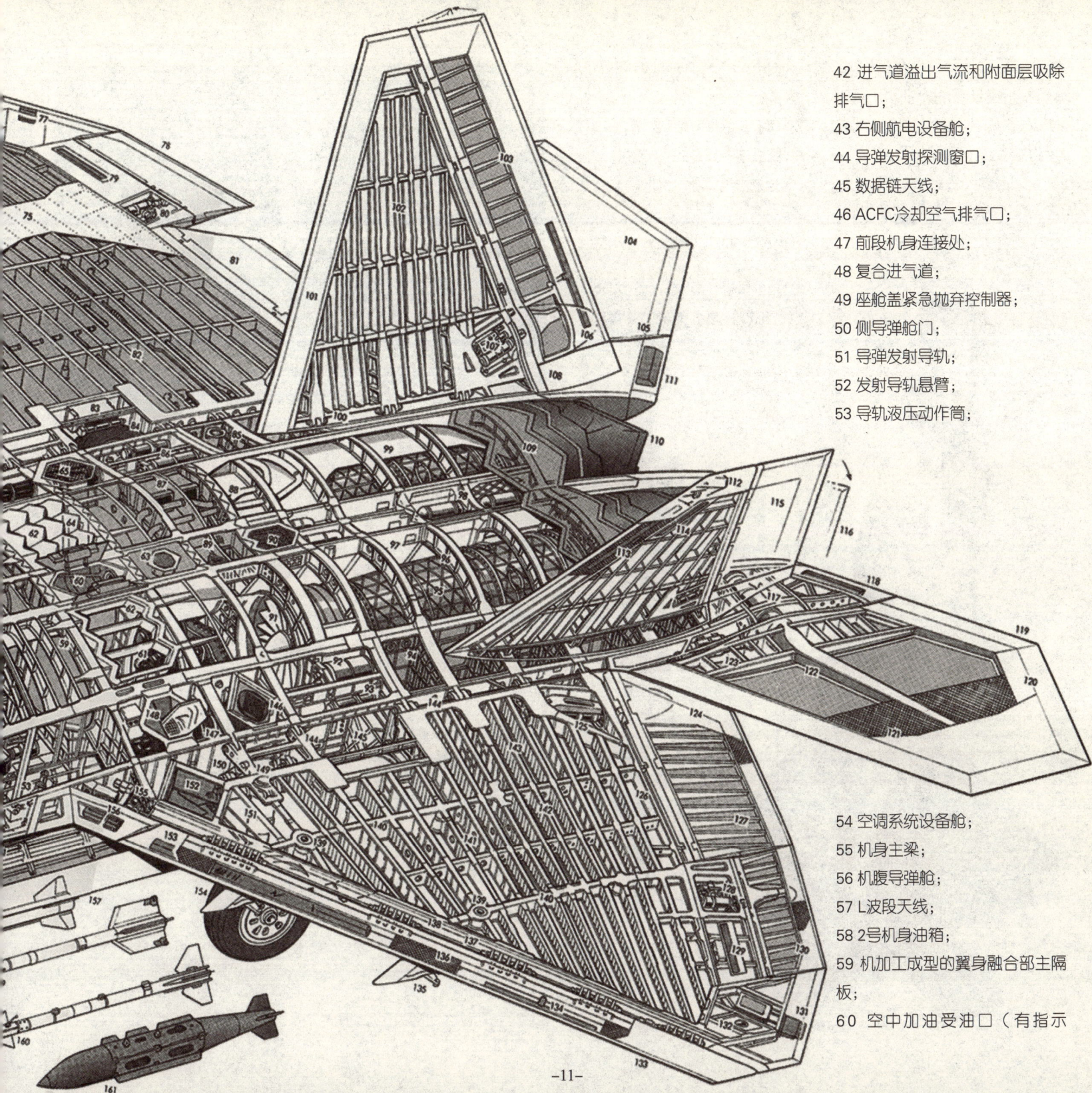

42 进气道溢出气流和附面层吸除排气口；

43 右侧航电设备舱；

44 导弹发射探测窗口；

45 数据链天线；

46 ACFC冷却空气排气口；

47 前段机身连接处；

48 复合进气道；

49 座舱盖紧急抛弃控制器；

50 侧导弹舱门；

51 导弹发射导轨；

52 发射导轨悬臂；

53 导轨液压动作筒；

54 空调系统设备舱；

55 机身主梁；

56 机腹导弹舱；

57 L波段天线；

58 2号机身油箱；

59 机加工成型的翼身融合部主隔板；

60 空中加油受油口（有指示

灯）；

61 安装于机身的发动机附件机匣；

62 进气道超压溢出门；

63 全球定位系统（GPS）天线；

64 弹药供给槽，机身腹部的480发横向弹夹；

65 M61A2六管轻型转管机炮；

66 炮管；

67 可上翻的炮口舱门；

68 翼根电子战（EW）天线；

69 通信/导航/识别（CNI）UHF天线；

70 CNI Bond 2天线；

↓N22YF是首架YF-22"猛禽"原型机，该型机应用了矢量推力技术，大大提高了各种飞行状态下的机动性。

71 2271升副油箱；

72 右侧前缘襟翼（放下位置）；

73 襟翼驱动轴和转动装置；

74 ILS定位天线；

75 碳纤维复合机翼蒙皮；

76 右侧航行灯（上下都有）；

77 翼尖EW天线；

78 右侧副翼；

79 编队条形灯；

80 副翼液压制动器；

81 右侧襟副翼（放下位置）；

82 右侧机翼内油箱；

83 电源系统整流器（左右两侧）；

84 右侧主机轮（收起状态）；

85 机身侧面整体油箱；

86 液压设备舱；

87 燃油/空气和燃油/润滑油热交换器；

88 燃油管路；

89 3号机身整体油箱和机载惰性气体生成系统（OBIGS）；

90 发动机主热交换器；

91 发动机压气机前方的进气道；

92 左侧液压油箱；

93 液压蓄压器；

94 左侧侧面整体油箱；

95 普拉特·惠特尼公司的F119-PW-100加力式涡扇发动机；

96 机加工成型的发动机舱；

97 中线防火龙骨；

98 储能系统（SES）油箱，用于发动机重新点火；

99 发动机舱的内部隔热板；

100 垂尾根部连接点；

101 复合材料垂尾前缘和蒙皮；

102 多梁全复合材料垂尾结构；

103 右侧复合材料方向舵；

104 右侧平尾；

105 "猫眼"全向控制面；

106 CNI VHF 天线；

107 方向舵液压动作筒；

↑站在航空技术的最前沿，F-22"猛禽"无疑是世界上最先进的战斗机。

143 碳纤维复合材料"正弦波"翼梁；

144 翼根连接接头；

145 左侧主轮舱；

146 辅助动力装置（APU）排气口；

147 联合信号公司的APU；

148 APU进气口；

149 主起落架支柱安装点；

150 起落架收缩液压千斤顶；

151 主轮支柱；

152 左侧CNI UHF天线；

153 左侧CNI Band 2天线；

154 左侧主轮；

155 前缘襟翼驱动马达；

156 左侧Band 3和Band 4 EW天线；

157 机腹导弹舱门（开启状态）；

158 AIM-120A AMRAAM中程空对空导弹，机腹导弹舱可携带4枚（或者携带6枚AIM-120C）；

159 AIM-9M"响尾蛇"短程空对空导弹；

160 AIM-9X先进"响尾蛇"；

161 GBU-32 1000磅联合直接攻击弹药（JDAM）。

108 方向舵下方整流装置；

109 发动机尾喷管密封板；

110 二元推力矢量喷管；

111 CNI Band 2天线；

112 紧急着陆钩整流罩；

113 垂尾前缘CNI VHF天线；

114 编队条形灯；

115 左侧方向舵；

116 减速板，通过方向舵差动偏向减速；

117 平尾枢轴安装点；

118 左侧尾部CNI Band 2天线；

119 左侧全动平尾；

120 全复合材料平尾结构；

121 碳纤维蒙皮及内部蜂窝结构；

122 复合材料平尾翼梁；

123 平尾液压动作筒；

124 左侧襟副翼；

125 襟副翼液压动作筒；

126 机翼尾梁（钛合金）；

127 全复合材料襟副翼结构；

128 副翼动作筒；

129 编队条形灯；

130 左侧全复合材料副翼结构；

131 Band 3 EW天线；

132 左侧航行灯（上方和下方都有）；

133 左侧前缘襟翼；

134 左侧ILS定位天线；

135 在运输配置状态下，机翼外挂架可以携带副油箱和AIM-120导弹，或者用专门的发射器携带两枚AIM-120导弹；

136 复合材料前缘机翼结构；

137 前缘襟翼驱动轴和转动装置；

138 钛合金前梁；

139 外挂架安装点；

140 外挂架钛合金安装肋；

141 左侧机翼整体油箱；

142 多梁机翼结构；

米高扬－古列维奇设计局，米格–21 "鱼窝"
Mikoyan-Gurevich MiG-21 "Fishbed"

↑芬兰在1963—1998年间装备过米格–21型战斗机，最后一架于1998年退役。期间，米格–21F-13型、U型、UM型与BIS型共四种型号都曾服役过。图为最后一种型号的米格–21战斗机，即米格–21BIS MG-138型，于1998年3月7日正准备降落于里萨拉空军基地。芬兰目前已经用美国波音公司生产的F–18型战斗机取代了米格–21型战斗机。

↓第二代米格–21，如图中捷克斯洛伐克空军的该型机，具有更强大的火力和更复杂的航电设备。所有的米格–21都有空速管、吹气襟翼、两片式座舱和宽弦垂尾。

↑冷战期间，少数米格–21型战斗机流向了西方。此图就是一个例子，在"甜圈"行动中，一架苏制米格–21型战斗机飞行在格卢姆湖（51号地区）上空，该架飞机隶属于秘密的第4477测试与评估中队（"红鹰"中队），正与西方最新型的战机进行对抗以检验其性能，从而使专家们能够总结出各种战术。围绕着这些飞行测试的机密行动促成了有关51号地区的种种传闻，然而"假想敌的飞机就是外国的飞机"，这完全是一种似是而非的想法。

米格–21MF "鱼窝"-J技术说明

主要尺寸

机长（包括空速管）：51英尺8.5英寸（15.76米）

机长（不包括空速管）：40英尺4英寸（12.29米）

高度：13英尺6英寸（4.13米）

翼展：23英尺6英寸（7.15米）

机翼面积：247.5英尺²（23米²）

机翼展弦比：2.23

轮距：9英尺1.75英寸（2.79米）

轴距：15英尺5.5英寸（4.71米）

动力装置

1台MNPK "联盟"（图曼斯基/加利廖夫）R–13–300型涡轮喷气引擎，推力为8972磅（39.92千牛）；加力时推力达到14037磅（63.66千牛）

重量

空重：11795磅（5350千克）

正常起飞挂载4枚空对空导弹与3个129美制加仑（490升）副油箱时的重量：17967磅（8150千克）

最大起飞重量：20723磅（9400千克）

燃油与载荷

机内燃油：687美制加仑（2600升）

外挂燃油：3个副油箱总共387美制加仑（1470升）

最大载弹量：4409磅（2000千克）

性能

海平面最大爬升率：每分钟23622英尺（7200米）

实用升限：59711英尺（18200米）

起飞距离：2625英尺（800米）

转场航程（挂载3个副油箱时）：971海里（1118英里；1800千米）

按照高一低一高飞行剖面，挂载4枚551磅（250千克）炸弹时的作战半径：200海里（230英里；370千米）

按照高一低一高飞行剖面，挂载2枚551磅（250千克）炸弹与副油箱时的作战半径：400海里（460英里；740千米）

武器装备

GSh–23L型23毫米口径标准航炮，能发射穿甲弹与高爆弹药，配弹420发；通常情况装备制导空对空导弹。导弹发射装置能够发射K–13A型（AA–2型 "环礁"）与AA–2–2 "先进环礁"导弹。与其他米格–21型飞机一样，也能挂载总共8枚R–80型（AA–8型 "蚜虫"）红外制导导弹；可装备各种普通自由落体炸弹，总载弹量为1102磅（500千克）；可挂载杀伤炸弹、化学弹、集束炸弹与火箭推进的用于对付混凝土的空防武器，以及57毫米或240毫米口径火箭

米格–21MF "鱼窝"-J 主要部件剖面图

1 空速管；

2 风标式俯仰传感器；

3 风标式偏航传感器；

4 圆锥形进气口整流罩；

5 自旋式搜索与跟踪雷达天线；

6 附面层狭槽；

7 引擎进气口；

8 自旋式扫描雷达；

9 下部附面层放气口；

10 敌我识别天线；

11 前轮舱门；

12 前起落架与减震器；

13 前轮；

14 减震器；

15 航空电子设备舱；

16 姿态传感器；

17 前轮舱；

18 空气溢出门；

19 前轮伸缩枢轴；

20 分叉式进气管道；

21 航空电子设备舱；

22 电子设备；

23 进气管道；

24 上部附面层排气口；

25 动态压力探测器；

26 半椭圆形防弹风挡玻璃；

27 瞄准具；

28 固定边窗；

29 雷达观测仪；

30 操纵杆（设有水平尾翼配平开关与两个发射钮）；

31 方向舵踏板；

32 地板下控制拉杆导轨；

33 KM–1型0–0弹射座椅；

34 左侧控制面板；

35 起落架把柄；

36 座椅安全带；

37 座舱盖卡锁；

38 右侧开关面板；

39 后视镜；

40 向右侧开启的座舱盖；

41 弹射座椅头枕；

42 航空电子设备舱；

43 控制杆；

44 空调装置；

45 抽气机放气门；

46 进气管道；

47 机翼根部附加整流罩；

48 机翼/机身翼梁接合点；

49 机身环状结构；

50 中部结构；

51 主机身油箱；

52 无线电设备舱；

53 辅助进气口辅助进气口；

54 前缘整体油箱；

55 右侧机翼外侧武器挂架；

56 外侧机翼骨架；

57 右侧航行灯；

58 前缘隐蔽式天线；

59 翼刀；

60 副翼控制千斤顶；

61 右侧副翼；

62 襟翼制动器整流罩；

63 右侧附面层吹除襟翼；

64 多翼梁机翼骨架；

65 主整体机翼油箱；

66 起落架枢轴；
67 右侧主起落架；
68 辅助隔舱；
69 机身油箱；
70 主轮舱外部整流罩；
71 主轮（处于收起状态）；
72 中继设备；
73 机身背部控制杆；
74 压缩机；
75 燃油箱；
76 航空电子设备；
77 引擎附件；
78 图曼斯基R-13型涡轮喷气引擎；
79 机身接合处；
80 进气口；
81 尾部表面控制联动装置；
82 载荷感觉器；
83 水平尾翼千斤顶；
84 液压蓄能器；
85 水平尾翼配平装置马达；
86 垂直尾翼翼梁附加板；
87 方向舵千斤顶；
88 方向舵控制联动装置；

89 垂直尾翼骨架；
90 垂直尾翼前缘；
91 无线电电缆口；
92 磁场探测器；
93 垂直尾翼主翼梁；
94 天线面；
95 甚高频/超高频天线；
96 敌我识别天线；
97 编队灯；
98 尾部告警雷达；
99 后部航行灯；
100 放油口；
101 方向舵骨架；
102 方向舵枢纽；
103 减速伞舱整流罩；
104 减速伞；
105 引擎喷口（可调喷口）；
106 加力燃烧室装置；
107 加力燃烧室冷却进气口；
108 平尾联动装置整流罩；
109 喷口驱动气缸；

110 水平尾翼扭矩杆；
111 全动水平尾翼；
112 防摆动配重；
113 进气口；
114 加力燃烧室；
115 平尾翼根固定部分整流片；
116 纵向接合处；
117 外部导管（喷口液压装置）；
118 腹鳍；
119 引擎固定架；
120 起飞助推火箭倾斜喷口；
121 起飞助推火箭后部固定架；
122 起飞助推火箭；
123 腹部减速板（处于收起状态）；
124 支架点；
125 起飞助推火箭释放装置（前部固定架）；

126 着陆灯；
127 机腹挂架挂架；
128 主轮内侧舱门；
129 张开的链接斜槽；
130 23毫米口径GSh-23型航炮；
131 航炮炮口整流罩；
132 碎片挡板；
133 腹部副油箱；
134 左侧前部减速板，打开状态；

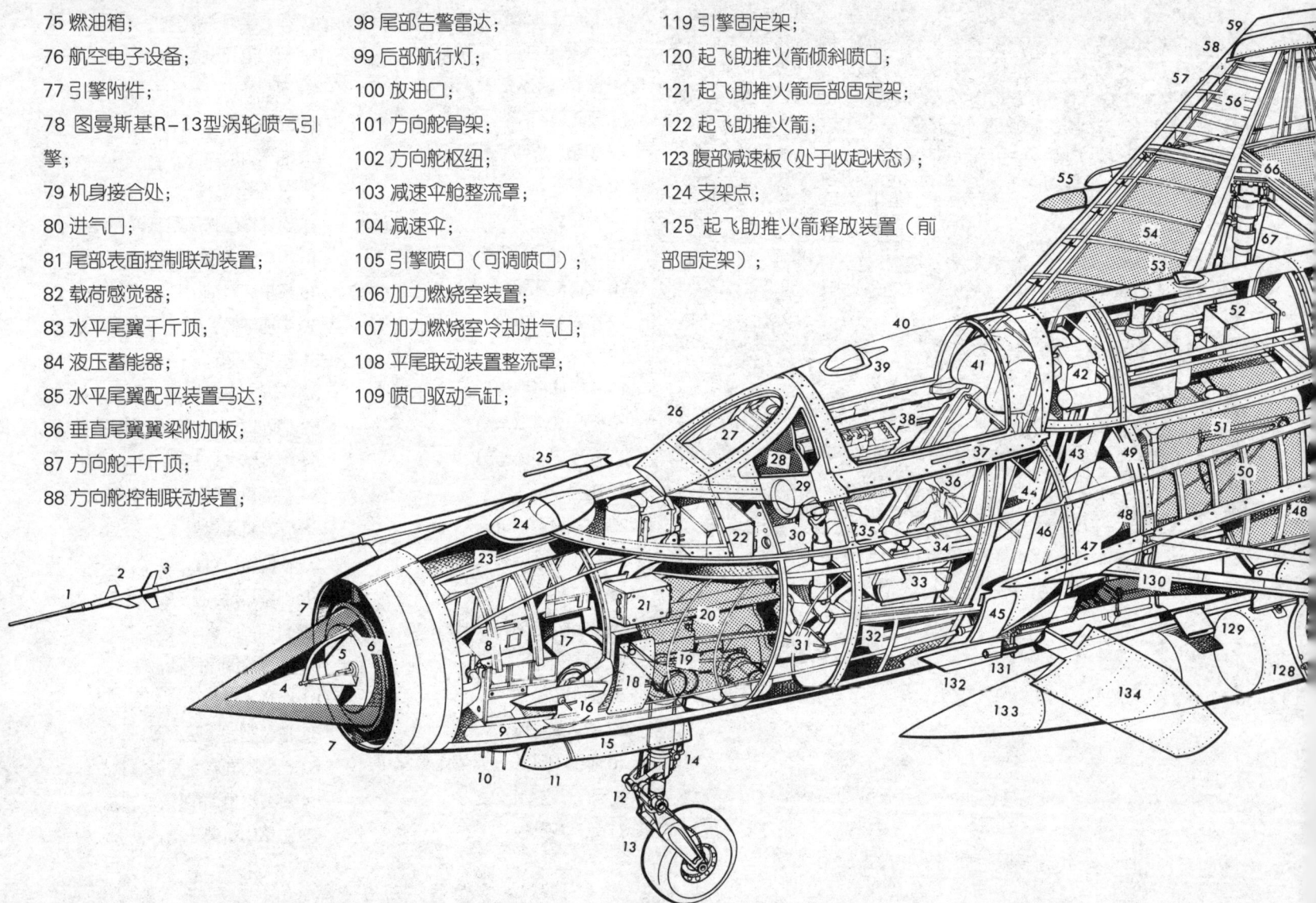

135 前缘整体油箱；
136 起落架收起支杆；
137 副翼前缘控制杆；
138 左内侧武器挂架；
139 UV-16-57型火箭吊舱；
140 左侧主轮；
141 主轮外侧舱门；
142 主起落架；
143 副翼控制联动装置；
144 主起落架枢轴；

145 主机翼整体油箱；
146 襟翼制动器整流罩；
147 左侧副翼；
148 副翼控制千斤顶；
149 外侧机翼骨架；

150 左侧航行灯；
151 左外侧武器挂架；
152 "先进环礁"红外制导空对
空导弹；
153 翼刀；
154 无线电高度计天线。

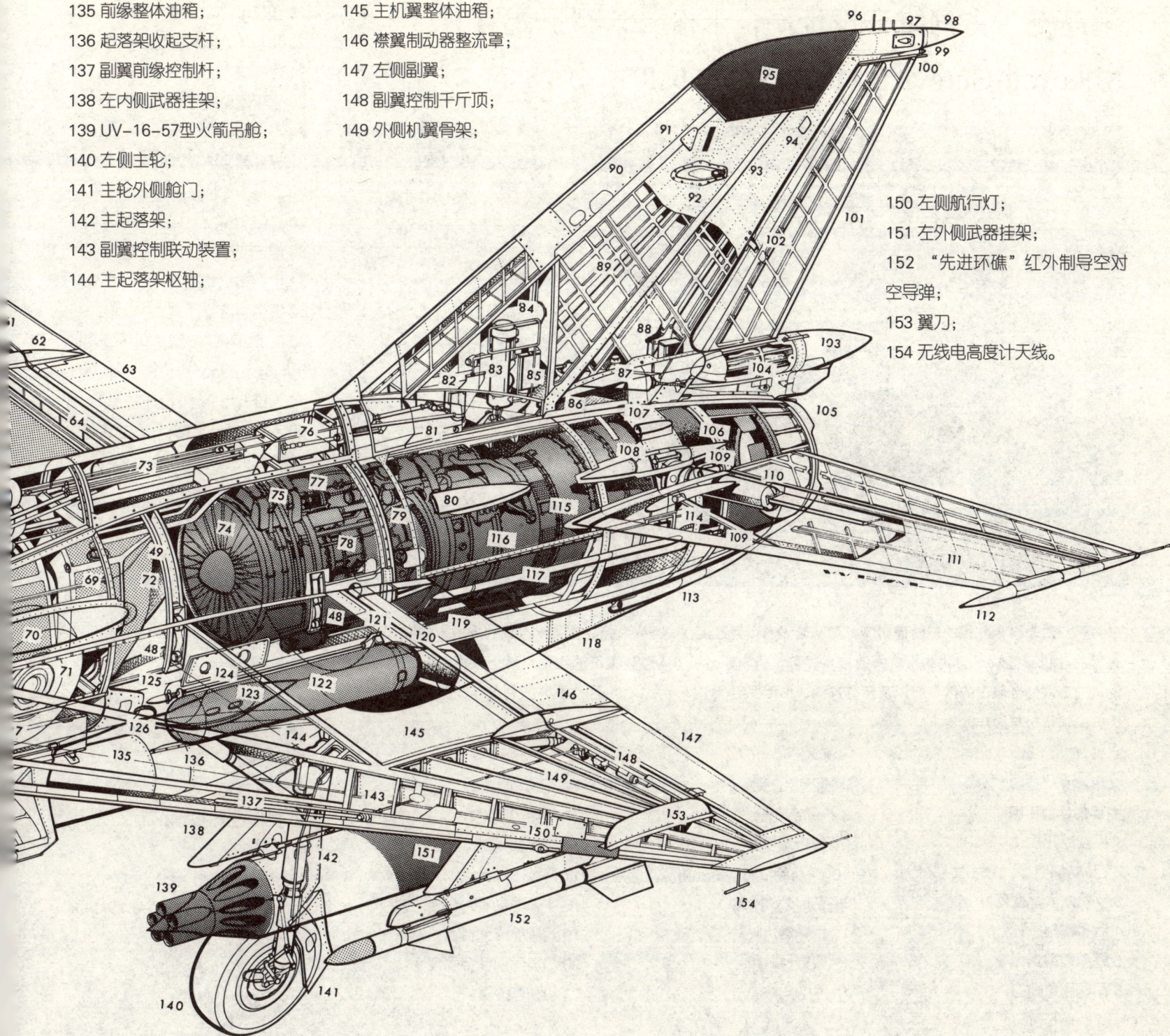

米高扬－古列维奇设计局，米格-25 "狐蝠"
Mikoyan-Gurevich MiG-25 "Foxbat"

↑为了应对来自轰炸机的威胁而研制，却从来没有得到过实践——米高扬－古列维奇设计局的米格-25型"狐蝠"战斗机可能缺乏与北约相抗衡的技术优势，但表现出了令人难以置信的性能。对于米格-25型战斗机来说，前苏联乃至现在的俄罗斯以及阿塞拜疆、白俄罗斯、印度、伊拉克、利比亚、叙利亚等国都将其作为一种优秀的侦察机与轰炸截击机。

米格-25 "狐蝠"-A
主要部件剖面图
1 机腹减速板；
2 右侧水平尾翼（铝合金后缘）；
3 钢质水平尾翼翼梁；
4 钛金属前缘；
5 尾部减震器；
6 可调引擎喷口；

7 喷口传动装置；
8 右侧方向舵；
9 静电放电器；
10 "萨利娜"3型尾部告警雷达与电子对抗发射机；
11 异频雷达收发机天线；
12 双减速伞舱；
13 左侧引擎喷口；

14 左侧方向舵；
15 静电放电器；
16 甚高频天线；
17 高频前缘天线；
18 左侧垂直尾翼（钢质主结构）；
19 方向舵传动装置；
20 机身后部钛金属表面；
21 机背整流罩；

22 引擎舱之间的耐火隔板；
23 引擎加力燃烧室管道；
24 冷却进气口；
25 水平尾翼液压制动器；
26 右侧腹鳍；
27 甚高频与电子对抗天线；
28 副翼传动装置；
29 右侧副翼；
30 静电放电器；
31 全钢质机翼骨架；
32 翼尖整流罩；
33 "萨利娜"3型雷达告警接收机与电子对抗发射机；
34 连续波目标照射雷达；
35 AA-6型"毒辣"半主动雷达制导空对空导弹；
36 导弹发射导轨；
37 外侧导弹挂架；
38 挂点；
39 钛金属机翼前缘；
40 内侧挂架；
41 翼刀；
42 引擎舱口；
43 引擎附加变速箱；
44 图曼斯基R-31型单轴加力燃烧涡轮喷气引擎；
45 左侧襟翼；
46 副翼液压制动器；
47 左侧副翼；
48 机翼后缘固定部分；
49 "萨利娜"3型雷达告警接收机；
50 连续波目标照射雷达；
51 钛金属机翼前缘；

↑空中加油能力被认为是米格–25型战斗机的重要技术性能。一架米格–25PD型（代号为"蓝色45"）战斗机被改装成了空中加油系统的测试平台。该飞机直接在风挡玻璃的前面安装了一根倒L形的空中加油管。非常可惜的是PVO与VVS都缺少加油机，并且优先为较新型飞机安装了空中加油管。所以，没有提议对已服役的米格–25PD型战斗机进行空中加油能力方面的改装。

52 左侧翼刀；

53 AA–6型"毒辣"半主动雷达制导空对空导弹；

54 AA–6型"毒辣"红外制导导弹；

55 不锈钢机翼表面；

56 进所口侧面油箱；

57 控制系统管道；

58 主油箱（整体焊接钢质骨架），总容量为31575磅（14322千克），氮气增压；

59 进气口放气管；

60 引擎压缩机；

61 机翼附加翼梁；

62 主起落架支杆；

63 右侧主轮；

64 主轮舱门；

65 主轮收起位置；

66 右侧红外线制导AA–6型"毒辣"导弹；

67 可收起的着陆灯/滑行灯；

68 进气道控制系统叶片；

69 机身钢质主结构；

70 进气口放气管；

71 超高频通信天线；

72 可调进气口斜板；

73 进气口斜板千斤顶；

74 进气口水与甲醇喷射管；

75 进气口顶端电传动装置；

76 进气口可调边缘；

77 前轮舱门/挡泥板；

78 双前轮；

79 前起落架舱门；

80 右侧航行灯；

81 曲形进气口内壁；

82 后部航空电子设备舱，通信与电子对抗设备；

83 座舱盖，向右侧开启；

84 飞行员弹射座椅；

85 座舱后部密封舱壁；

86 超高频通信天线；

87 雷达高度计；

88 飞行员侧面控制面板；

89 操纵杆；

90 仪表板护罩；

91 红外线制导导弹的备用光学瞄准系统；

92 风挡玻璃；

93 "奇数杆"敌我识别天线；

94 空速管；

95 前部航空电子设备舱，雷达与导航设备；

96 "狐火"火控雷达系统；

97 攻角探测器；

米格–25PDS "狐蝠" –E技术说明

主要尺寸

长度：78英尺1.75英寸（23.82米）

经空中加油方面改进后的飞机长度：78英尺11英寸（24.07米）

高度：20英尺0.25英寸（6.10米）

翼展：45英尺11.75英寸（14.02米）

机翼展弦比：3.2

机翼面积：660.93英尺²（61.40米²）

轮距：12英尺7.5英寸（3.85米）

轴距：16英尺10.5英寸（5.14米）

动力装置

2台MNPK"联盟"（图曼斯基）R–15BD–300型涡轮喷气引擎，单台加力燃烧推力24691磅（109.83千牛）

重量

挂载4枚R–40型（AA–6）导弹并满载机内燃油时的重量：80952磅（36720千克）

燃油与载荷

机内燃油：32121磅（14570千克）

机腹副油箱的外部载油：9634磅（4370千克）

最大载弹量：8818磅（4000千克）

性能

42650英尺（13000米）高度且无外挂最大水平速度：2.8马赫或1619节（1864英里/时；3000千米/时）

海平面高度且无外挂物时的最大水平速度：2.8马赫或647节（745英里/时；1200千米/时）

爬升到65615英尺（20000米）高度所需时间：8分54秒

实用升限：67915英尺（20700米）

正常起飞重量时的起飞距离：4101英尺（1250米）

正常着陆重量时的着陆距离（利用减速斜坡）：2624英尺（800米）

重力加速度极限：（超音速）4.5g

航程

利用机内燃油亚音速飞行时的航程：933海里（1075英里；1730千米）

利用机内燃油超音速飞行时的航程：675海里（776英里；1250千米）

滞空时间：2小时5分钟

武器装备

执行空中拦截时的标准配备为2枚或4枚R–40型（AA–6型"毒辣"）导弹。米格–25PDS型战斗机装备有2枚R–40型与4枚R–60型（AA–8型"蚜虫"）空对空导弹。

98 搜索跟踪装置;

99 雷达搜索天线,直径为2英尺9.5英寸(85厘米);

100 雷达整流罩;

101 "快速杆"仪表着陆系统天线;

102 空速管;

103 米格-25U"狐蝠"-C双座教练型;

104 飞行学员座舱;

105 飞行教员座舱;

106 米格-25R"狐蝠"-B侦察型;

107 侦察照相机,1台垂直相机;4台倾斜相机;

108 机载侧视雷达(SLAR);

109 地面绘图与多普勒雷达天线;

110 "松鸦"前视雷达。

↓从这张照片可以看出,米格-25朴实无华,这架"狐蝠"已经成为博物馆展品。米格-25是为了对抗美国的超音速轰炸机而匆忙设计出来的,但是它的美国对手只停留在纸面上。

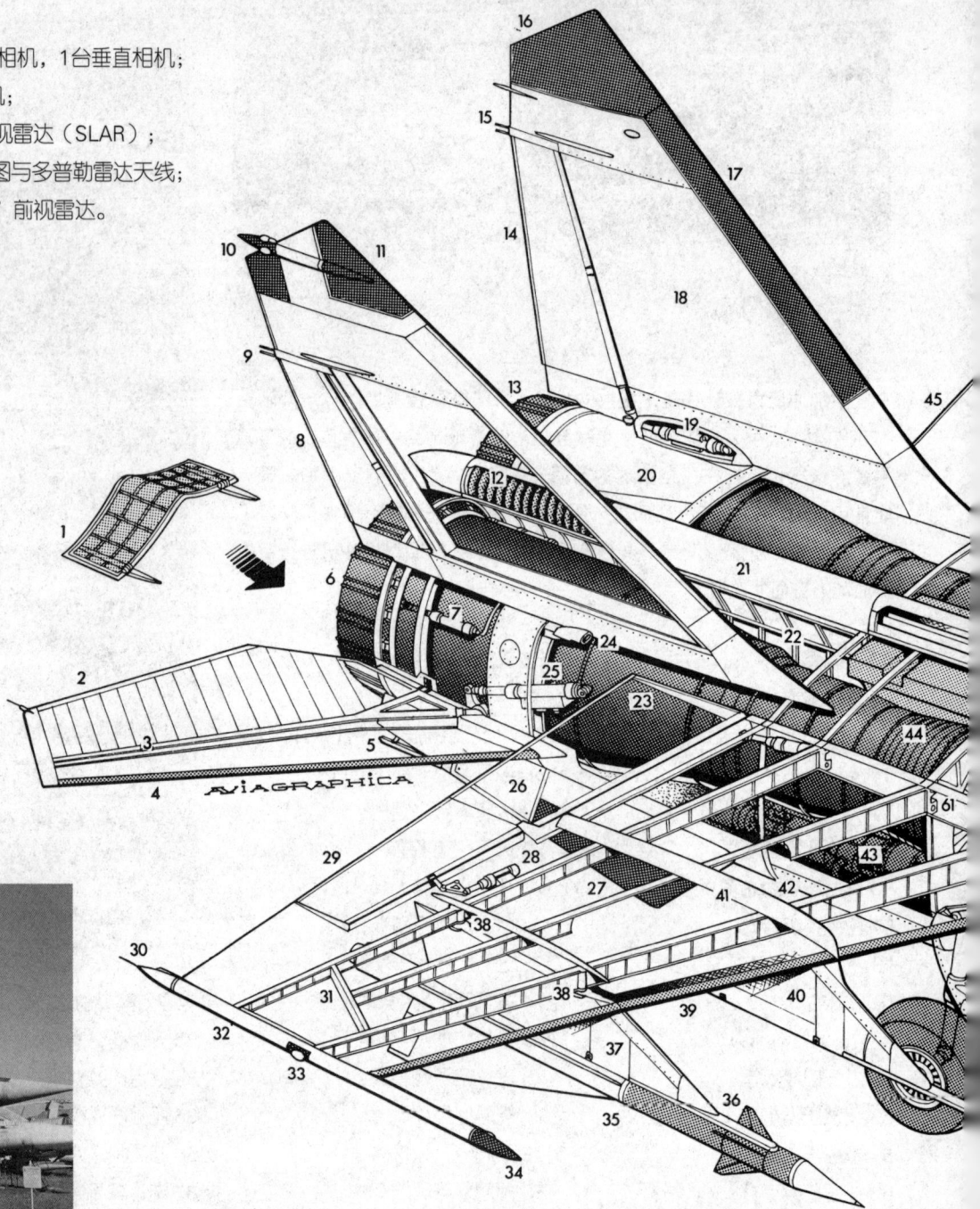

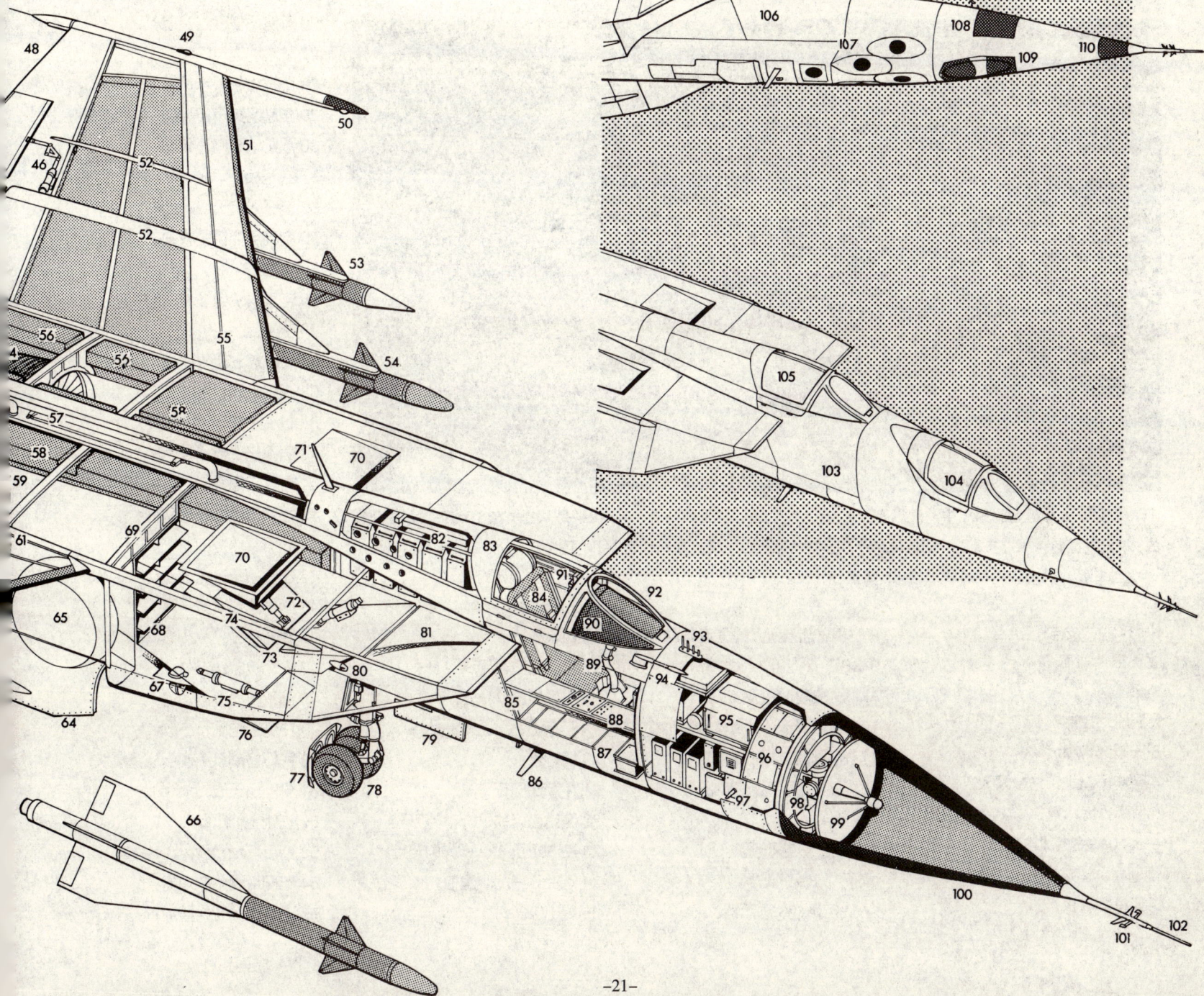

米高扬－古列维奇设计局，米格–29 "支点"
Mikoyan-Gurevich Mig-29 "Fulcrum"

↑波兰空军战斗机团的第一中队配属有大约19架"支点"–A型战斗机，其中9架是从捷克斯洛伐克共和国获得的；同时也拥有4架"支点"–Ub型战斗机，其中1架也是从捷克斯洛伐克共和国获得的。波兰希望利用新型的"支点"战斗机来替换现有的米格–21M型战斗机。

米格–29"支点"–A
主要部件剖面图
1 空速管；
2 涡流产生器机头边条；
3 玻璃纤维整流罩；
4 脉冲多普勒雷达搜索天线；
5 搜索跟踪装置；
6 N–019型（北约命名为"进攻前卫"）雷达设备；
7 迎角发射机；
8 仪表着陆系统天线整流罩；
9 SRO–2型（北约命名为"奇数杆"）敌我识别天线；
10 超高频天线；
11 前部航空电子设备舱；
12 红外搜索与跟踪传感器及激光测距仪；
13 动态压力探测器；
14 无边框风挡玻璃；
15 飞行员抬头显示器；
16 仪表板护罩；
17 方向舵踏板与操纵杆；
18 机身整流罩；
19 航炮口；
20 航炮管；
21 引擎油门杆；
22 座舱盖卡锁；
23 K–36D型零–零弹射座椅；
24 向上开启的座舱盖；
25 配电中心；
26 座舱后部密封舱壁；
27 航炮舱通气口；
28 前轮收起千斤顶；
29 前起落架悬挂杆；
30 双前轮，向后收起；
31 挡泥板；
32 电子对抗天线；
33 弹壳与弹链回收箱；
34 弹仓；
35 中部航空电子设备舱；
36 座舱盖节点；
37 座舱盖液压千斤顶；
38 高频天线；
39 机械控制杆；
40 后部航空电子设备舱；
41 进气口通气舱门；
42 可调进气口斜板舱门；
43 斜板液压制动器；
44 左侧引擎进气口；
45 武器连锁装置；
46 着陆灯；
47 主轮舱门；
48 前部机身整体油箱；
49 左侧主轮舱；
50 飞行控制系统液压设备模块；
51 测向仪天线；
52 右侧主轮舱；
53 箔条/闪光弹舱；
54 右侧机翼整体油箱；
55 右侧机翼导弹挂架；

↑德国空军米格-29的照片，自1999年后，德国的米格-29进行了升级，这些飞机被称为米格-29G。2002年，德国空军仍有12架单座型米格-29和2架米格-29UB双座教练机。

56 前缘操纵襟翼；

57 右侧航行灯；

58 雷达告警天线；

59 右侧副翼；

60 襟翼；

61 襟翼液压千斤顶；

62 中部机身整体油箱；

63 引擎压缩机；

64 冷却气进气口；

65 引擎附加设备传动装置；

66 中部燃气涡轮启动器/辅助动力装置；

67 引擎舱/平尾机械主结构；

68 减速板液压千斤顶；

69 RD-33D型加力燃烧涡扇引擎；

70 垂直尾翼骨架；

71 碳纤维垂直尾翼表面镶板；

72 垂直尾翼尖端甚高频天线整流罩；

73 雷达告警天线；

74 "进攻前卫"仪表着陆系统天线；

75 右侧方向舵；

76 方向舵液压制动器；

77 水平尾翼液压制动器；

78 右侧全动水平尾翼；

79 减速板，上下分离式；

80 减速伞舱；

81 可调加力燃烧室喷口；

米格-29 "支点" -A技术说明

主要尺寸

机长（包括空速管）：56英尺10英寸（17.32米）

翼展：37英尺3.25英寸（11.36米）

机翼展弦比：3.4

机翼面积：409.04英尺²（38米²）

平尾翼展：25英尺6.25英寸（7.78米）

轮距：10英尺2英寸（3.10米）

轴距：12英尺0.5英寸（3.67米）

高度：15英尺6.2英寸（4.73米）

动力装置

2台克里莫夫/列宁格勒（伊斯托夫/萨奇索夫）RD-33型加力涡扇引擎，每台推力为11111磅（49.42千牛）；加力时推力达到18298磅（81.39千牛）

米格-29M型战斗机安装有2台克里莫夫/列宁格勒（伊斯托夫/萨奇索夫）RD-33K型涡扇引擎，每台推力为12125磅（53.95千牛）；加力时推力达到19400磅（86.33千牛）；紧急情况下推力可达到20725磅（92.22千牛）

重量

空重：24030磅（10900千克）

拦截型正常起飞重量：33600磅（15240千克）

米格-29UB "支点" -W型：33730磅（15300千克）

米格-29 "支点" -C型：33730磅（15300千克）

米格-29K型：40705磅（18480千克）

最大起飞重量：40785磅（18500千克）

米格-29UB "支点" -B型：43430磅（19700千克）

米格-29 "支点" -C型：42680磅（19700千克）

米格-29K型：49340磅（22400千克）

最大机翼载荷：99.71磅/英尺²（486.8千克/米²）

燃油与载荷

总机内燃油：960英制加仑（4365升）

米格-29C型：998英制加仑（4540升）

米格-29M型：1375英制加仑（6250升）

总外挂燃油：334英制加仑（1520升）

米格-29 "支点" -C型：836英制加仑（3800升）

米格-29M型：1100英制加仑（5000升）

最大载弹量：6614磅（3000千克）

米格-29 "支点" -C型：8818磅（4000千克）

米格-29M型：9921磅（4500千克）

性能

36090英尺（11000米）高度且无外挂物时的最大水平速度：1320节（1520英里/时；2445千米/时）

米格-29K型：1242节（1430英里/时；2300千米/时）

低空最大水平速度：810节（932英里/时；1500千米/时）

36090英尺（11000米）高度最大速度：2.3马赫

海平面最大速度：1.22马赫

起飞速度：119节（137英里/时；220千米/时）

起飞距离：820英尺（250米）

进场着陆速度：140节（182英里/时；280千米/时）

着陆速度：127节（146英里/时；235千米/时）

着陆距离（打开减速伞）：1970~2300英尺（600~700米）

↑德国空军从原民主德国继承了一定数量的米格-29，图中这2架是状态最好的，隶属拉格空军基地第73战斗机联队第731中队。

↓图中这架是米格-29M，机背空间增加，以携带更多的燃油和航电设备，机身内部也有所变化。水平尾翼面积增加，可以更好地控制俯仰和翻转。

101 副翼液压制动器；
102 左侧副翼复合骨架；
103 碳纤维表面镶板；
104 静电放电器；
105 雷达告警天线；
106 左侧航行灯；
107 向下的航行灯与遥控罗盘舱；
108 外侧机翼骨架；
109 左侧前缘操纵襟翼；

接；
117 AA-10型"杨树"远程空对空导弹；
118 AA-11型"箭手"中程空对空导弹；
119 AA-8型"蚜虫"近程空对空导弹；
120 57毫米火箭弹吊舱；
121 集束炸弹；
122 翼载副油箱；

82 左侧垂直尾翼；
83 尾部航行灯；
84 "萨利娜"3型电子对抗天线整流罩；
85 静电放电器；
86 左侧方向舵复合骨架；
87 左侧全动水平尾翼；
88 静电放电器；
89 碳纤维后缘表面镶板；
90 水平尾翼翼梁骨架；
91 水平尾翼枢轴；
92 机身边缘整流罩骨架；
93 载荷感觉器系统与控制杆；
94 左侧襟翼复合骨架；

95 主起落架液压收起千斤顶；
96 左侧箔条/闪光弹舱；
97 主起落架固定轴；
98 挂点；
99 襟翼液压千斤顶；
100 左侧机翼整体油箱；

110 左侧机翼导弹挂架；
111 前缘襟翼液压千斤顶；
112 左侧主轮；
113 主起落架支杆；
114 三翼梁机翼扭矩盒骨架；
115 翼梁根部附加接合处；
116 起落架舱压力燃油补给连

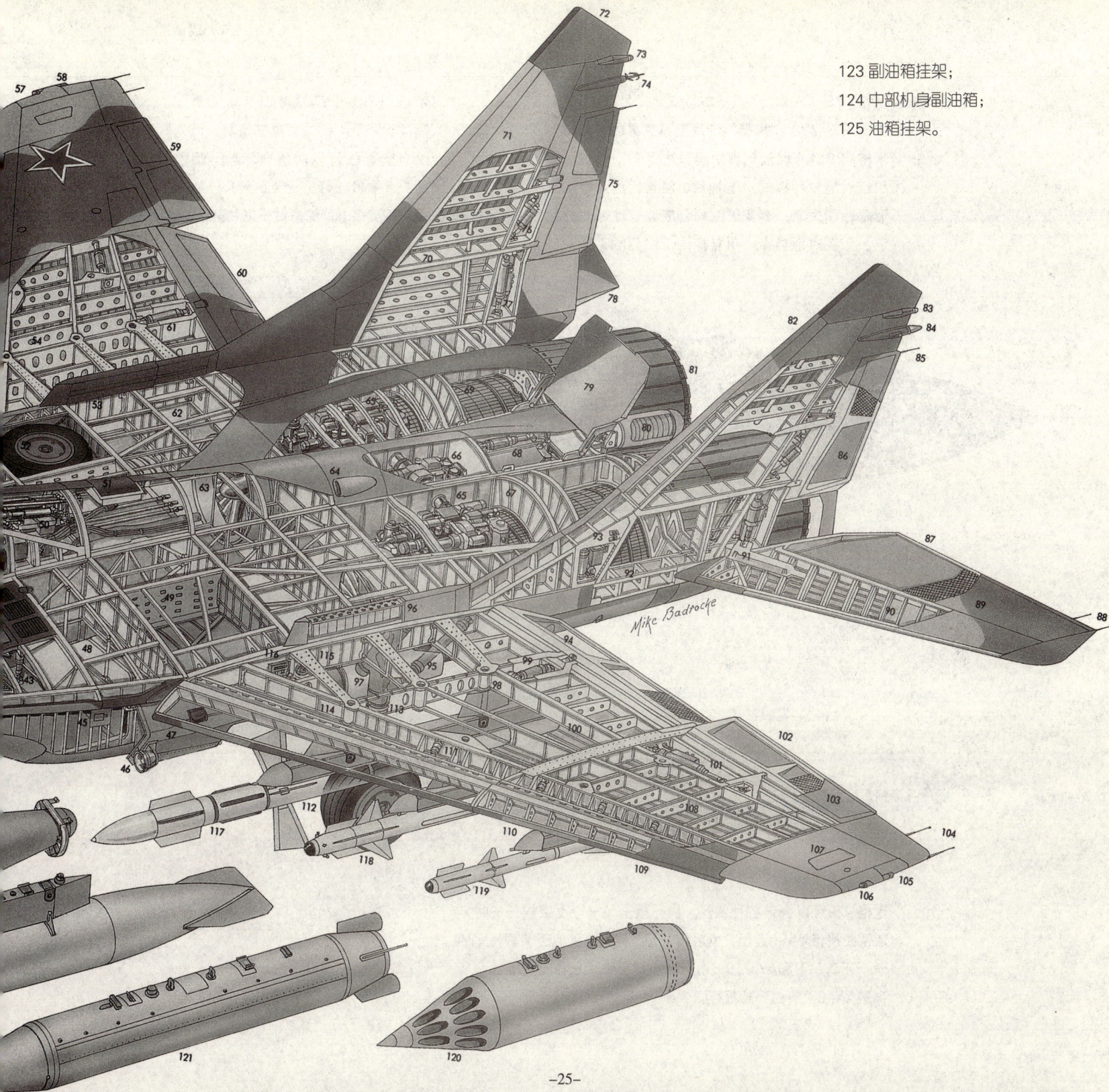

Mike Badroche

米格-29"支点"-A基本型安装了N-019（RLPK-29）"黑槽"专用空对空雷达，而米格-29M的现代化多功能雷达具有空对空和空对地多种模式。这种多功能雷达具有地形跟踪和规避、真实波束和合成孔径地形测绘、为空对地导弹提供目标指示和导航等能力。

米格-29由于座舱老旧而备受批评，安装了传统的模拟式仪表，而没有安装任何多功能显示器。但是，有很多飞行员认为现代化座舱为飞行员提供的信息过于饱和。

米格-29可以携带各种武器。执行截击和争夺制空权任务时，通常要携带AA-9远程"发射后不管"导弹（类似于美国海军的"不死鸟"）和AA-10"白杨"中程导弹。正在发射的这枚导弹是AA-8"蚜虫"短程导弹。

米格-29有40％的升力是由能够产生升力的机身提供的，这种飞机的攻角比以前的战斗机至少要大70％。

北美飞机制造公司，F-100 "超级佩刀"

North American F-100 Super Sabre

↑随着F-100型战斗机前线服役角色的终结，此型飞机逐渐被作为一种无人靶机使用。第一架YQF-100原型机于1979年由斯佩里飞行系统公司改装并投入飞行，紧接着又试飞了第二架YQF-100型飞机、美国空军的3架QF-100型、陆军的3架和1架QF-100F型飞机。随后，一项重大计划开始付诸实施，特拉柯公司生产了后来的72架QF-100D型飞机；特拉柯与飞行系统公司生产了另外的QF-100D/F型无人机。图为QF-100D型飞机。

F-100D "超级佩刀"
主要部件剖面图

1 空速管（降落后可折叠）；
2 引擎进气口；
3 空速管节点；
4 雷达整流罩；
5 敌我识别天线；
6 AN/APR-25（V）型火炮跟踪雷达；
7 进气口放气电子冷却导管；
8 进气管道结构；
9 冷却气排气管；
10 左侧航炮口；
11 超高频天线；
12 前部航空电子设备舱；
13 前部间隔舱门；
14 空中加油管；
15 风挡玻璃；
16 A-4型雷达瞄准具；
17 仪表板护罩；
18 座舱前部密封舱壁；
19 方向舵踏板；
20 瞄准具动力系统；
21 武器系统继电器；
22 进气管道；
23 座舱盖应急开启装置；
24 前起落架舱门；
25 剪形扭矩装置；
26 双前轮；
27 前起落架支杆；
28 旁的亚克 M39型20毫米航炮（4门）；
29 嵌入式舷梯；
30 弹射座椅踏脚板；
31 仪表板；
32 引擎油门杆；
33 座舱盖外部把柄；
34 右侧控制面板；
35 弹射座椅；
36 头枕；
37 座舱盖；
38 弹射座椅导轨；
39 座舱后部密封舱壁；
40 左侧控制面板；
41 座舱甲板；
42 控制钢缆；
43 航炮舱门；
44 供弹槽；
45 弹仓，配弹200发；
46 功率放大器；
47 后部电力与电子设备舱；
48 座舱压力阀；
49 防撞灯；
50 空调装置；
51 无线电罗盘天线；
52 进气口热交换器；
53 热交换器排气管；
54 次空气涡轮机；
55 空气涡轮机排气管，打开状态；

↑虽然F-100型战斗机曾经遇到过许多问题，但当F-100A型战斗机于1954年投入作战服役时，它充分显示出了美国高速引擎技术的先进。然而，作为一种作战飞机，F-100A型战斗机的能力还比较欠缺；不久，它便被能力更强的F-100C型所取代。F-100C型战斗机论证了直形机翼后缘的可行性。由于增加了襟翼面积，这种机翼被安装在了F-100D与F型战斗机上。

F-100D"超级佩刀"技术说明

主要尺寸

长度：49英尺6英寸（15.09米）

高度：16英尺2.67英寸（4.95米）

翼展：38英尺9英寸（11.81米）

机翼面积：385.20英尺²（35.79米²）

动力装置

一台普拉特·惠特尼公司生产的J57-P-Z1A型涡轮喷气引擎，每台推力为11700磅（52.02千牛）；加力燃烧时推力达到16950磅（75.40千牛）

重量

空重：21000磅（9525千克）

满载重量：29762磅（13500千克）

作战时重量：30061磅（13633千克）

最大起飞重量：38048磅（17256千克）

燃油与载荷

机内燃油：1189美制加仑（4500升）

外挂燃油：1070美制加仑（4050升）

副油箱：虽然可挂载正常200美制加仑（757升）、275美制加仑（1041升）与335美制加仑（1268升）副油箱，但正常飞行时外挂2个450美制加仑（1703升）油箱

最大外部载荷：7500磅（3402千克）

性能

35000英尺（10670米）高度最大速度：864英里/时（1390千米/时）

爬升率：每分钟16000英尺（4875米）

格斗重量以最大动力爬升到35000英尺（10670米）的时间：3分30秒

航程

作战半径：1500英里（2415千米）

转场距离：1973英里（3176千米）

武器装备

4门M39E型20毫米口径航炮，每门炮配弹200发；可挂载战术核武器与大杀伤性常规弹药，包括Mk80系列与M117型炸弹、集束炸弹、教练子母弹箱、火箭发射舱、燃烧弹与凝固汽油弹、AGM-12A/B/C型空对地导弹与AIM-9B型空对空导弹

56 右侧机翼整体油箱，容量为174英制加仑（791升）；

57 右侧自动前缘板条，打开状态；

58 板条导轨；

59 翼刀；

60 右侧航行灯；

61 翼尖整流片；

62 后缘固定部分；

53 右侧副翼；

64 副翼液压千斤顶；

65 右侧机翼外侧襟翼；

66 襟翼液压千斤顶；

67 超高频天线；

68 引擎进气口中央整流体；

69 机身主结构；

70 机身油箱，总容量641英制加仑（2915升）；

71 机翼翼梁中段贯穿梁；

72 引擎进气压缩机；

73 主引擎舱；

74 普拉特·惠特尼公司J57-P-21A型加力涡轮喷气引擎；

75 机背整流罩；

76 放油管；

77 引擎燃油箱；

78 机身上部纵梁；

79 引擎附加变速箱；

80 压缩机放气阀；

81 机身接点；

82 后部机身固定螺栓（4个）；

83 垂直尾翼根部；

84 引擎涡轮机部分；

85 引擎后部固定环；

86 加力燃烧室喷油管；

87 垂直尾翼倾斜固定结构；

88 方向舵液压千斤顶；

89 上部垂直尾翼接合部；

90 垂直尾翼骨架；

91 垂直尾翼前缘；

92 翼尖天线整流罩；

93 上部超高频天线；

94 后缘固定部分；

95 AN/APR-26（V）型雷达告警天线；

96 尾部航行灯；

97 放油管；

98 方向舵骨架；

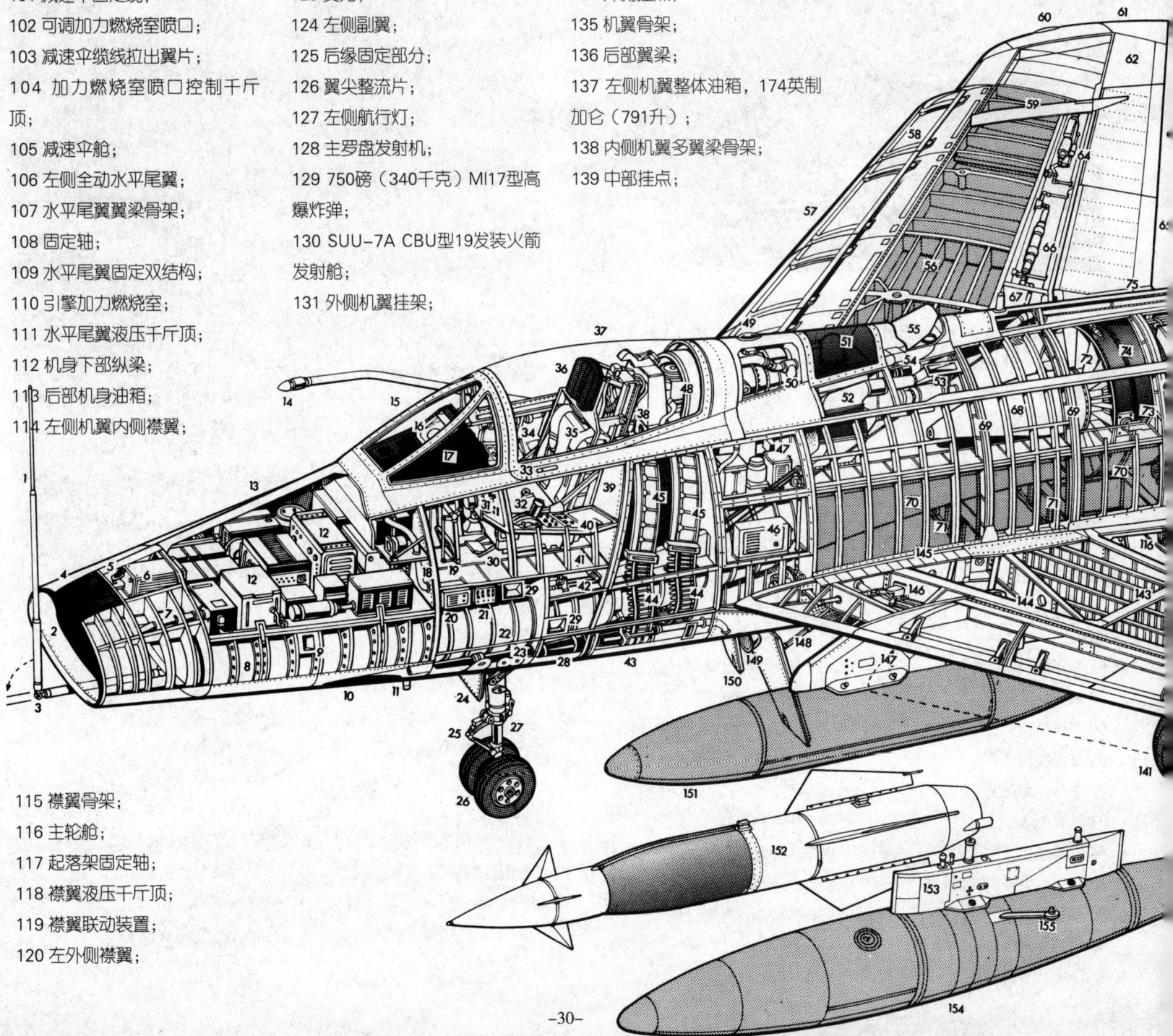

99 方向舵控制千斤顶；

100 后缘表面支撑部分；

101 减速伞固定缆；

102 可调加力燃烧室喷口；

103 减速伞缆线拉出翼片；

104 加力燃烧室喷口控制千斤顶；

105 减速伞舱；

106 左侧全动水平尾翼；

107 水平尾翼翼梁骨架；

108 固定轴；

109 水平尾翼固定双结构；

110 引擎加力燃烧室；

111 水平尾翼液压千斤顶；

112 机身下部纵梁；

113 后部机身油箱；

114 左侧机翼内侧襟翼；

121 襟翼液压千斤顶；

122 副翼千斤顶；

123 翼刀；

124 左侧副翼；

125 后缘固定部分；

126 翼尖整流片；

127 左侧航行灯；

128 主罗盘发射机；

129 750磅（340千克）MI17型高爆炸弹；

130 SUU-7A CBU型19发装火箭发射舱；

131 外侧机翼挂架；

132 前缘板条骨架；

133 前缘接合处；

134 外侧挂点；

135 机翼骨架；

136 后部翼梁；

137 左侧机翼整体油箱，174英制加仑（791升）；

138 内侧机翼多翼梁骨架；

139 中部挂点；

115 襟翼骨架；

116 主轮舱；

117 起落架固定轴；

118 襟翼液压千斤顶；

119 襟翼联动装置；

120 左外侧襟翼；

140 多盘式刹车装置；

141 左侧主轮；

142 主起落架支杆；

143 起落架固定杆；

144 前部翼梁；

145 机翼与机身表面接合处；

146 副翼控制缆；

147 内侧挂架；

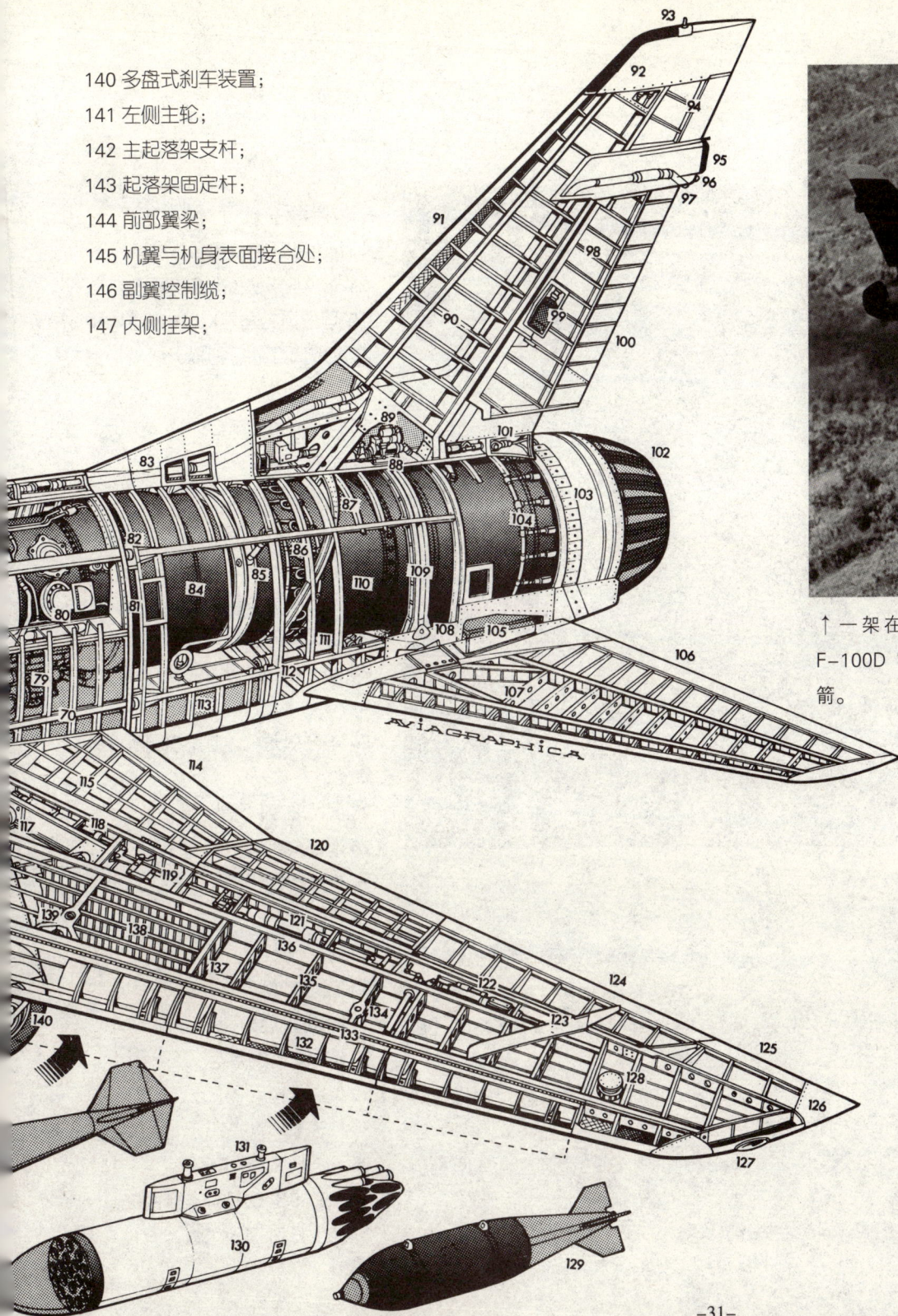

↑一架在绥和空军基地以外作战的北美飞机制造公司 F-100D "超级佩刀" 向南越的部队集中地区齐射2.75英寸火箭。

148 减速板液压千斤顶（2个）；

149 可收起的着陆灯/滑行灯，左右各一；

150 机腹减速板；

151 166.5英制加仑（757升）凝固汽油弹；

152 AGM-12C "幼畜" -B型战术导弹；

153 机翼中部挂架；

154 279英制加仑（1268升）可进行空中加油的副油箱；

155 油箱侧面支撑杆。

诺斯鲁普公司，F-5
Northrop F-5

↑巴西大约有45架F-5E/F型战斗机将进行改进，安装一种新型多功能火控雷达、多功能操纵杆控制系统以及大屏幕多功能液晶显示器。巴西的F-5E型战斗机主要被用来进行对地攻击，改进前的F-5E型战斗机机翼下可挂载4枚非制导炸弹，翼尖发射架可挂载MAA-1型导弹，机身中部可挂载副油箱。

RF-5E"虎眼"
主要部件剖面图

1 空速管；

2 前部雷达告警天线；

3 KS-87B型前部照相机（位置1）；

4 前部照相机舱；

5 HIAC-1型远程倾斜影像（超视距侦照）照相机，需对照相机窗口进行改装；

6 远程倾斜影像照相机旋转驱动；

7 主照相机舱；

8 KA-95B型中空全景照相机（位置2）；

9 KA-56E型低空全景照相机（位置3）；

10 RS-710型红外行扫描天线（位置4）；

11 KA-53B型高空全景照相机（位置2与3）；

12 KA-56E型低空全景照相机（位置4）；

13 照相机固定货盘；

14 光学观察窗（向右侧开启）；

15 可选择的垂直KS-87B型照相机，取代红外行扫描天线（位置4）；

16 向前收起的前轮；

17 温度探测管；

18 可收起的航炮排气口；

19 弹仓，配弹280发；

20 供弹槽；

21 一门M39A2型20毫米航炮；

22 中部航空电子设备舱；

23 航空电子设备（代替右侧航炮舱）；

24 电视摄像机，位于右侧航炮舱底部；

25 风挡玻璃防冻液箱；

26 航炮排气管；

27 退弹槽；

28 静压孔；

29 超高频/敌我识别天线；

30 方向舵踏板；

31 座舱盖应急开启装置；

32 右侧攻角传感器；

33 操纵杆；

34 仪表板护罩；

35 无边框风挡玻璃；

36 AN/ASG-31型瞄准具；

37 向上开启的座舱盖；

38 飞行员轻型火箭助推弹射座椅；
39 座舱盖外部把柄；
40 引擎油门杆；
41 折叠式舷梯；
42 275美制加仑（1041升）中部副油箱；
43 左侧引擎进气口；
44 液氧罐；
45 座舱空调装置；
46 后部航空电子设备舱（左右各有舱门）；
47 电发光编队灯；
48 座舱盖液压制动器；
49 引擎空调热交换器排气管；
50 前部油箱单元（袋形油箱），容量为677美制加仑（2563升）；
51 返航贮液器；
52 压力供油连接；
53 左侧航行灯；
54 机腹可收起的着陆灯；
55 导弹控制继电箱；
56 机翼前缘根部延伸；
57 前缘襟翼制动器；
58 机腹减速板，左右各一；
59 减速板液压千斤顶；
60 进气管道；
61 中部机身油箱单元；
62 重力加油口；
63 右侧机翼油箱挂架；
64 前缘操纵襟翼；
65 翼尖导弹挂架；
66 右侧航行灯；
67 副翼联动装置；
68 右侧副翼；
69 右侧襟翼；
70 供油管；

F-5E"虎"II技术说明

主要尺寸

机长（包括空速管）：47英尺4.75英寸（14.45米）

高度：13英尺4.5英寸（4.08米）

翼展（不包括翼尖空对空导弹）：26英尺8英寸（8.13米）

翼展（包括翼尖空对空导弹）：28英尺（8.53米）

机翼面积：186.00英尺²（17.28米²）

机翼展弦比：3.82

平尾翼展：14英尺1.5英寸（4.31米）

轮距：12英尺5.5英寸（3.80米）

轴距：16英尺11.5英寸（5.17米）

动力装置

2台通用电气公司生产的J85-GE-21B型涡轮喷气引擎，每台推力为3500磅（15.5千牛）；加力时推力达到5000磅（22.2千牛）

重量

空重：9558磅（4349千克）

最大起飞重量：24664磅（11187千克）

燃油与载荷

最大机内燃油：677美制加仑（2563升）

最大外挂燃油：3个容量为275美制加仑（1040升）副油箱

最大载弹量：7000磅（3175千克）

性能

36000英尺（10975米）高度无外挂物最大水平速度：1056英里/时（1700千米/时）

36000英尺（10975米）高度巡航速度：562节（647英里/时；1041千米/时）

海平面最大爬升率：每分钟34300英尺（10455米）

实用升限：51800英尺（15590米）

15745磅（7142千克）重量时的起飞距离：2000英尺（610米）

15745磅（7142千克）重量时爬升到50英尺（15米）的起飞距离：2800英尺（853米）

11340磅（5143千克）时利用减速伞的着陆距离：2450英尺（747米）

航程

转场航程（无副油箱）：2010海里（2314英里；3720千米）

挂载2枚AIM-9型"响尾蛇"空对空导弹的作战半径：760海里（875英里；1405千米）

武器装备

机身前部装有两门20毫米"庞的亚克"（柯尔特·勃朗宁）M39A2型航炮，每门炮配弹280发；翼尖发射架挂载2枚AIM-9型"响尾蛇"空对空导弹；1个机身挂架与4个机翼挂点总共载弹量为7000磅（3175千克），其中包括M129型炸弹、500磅（227千克）Mk82型炸弹、2000磅（907千克）Mk84型炸弹、各种空射火箭弹、CBU-24/49/52/58型集束炸弹、SUU-20型炸弹与火箭弹，还能挂载AGM-65型"幼畜"、弹药布撒器与激光制导炸弹

←图为20世纪70年代，一架F-5A（G）型战斗机在挪威海湾上空巡逻。20世纪80年代，此型飞机采用了一种新型亮灰色涂层以防止机身受到过多的侵蚀。80年代，F-5型战斗机还进行了延长服役期的改进计划；90年代，该型战斗机的航空电子设备与武器系统也进行了进一步升级改进。

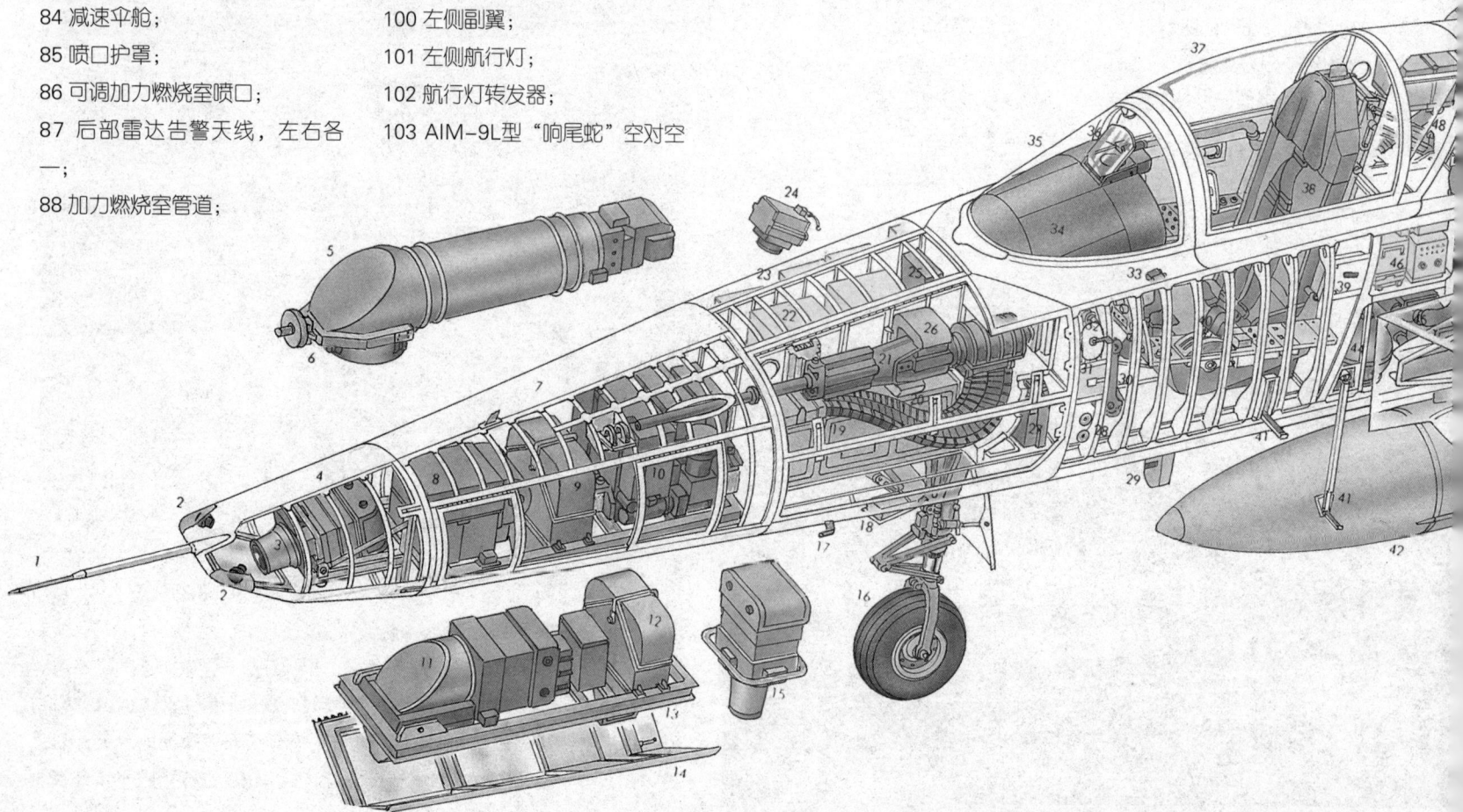

71 后部机身油箱单元；

72 放油管；

73 右侧全动水平尾翼；

74 防撞频闪灯；

75 压力感受器；

76 尾部航行灯；

77 翼尖天线整流罩；

78 超高频天线；

79 后缘通信天线；

80 放油装置；

81 方向舵；

82 方向舵与液压制动器；

83 减速伞固定与释放链接；

84 减速伞舱；

85 喷口护罩；

86 可调加力燃烧室喷口；

87 后部雷达告警天线，左右各一；

88 加力燃烧室管道；

89 左侧全动水平尾翼；

90 水平尾翼枢轴与液压制动器；

91 通用电气公司生产的J85-GE-21型加力燃烧引擎；

92 引擎附加设备；

93 紧急着陆拦阻钩；

94 引擎辅助进气舱门；

95 液压贮液器（两套系统，左右各一）；

96 襟翼制动器（电动）；

97 左侧襟翼；

98 主起落架液压回收千斤顶；

99 副翼液压制动器；

100 左侧副翼；

101 左侧航行灯；

102 航行灯转发器；

103 AIM-9L型"响尾蛇"空对空导弹；

104 导弹发射导轨；

105 外侧挂点（未用）；

106 150美制加仑（568升）副油箱；

107 左侧主轮；

108 副油箱挂架；

109 左侧前缘操纵襟翼。

-34-

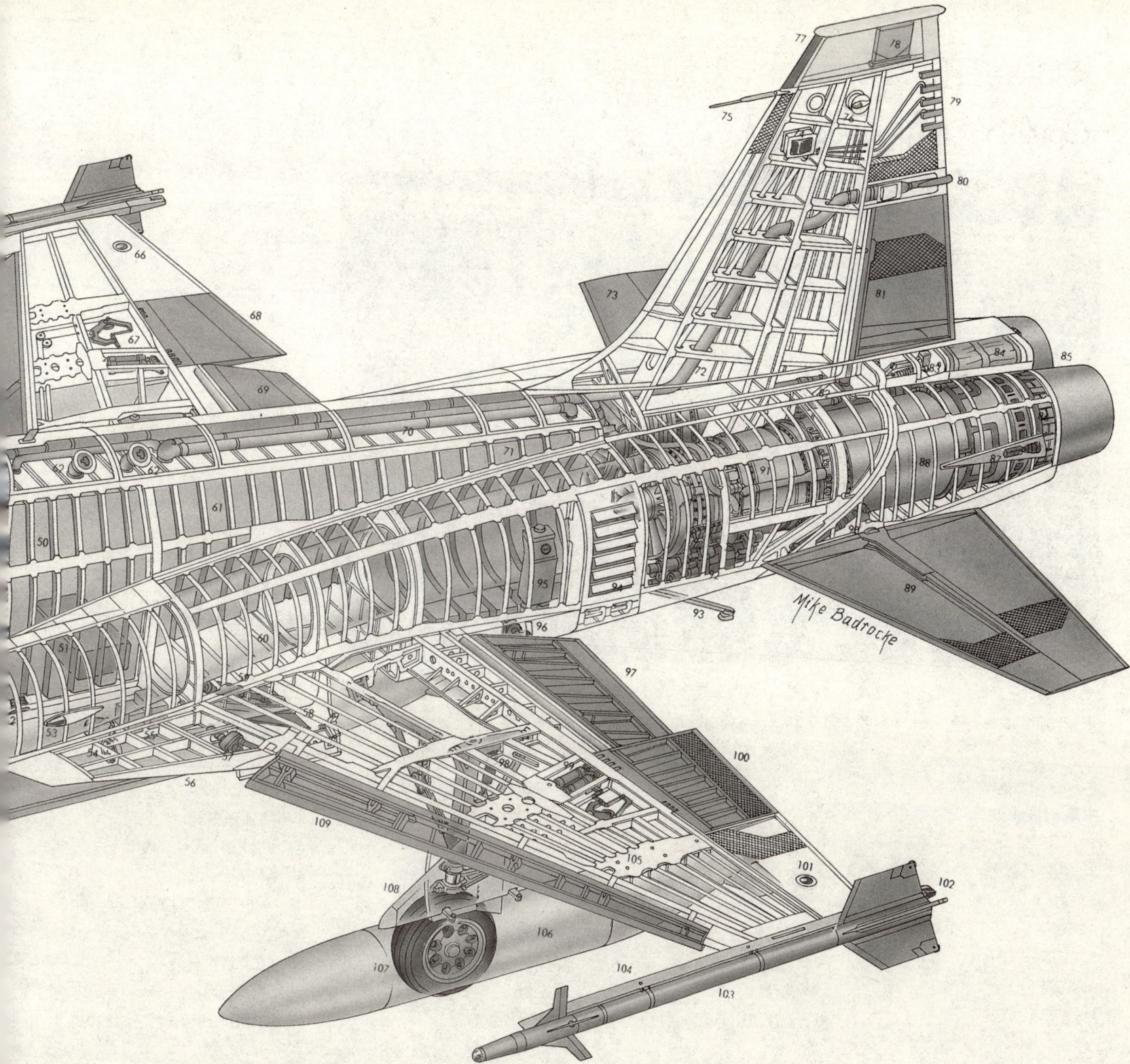

Mike Badrocke

共和飞机制造公司，F-84 "雷电喷气"

Republic F-84 Thunderjet

↑图为美国"雷鸟"飞行表演队的一架五颜六色的F-84G-26-RE型战斗机。F-84G型战斗机是该飞行表演队于1953年装备的一种飞机，当时共有5架，两年之后的1955年便被F-84F型"闪电"战斗机所取代了。

F-84G "雷电喷气"
主要部件剖面图

1 引擎进气口；
2 火炮瞄准雷达；
3 航炮口；
4 空速管；
5 主起落架支杆；
6 控制舵；
7 前轮；
8 减震器；
9 滑行灯；
10 前轮收缩杆；
11 前轮舱门；
12 分叉式进气道；
13 前轮回收液压千斤顶；
14 航炮炮管；
15 陀螺仪；
16 压舱配重；
17 弹箱，每门炮配弹300发；
18 M3型0.5英寸（合12.7毫米）机枪；
19 弹壳收集槽；
20 进气管道中间的前轮舱；
21 电池；
22 维修口；
23 航炮舱口卡锁；
24 氧气转换器；
25 液压系统箱；
26 航炮舱口；
27 防弹隔板；
28 座舱前部密封舱壁；
29 方向舵踏板；
30 仪表板；
31 操纵杆；
32 仪表板护罩；
33 "斯佩里"雷达瞄准具；
34 防弹风挡玻璃；
35 座舱盖；
36 座舱盖框架；
37 右侧控制面板；
38 飞行员弹射座椅；
39 引擎油门控制杆；
40 座舱甲板；
41 进气道抽气机门；
42 进气管道；
43 左侧控制面板；
44 座舱后部密封舱壁；
45 座舱盖外部卡锁；
46 弹射座椅头枕；
47 飞行员背部及头部装甲防护；
48 座舱空气系统；
49 右侧机翼油箱，总容量为450美制加仑（1709升）；
50 油箱互连管道；
51 右侧航行灯；
52 翼尖固定油箱，容量为230美

制加仑（870升）；

53 油箱稳定翼；

54 后部航行灯；

55 右侧副翼；

56 副翼空气动力封条；

57 固定段；

58 副翼铰链控制；

59 右侧襟翼；

60 襟翼液压千斤顶；

61 右侧主起落架固定轴；

62 测向环形天线；

63 座舱通风系统；

64 座舱盖电动马达与导轨；

65 机身上部纵梁；

66 主机身油箱；

67 进气口中央整流罩附加舱；

68 机身/主翼梁结构；

69 机翼根部航炮弹箱，配弹300发；

70 供弹槽；

71 埃利逊公司J35-A-29型涡轮喷气引擎；

72 机身/后部翼梁主结构；

73 后部机身接合处；

74 引擎燃烧室；

75 冷却气通风口；

76 无线电与电子设备舱；

77 甚高频无线电收发机；

78 喷管冷却进气口；

79 喷管热护罩；

80 控制缆线；

81 垂直尾翼根部；

82 垂直尾翼与水平尾翼接合处；

83 右侧水平尾翼；

84 右侧升降舵；

85 垂直尾翼骨架；

86 垂直尾翼翼尖甚高频天线整流罩；

87 方向舵枢轴；

88 方向舵骨架；

89 方向舵突出段；

90 尾部航行灯；

91 升降舵配重；

92 引擎喷口；

93 左侧升降舵；

94 水平尾翼骨架；

95 升降舵枢轴控制；

96 垂直尾翼与水平尾翼固定主结

↓依照《共同防御条约》，大量F-84型战斗机装备了北约部队与其他盟国空军部队，其中包括荷兰空军（如图）。1951—1952年，荷兰接收了21架F-84E型战斗机（其中大多数后来被改装成了照相侦察飞机）与166架F-84G型战斗机。其他装备过F-84型"雷电喷气"战斗机的国家还包括法国、希腊、葡萄牙、土耳其与南斯拉夫等。

F-84G"雷电喷气"技术说明

主要尺寸

翼展：36英尺5英寸（11.09米）

长度：38英尺1英寸（11.60米）

高度：12英尺7英寸（3.83米）

机翼面积：260.00英尺²（2425米²）

动力装置

1台艾利逊公司J35-A-29型涡轮喷气引擎，每台推力为5800磅（24.91千牛）

重量

空重：11095磅（5033千克）

正常载荷时重量：18645磅（8457千克）

最大载荷时重量：23525磅（10670千克）

燃油与载荷

机内燃油：451美制加仑（1709升）

外挂燃油：2个翼尖油箱与2个翼载副油箱，每个容量为230美制加仑（870升）

性能

海平面最大速度：622英里/时（1001千米/时）

20000英尺（6095米）最大速度：

575英里/时（925千米/时）

36000英尺（19570米）最大速度：

540英里/时（869千米/时）

35950英尺（10670米）巡航速度：

483英里/时（777千米/时）

爬升到35095英尺（19570）所需时间：7分54秒，挂载副油箱时需9分24秒

实用升限：40500英尺（12345米）

凭内部载油时的航程：670英里（1078千米）

靠翼尖油箱时的航程：1330英里（2140千米）

最大外部载油时的航程：2000英里（3217千米）

武器装备

6挺0.5英寸（12.7毫米）柯尔特·勃朗宁M3型机枪，每挺配弹300发；外挂载弹量总计4000磅（1184千克），其中包括100磅、500磅与1000磅（45、227、454千克）普通炸弹、凝固汽油弹和"小蒂姆"12英寸（300毫米）与5英寸（127毫米）高速航空火箭。

105 后部翼梁；

106 襟翼翼肋；

107 主起落架液压回收千斤顶；

108 起落架固定轴；

109 襟翼液压千斤顶；

110 左侧襟翼；

111 副翼配重；

112 左侧副翼骨架；

113 固定段；

114 左后部航行灯；

115 翼尖油箱稳定翼；

116 燃油加注口；

117 左侧航行灯；

118 固定翼尖油箱，容量为230美制加仑（870升）；

119 左侧机翼油箱；

120 机翼纵梁；

121 主翼梁；

122 油箱连接管道；

123 前缘翼肋；

124 主轮舱门；

125 左侧主轮；

126 液压减速装置；

127 主起落架支杆；

128 空中加油管；

129 前缘油箱；

130 主起落架舱；

131 主轮舱门；

132 机翼根部M-3型0.5英寸（12.7毫米）机枪；

133 空中加油导管；

134 挂架；

135 减速板液压千斤顶；

136 穿孔的机腹减速板；

137 副油箱，容量为230美制加仑（870升）；

138 500磅（227千克）高爆炸弹；

139 "小蒂姆"300毫米空对地火箭；

140 火箭固定架；

141 高速航空火箭。

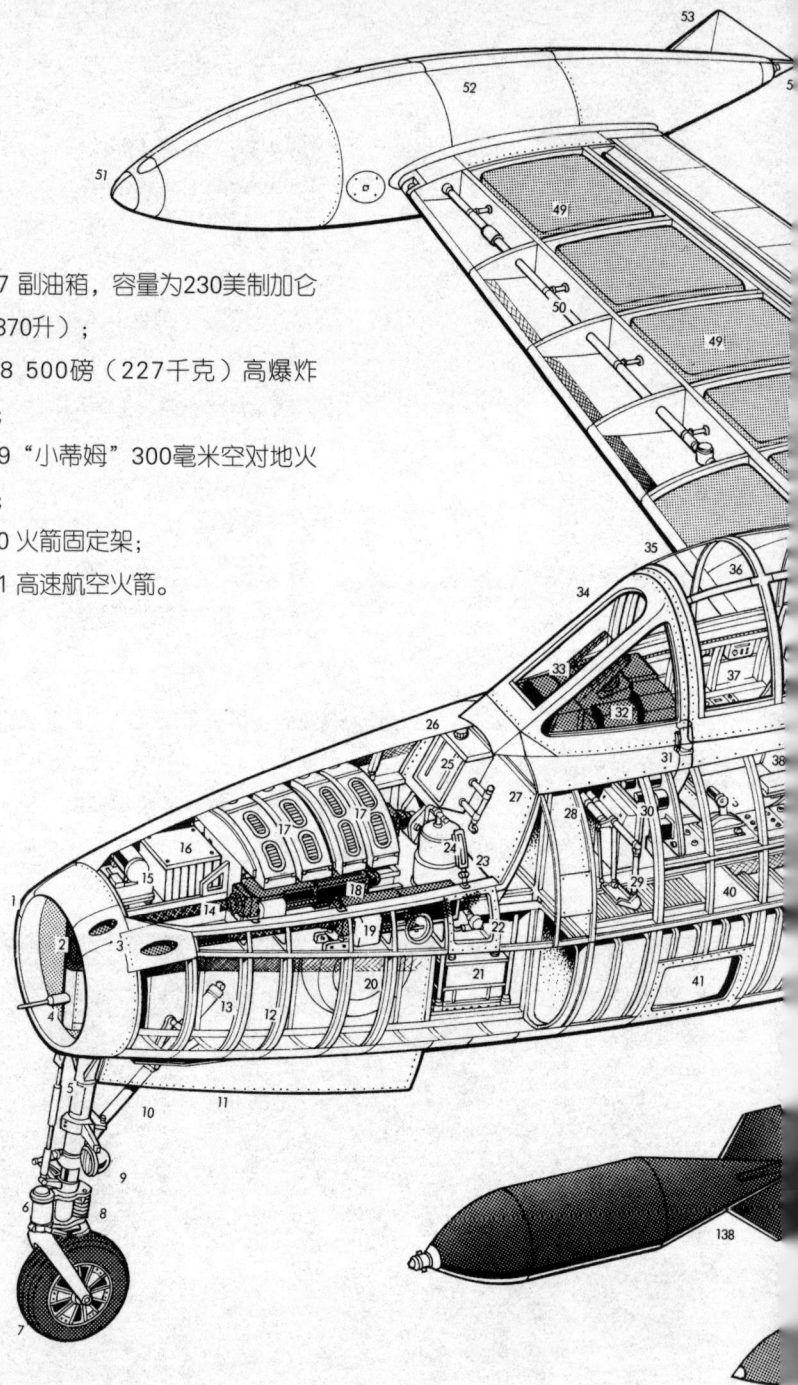

↑美国空军"零距离起飞"概念的试验是从F-84型战斗机开始进行的，飞行测试达到顶峰时使用了F-100型与F-104型战斗机。装备助推器并利用马丁航空公司（巴尔的摩）开发的机动发射装置。"零距离起飞"系统概念开创了防空战斗机的未来，从而摒弃了易受攻击的传统跑道。然而，此种概念并没有得到官方的足够支持，最终被放弃了。

构；

97 腹鳍/尾部减震器；

98 放油口；

99 引擎管；

100 机身电镀表面；

101 后部机身结构；

102 机翼根部后缘；

103 机翼通道；

104 翼梁接合处；

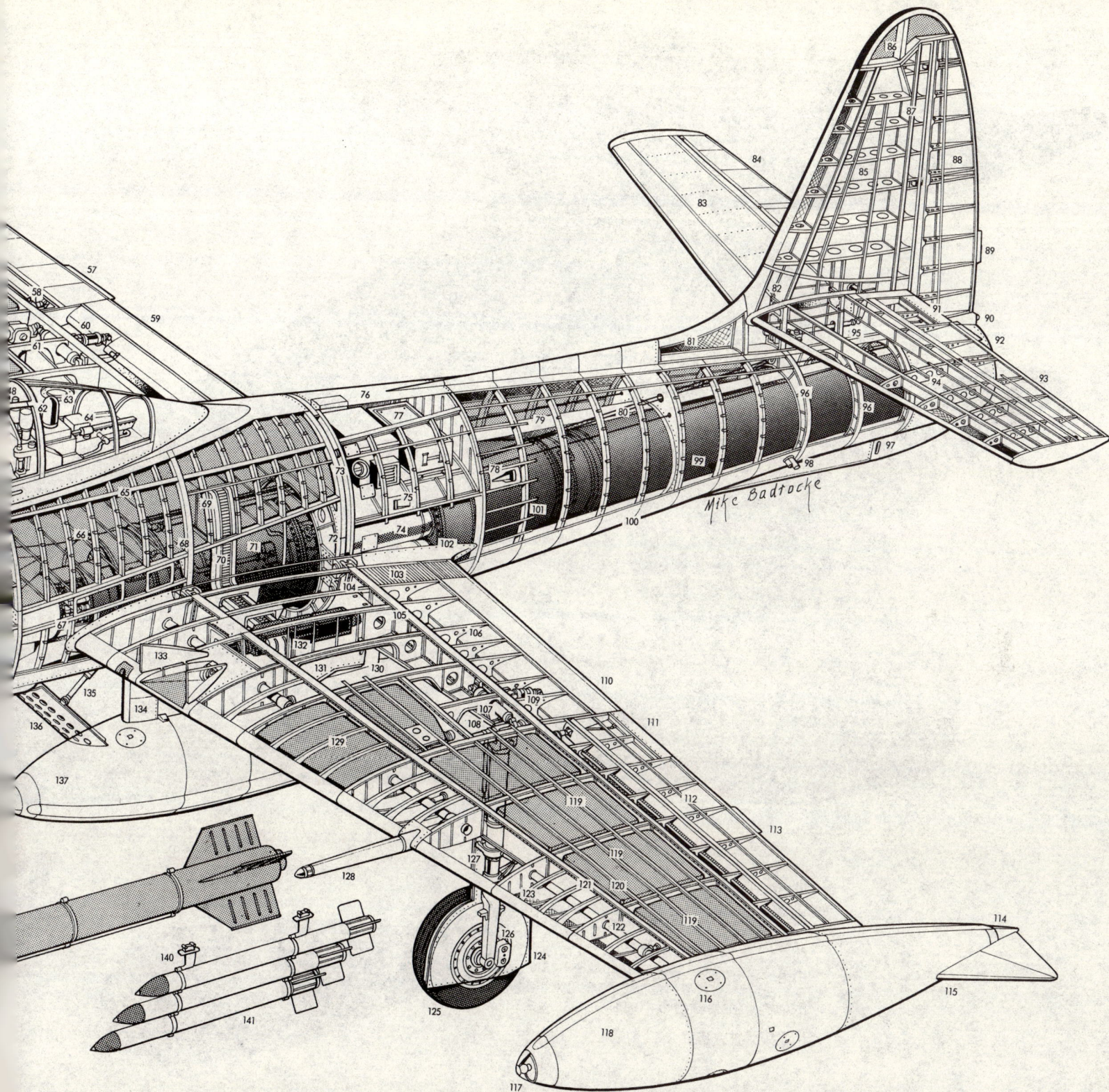

Mike Badrocke

F-84G是第一种为投掷核武器而设计的战斗机，尽管它从来没有执行过这一任务。F-84G还具有很强的常规作战能力，在朝鲜战争中表现出了毁灭性效应。

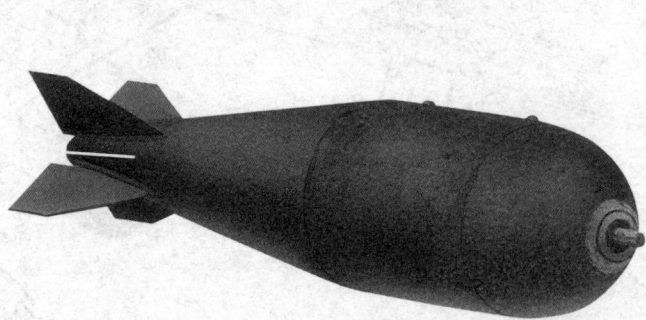

Chris Davey

图中这架编号51-1111的F-84G编号中有5个1，因此被称为"5A"。它隶属第58战斗轰炸机联队第69战斗轰炸机中队，基地位于韩国大邱，吉姆·辛普森上尉的56次作战任务大多是驾驶这架飞机完成的。

F-84G的座舱深受年轻飞行员喜爱。尽管没有"佩刀"的光环，F-84G仍不失为一种出色的飞机，低空高速飞行时具有出色的稳定性。唯一的问题是起飞滑跑，如果飞机满载，滑跑距离将很长，有时几乎到达跑道边缘。后来加装了火箭助推起飞装置，这一问题有所缓解。

为了快速识别低空飞行的飞机，1945年年底驻扎在德国的美国空军提出喷涂字体较大的符号，这一方法迅速得以推广。符号由2~3个字母（第一个字母表示用途，最后一个表示型号）和3个数字组成，这组符号通常喷涂在飞机的机头。

共和飞机制造公司，F-105 "雷公"
Republic F-105 Thunderchief

↑图为1964年美国战术空军司令部第335战术战斗机中队的F-105D "雷公"战斗机在北卡罗来纳州上空编队飞行执行训练任务。同年5月，该中队临时部署到欧洲，参加"冲刺"行动；此次演习模拟在战时条件下，战术空军司令部的部队与北约部队进行协同作战。图中前面的F-105D "雷公"战斗机（机身前部标有FH161）是后来改装成T-Stick II 型的30架之一。

F-105D "雷公"
主要部件剖面图

1 空速管；
2 雷达整流罩；
3 雷达搜索天线；
4 雷达跟踪装置；
5 前部电子对抗天线；
6 朝向尾部的照相机；
7 雷达整流罩节点；
8 测向仪天线；
9 火控雷达收发机；
10 航炮口；
11 电子仪表设备；
12 空中加油位置灯；
13 空中加油口；
14 航炮弹鼓，配弹1028发；
15 液氧罐；
16 仰角发射机；
17 航炮管；
18 前轮舱门；
19 M61型20毫米口径六管转管航炮；
20 供弹槽；
21 航炮排气管；
22 空中加油管舱；
23 交流发电机舱；
24 气动涡轮；
25 空中加油管；
26 风挡雨水导流管；
27 防弹风挡玻璃；
28 雷达瞄准具；
29 仪表板护罩；
30 导航雷达显示器；
31 方向舵踏板；
32 座舱前部密封舱壁；
33 航炮固定板；
34 前轮支杆；
35 仪表着陆系统雷达反射体；
36 滑行灯；
37 前轮；
38 剪形扭矩连接器；
39 液压控制装置；
40 飞行液压控制系统舱；
41 电子设备冷却气口；
42 敌我识别天线；
43 超高频天线；
44 下部无线电与电子设备舱；
45 座舱密封甲板；
46 飞行员侧面控制面板；
47 引擎油门杆；
48 操纵杆；
49 飞行员弹射座椅；

←图中约翰·霍夫曼上尉驾驶的F-105D型战斗机在完成对北越的轰炸任务后正在返回。霍夫曼上尉的F-105D型战斗机在战争中得以保全，最终在弗吉尼亚空军国民警卫队一直服役到1979年。

50 座椅背部降落伞舱；
51 头枕；
52 座舱盖；
53 3000磅（1360千克）高爆炸弹（挂载于内侧挂架）；
54 右侧进气口；
55 座舱盖千斤顶；
56 座舱盖节点；
57 空调装置；
58 座舱后部密封舱壁；
59 备用电子设备舱；
60 空气数据计算机；
61 左侧进气口；
62 炸弹舱油箱，390美制加仑（1476升）；
63 附面层分隔板；
64 可调进气道斜板；
65 前部机身油箱，内部总载油1160美制加仑（4391升）；
66 陀螺仪；
67 炸弹舱油箱导管；
68 机身前部翼梁主结构；
69 机背整流罩；
70 右侧主轮（收起位置）；
71 450美制加仑（703升）副油箱；
72 AIM-9型"响尾蛇"空对空导弹；
73 导弹发射轨；
74 双联装导弹挂架（外侧挂架）；
75 右侧前缘襟翼；
76 外侧固定挂架/副油箱燃油加注口；

77 右侧航行灯；
78 静电放电器；
79 右侧副翼；
80 右侧襟翼；
81 配重（仅右侧有）；
82 襟翼导轨；
83 滚转控制扰流板；
84 防撞灯；
85 进气口管道；
86 地面滑行次进气口；
87 机翼翼梁接合处；
88 机身后部翼梁主结构；
89 引擎压缩机；
90 前部引擎结构；
91 后部机身油箱；
92 燃油管；
93 副油箱尾翼；
94 加力燃烧室冷却气冲压进气口；
95 右侧全动水平尾翼；
96 垂直尾翼骨架；
97 垂直尾翼翼尖电子对抗天线；
98 尾部航行灯；
99 静电放电器；
100 方向舵配重；
101 方向舵；
102 编队灯；
103 水箱，容积为36美制加仑（136升）；
104 方向舵动力控制装置；
105 减速伞舱；
106 减速伞舱盖；
107 花瓣型减速板，打开状态；
108 可调冲压引擎喷口翼片；

109 减速板/喷口翼片千斤顶；
110 内部可调加力燃烧发动喷口；
111 加力燃烧引擎喷口传动装置；
112 加力燃烧引擎管道；
113 水平尾翼固定轴；
114 左侧全动水平尾翼骨架；
115 水平尾翼钛质翼梁；
116 前缘翼肋；

117 机腹放油口；
118 全动水平尾翼控制千斤顶；
119 后部机身接合处；
120 引擎耐火隔板；
121 后部引擎舱；
122 引擎涡轮机段热护罩；
123 引擎舱冲压进气口；
124 后部机身结构与纵梁骨架；
125 着陆拦阻钩；
126 腹鳍；

F-105D"雷公"技术说明

主要尺寸
长度：64英尺4英寸（19.61米）
高度：19英尺7英寸（5.97米）
翼展：34英尺9英寸（10.59米）
机翼面积：385英尺²（35.77米²）
动力装置
1台普拉特·惠特尼公司生产的J75-P-19W型涡轮喷气引擎，每台推力为17200磅（76.0千牛）；加力燃烧时推力达到24500磅（110.25千牛）；加力燃烧时喷水60秒推力可达到26500磅（117.7千牛）。
重量
空重：27500磅（12474千克）
最大超负荷起飞重量：52838磅（23967千克）
燃油
正常机内燃油：435美制加仑（1646升）
最大机内燃油：675美制加仑（2555升）
性能
36000英尺（10970米）高度且无外挂物时最大水平速度：139英里/时（224千米/时）

爬升率：无外挂物时每分钟34400英尺（10485米）
实用升限：41200英尺（12560米）
航程：挂架2个450美制加仑（1703升）翼展副油箱、1个650美制加仑（2461升）机身中部副油箱与2枚AGM-12型"幼畜"空对地导弹时为920英里（1480千米）
转场航程：最大外部载油且以584英里/时（940千米/时）时为2390英里（3846千米）
武器装备
750磅（340千克）M117型炸弹、1000磅（454千克）Mk83型炸弹、3000磅（1361千克）M118型炸弹、AGM-12型"幼畜"空对地导弹、AIM-9型"响尾蛇"空对空导弹、2.75英寸（70毫米）火箭发射舱、集束炸弹箱、Mk28/43型弹药、化学炸弹、5英寸（127毫米）火箭发射舱、MLU-10/B地雷，还装有1门M61型"火神"20毫米航炮（配弹1028发）

↑美国空军的"雷鸟"飞行表演队通常采用最热门的飞机作为表演用机，但F-105"雷公"战斗机似乎并非他们力所能及。该飞行表演队在1964年表演季期间采用了F-105B型战斗机，第一次表演展示是1964年4月在弗吉尼亚的诺福克。为了让F-105"雷公"战斗机承担特技飞行任务，一些相关的改进是非常必要的，其中包括对方向舵、襟翼与燃油系统等进行修改以增强倒飞的能力。F-105B型战斗机在"雷鸟"飞行表演队的服役时间很短。在1964年5月一次致命性事故发生前，F-105B型战斗机仅进行了6次飞行表演，最终还是决定采用F-100"超级佩刀"战斗机完成当年的剩余飞行表演。

127 附加冷却气导管；
128 弹药发射装置；
129 机身上部纵梁；
130 引擎附加变速箱；
131 燃油箱，4.5美制加仑（17升）；
132 普拉特·惠特尼公司J75-P-19W型加力燃烧涡轮喷气引擎；
133 左侧襟翼骨架；
134 五段式滚转控制扰流板；
135 襟翼螺杆千斤顶；

136 副翼配重；
137 左侧副油箱尾翼；
138 蜂窝式副翼骨架；
139 静电放电器；
140 翼尖整流罩；
141 左侧航行灯；
142 AGM-45型"斯崔克"反辐射导弹；
143 电子对抗吊舱；
144 外侧挂架；
145 固定挂点/燃油加注口；
146 副翼节点控制；
147 副翼与扰流板混合联动装置；
148 多翼梁机翼骨架；
149 副翼动力控制装置；
150 内侧固定挂点；

151 内侧挂架；
152 主起落架舱门；
153 左侧主轮；
154 450美制加仑（1703升）副

油箱；
155 主起落架剪形扭矩链接；
156 着陆灯；
157 左侧前缘襟翼；
158 前缘襟翼制动器；
159 主起落架枢轴；
160 起落架侧面支杆；
161 液压回收千斤顶；
162 机翼斜翼梁；

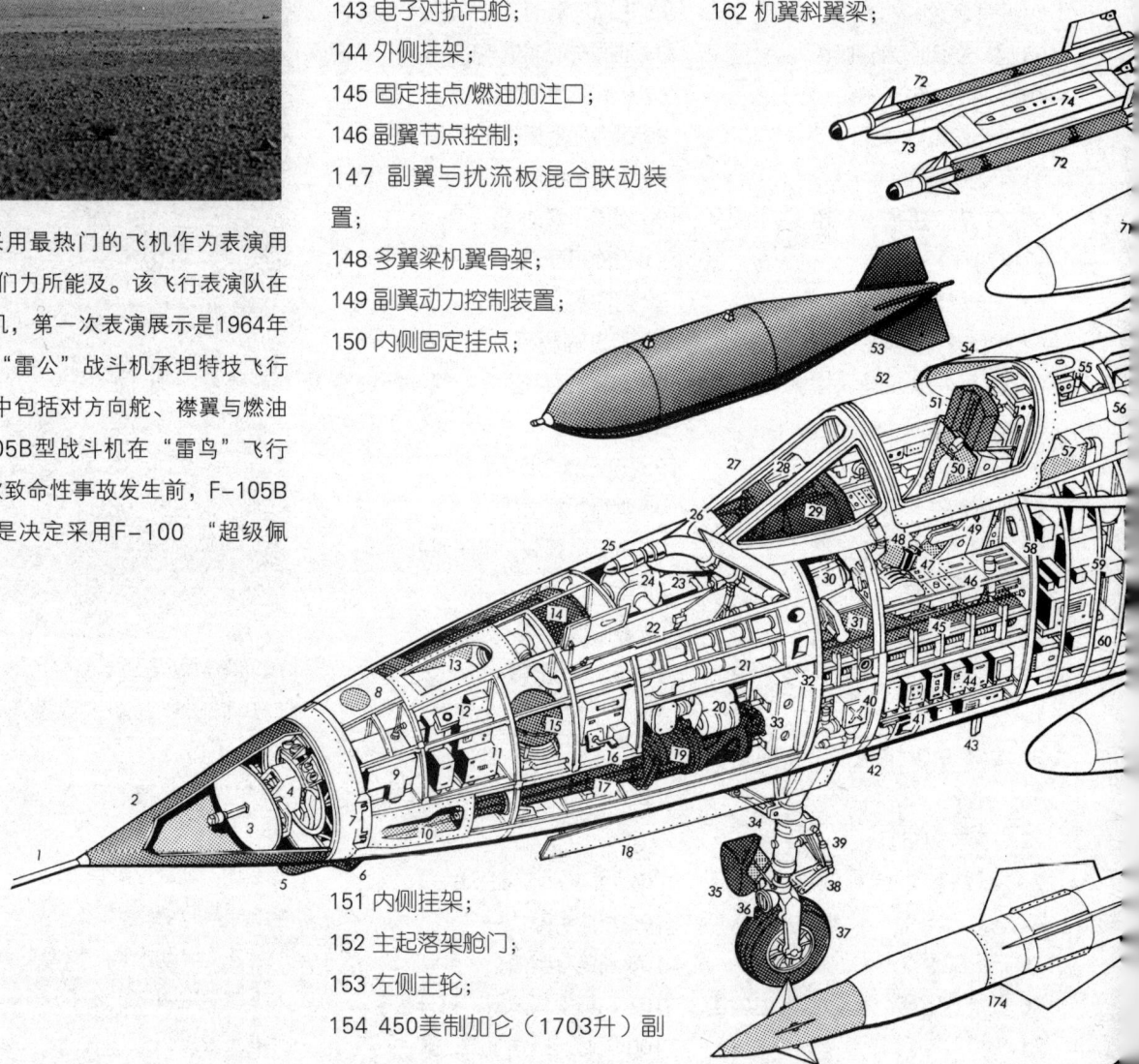

163 主轮;
164 主轮舱门;
165 前缘襟翼制动器;
166 前缘嵌入式天线;

167 650美制加仑（2461升）中部油箱;
168 燃油加注口;
169 机身中部挂架;
170 三联装挂架;
171 MI17型750磅（340千克）高

爆炸弹;
172 人员杀伤炸弹保险;

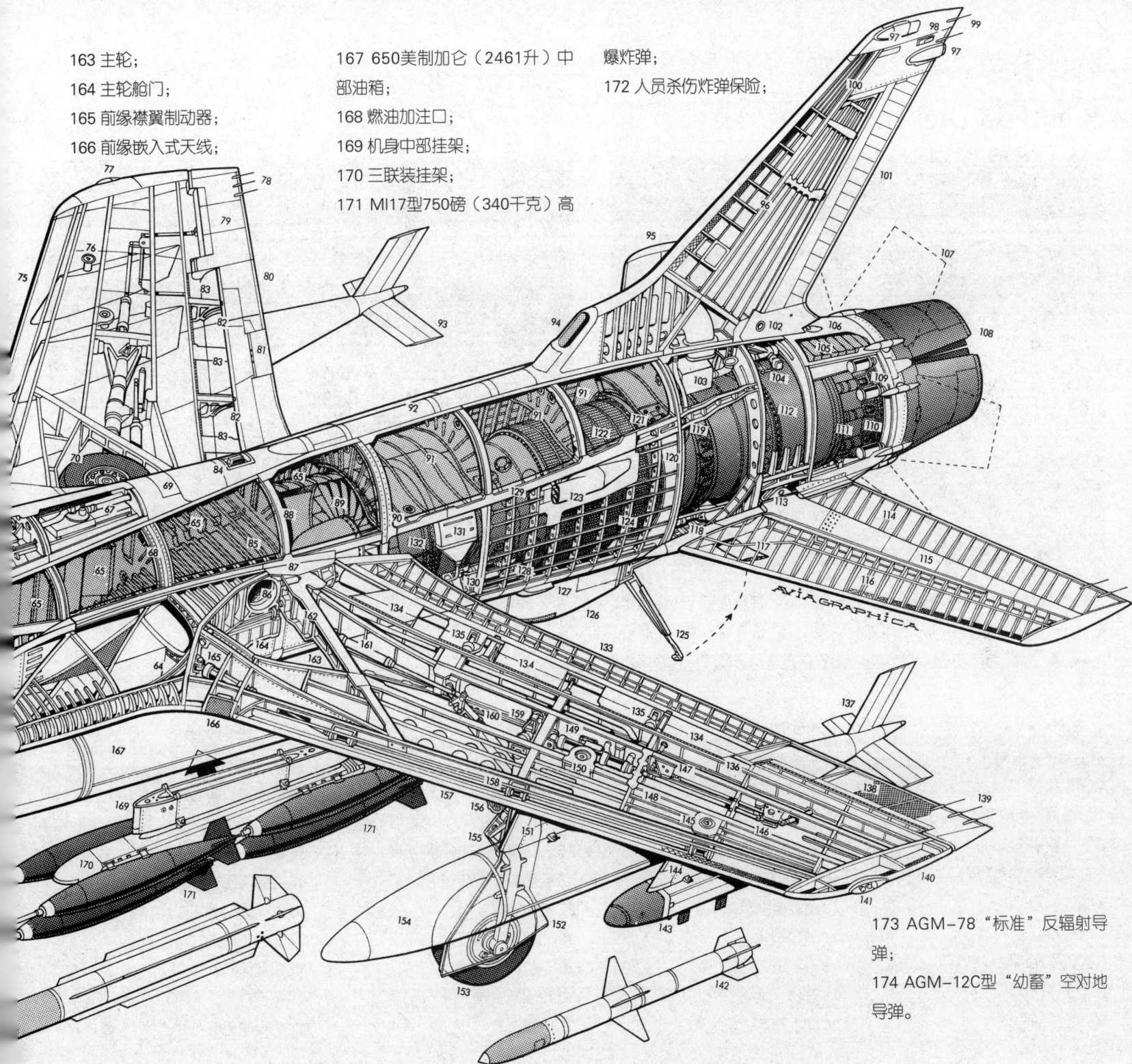

173 AGM-78"标准"反辐射导弹;
174 AGM-12C型"幼畜"空对地导弹。

萨伯公司，J-35 "龙"
Saab J-35 Draken

↑20世纪90年代初期，最后一批J-35J型"龙"飞机进行了全面检修，并涂上了这种非常有效的双色调灰色伪装涂层。这是瑞典空军最后一支J-35J型"龙"飞机作战中队1998年退役前所采用的最后一种涂层色彩方案。

↑第21中队是芬兰空军部队中装备J-35型"龙"飞机的两个中队之一。该中队从1972年开始配属此种飞机长达25年；之后，该中队又成为芬兰空军中第一个装备F-18C/D型"大黄蜂"战斗机的部队。另外一支J-35型"龙"飞机中队——第11中队，继续装备这种飞机到21世纪。

J-35F-2"龙"
主要部件剖面图
1 空速管；
2 玻璃纤维机头整流罩；
3 雷达搜索天线；
4 搜索天线固定结构；
5 雷达装置；
6 火控系统；
7 红外探测装置；
8 电子设备；
9 前部密封舱壁；

10 数据处理装置；
11 方向舵踏板；
12 左侧仪表控制板；
13 侧面控制台；
14 仪表板/雷达显示器罩；
15 风挡玻璃框架；
16 武器瞄准具；
17 风挡玻璃；
18 右侧进气口；
19 玻璃纤维质进气口边缘；
20 向上开启的座舱盖；

21 座舱框；
22 控制面板；
23 操纵杆；
24 油门杆；
25 飞行员RS35型弹射座椅；
26 座舱盖铰链装置；
27 座椅支撑结构；
28 后部密封舱壁；
29 导航计算机；
30 前部航空电子设备舱；
31 陀螺仪；

32 "塔康"收发机；
33 辅助进气口；
34 右侧进气管道；
35 右侧油箱；
36 机背；
37 右侧前部袋形油箱；
38 30毫米口径ADEN航炮；
39 弹仓（配弹100发）；
40 机背天线；
41 配线；
42 机身中部结合处；

43 进气管道；

44 燃油冷却器进气口；

45 沃尔沃公司生产RM6C型（罗尔斯·罗伊斯公司生产"埃文"300系列）涡轮喷气引擎；

46 通气口；

47 舱门；

48 机身结构；

49 引擎耐火隔板；

50 冷却气进气口；

51 翼根整流罩；

52 燃油传输管；

53 右侧主轮舱门；

54 舱门驱动杆；

55 机翼内外接合处；

56 右侧航行灯；

57 机翼表面；

58 右外侧升降舵补助翼；

59 节点；

60 驱动千斤顶调整口；

61 控制节点；

62 通道面板；

63 右侧整体油箱；

64 右侧袋形油箱（3个）；

65 通风格窗；

66 引擎管道；

67 引擎尾部固定环；

68 检查口；

69 垂直尾翼主翼梁连接部件；

70 控制杆指示器；

71 计算机放大器；

72 同步闪光装置；

73 垂直尾翼骨架；

74 空速管；

75 方向舵配重；

76 方向舵骨架；

77 方向舵枢轴；

78 垂直尾翼后部翼梁；

79 方向舵伺服与传动装置；

80 附加点；

81 刹车装置；

82 机身骨架；

83 分离式尾锥（引擎由此拆卸）；

84 检查口；

85 减速伞舱；

86 尾部整流罩；

87 加力燃烧室；

88 喷口；

89 加力燃烧室进气口；

90 控制后缘；

91 左内侧升降舵补助翼；

92 铰接点；

93 升降舵补助翼传动装置；

94 后部翼梁；

95 可收起的双尾轮；

96 右侧整体油箱；

97 机翼内外接合处；

98 机翼外侧骨架；

99 翼肋；

100 左外侧升降舵补助翼；

101 升降舵补助翼传动装置；

102 铰接点；

103 左侧翼尖；

104 防抖动下部翼刀（共6个）；

105 挂架（最多为8个）；

106 前部翼肋；

107 前部翼梁；

J—35J "龙" 技术说明

主要尺寸

长度：50英尺4英寸（15.35米）

翼展：30英尺10英寸（9.40米）

高度：12英尺9英寸（3.89米）

机翼面积：529.60英尺²（49.20米²）

机翼展弦比：1.77

轮距：8英尺10.5英寸（2.70米）

动力装置

1台沃尔沃公司生产的RM6C型涡轮喷气引擎（罗尔斯·罗伊斯 "埃文" 300系列涡轮喷气引擎，安装有瑞典设计的加力燃烧室），推力为12790磅（56.89千牛）；加力燃烧时推力达到17650磅（78.5千牛）

重量

空重：18188磅（8250千克）

正常起飞重量：25132磅（11400千克）

最大起飞重量：执行拦截任务时为27050磅（12270千克）；执行对地攻击任务时为33069磅（17650千克）

燃油

机内燃油：1057美制加仑（4000升）

外挂燃油：副油箱总共容量为1321美制加仑（5000升）

性能

36000英尺（10976米）高度且无挂架物时的最大水平速度：1147节（1317英里/时；2119千米/时）以上

300英尺（90米）高度最大速度：793节（910英里/时；1465千米/时）

海平面最大爬升率：加力燃烧时每分钟34450英尺（10500米）

实用升限：65600英尺（19995米）

正常起飞重量时的起飞距离：2133英尺（650米）

正常起飞重量时爬升到50英尺（15米）的起飞距离：3150英尺（960米）

航程

转场航程：1533海里（1763英里；2837千米）

仅靠机内燃油按高—低—高飞行剖面的作战半径：304海里（350英里；564千米）

武器装备

通常空对空作战装备为中部挂载2枚AIM-9J型 "响尾蛇" 空对空导弹，机翼挂架挂载2枚休斯公司 "隼" 空对空导弹；右侧机翼装有1门30毫米 "阿登" 航炮，最大载弹量为6393磅（2900千克）

↓为了庆祝中队周年纪念，这架J-35J的机翼上下和尾翼都喷上了第3师的剑鱼徽章。这架飞机后来被作为第3师的航空表演机。

108 主轮舱门；
109 左侧航行灯；
110 左侧主轮；
111 舱门内侧部件；
112 左侧主轮舱；
113 燃油传输管；
114 机翼接合处；
115 左侧袋形油箱（3个）；
116 燃油收集装置；
117 主轮回收装置；
118 主起落架；
119 引擎附加变速箱；
120 左侧航炮弹仓；
121 左侧30毫米"阿登"航炮（J-35F型仅右侧安装有航炮，较早的拦截型与J-35X出口型保

留有左侧航炮）；
122 左侧前部袋形油箱；
123 左侧前部整体油箱；
124 左侧航炮；
125 机翼内部/机身整体骨架；
126 角形结构；
127 机腹紧急情况减压空气涡轮机；
128 前部管道中继；
129 陀螺仪信号放大器；
130 进气管道；
131 前起落架；
132 玻璃纤维质进气口边缘；
133 前部回收前轮；

134 操纵机械；
135 可选的挂载物（其中包括可抛弃的油箱）；
136 19×3英寸（75毫米）火箭发射吊舱；
137 Rb28型"响尾蛇"红外制导导弹；
138 5.3英寸（135毫米）火箭弹；
139 Rb27型"隼"雷达制导导弹；
140 1102磅（500千克）炸弹。

↑当J-35型"龙"飞机开始服役时，便成了世界上最优秀的作战飞机之一，这部分是得益于其卓越的动力装置：依据许可证生产的罗尔斯·罗伊斯"埃文"引擎所附加的加力燃烧室可以提供强大的喷气动力。

←萨伯公司210型"龙"飞机是最终"龙"式飞机的7：10比例原型机。它是第一种双三角翼型飞机，对后来"龙"飞机项目取得的成功起到了重大作用。

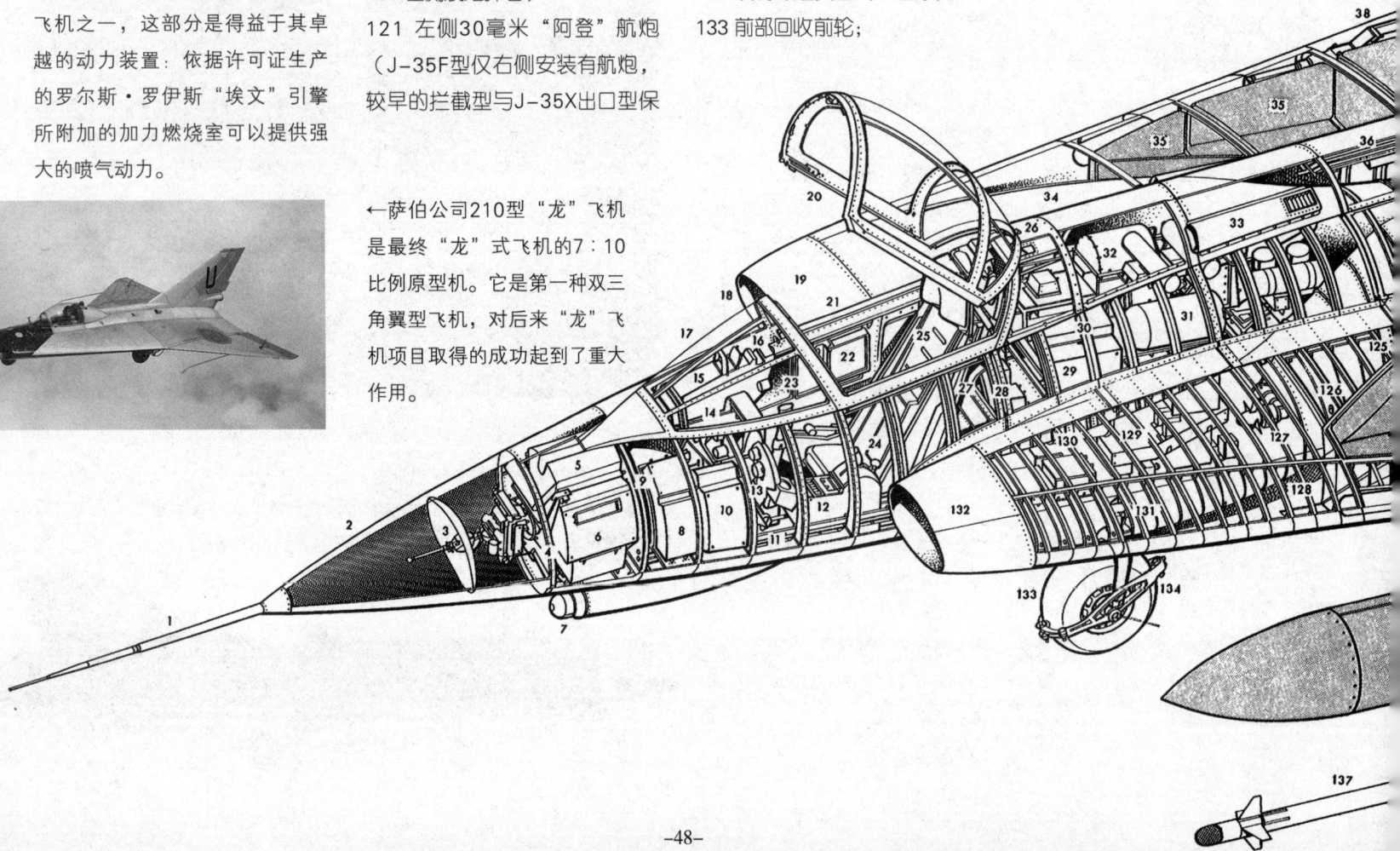

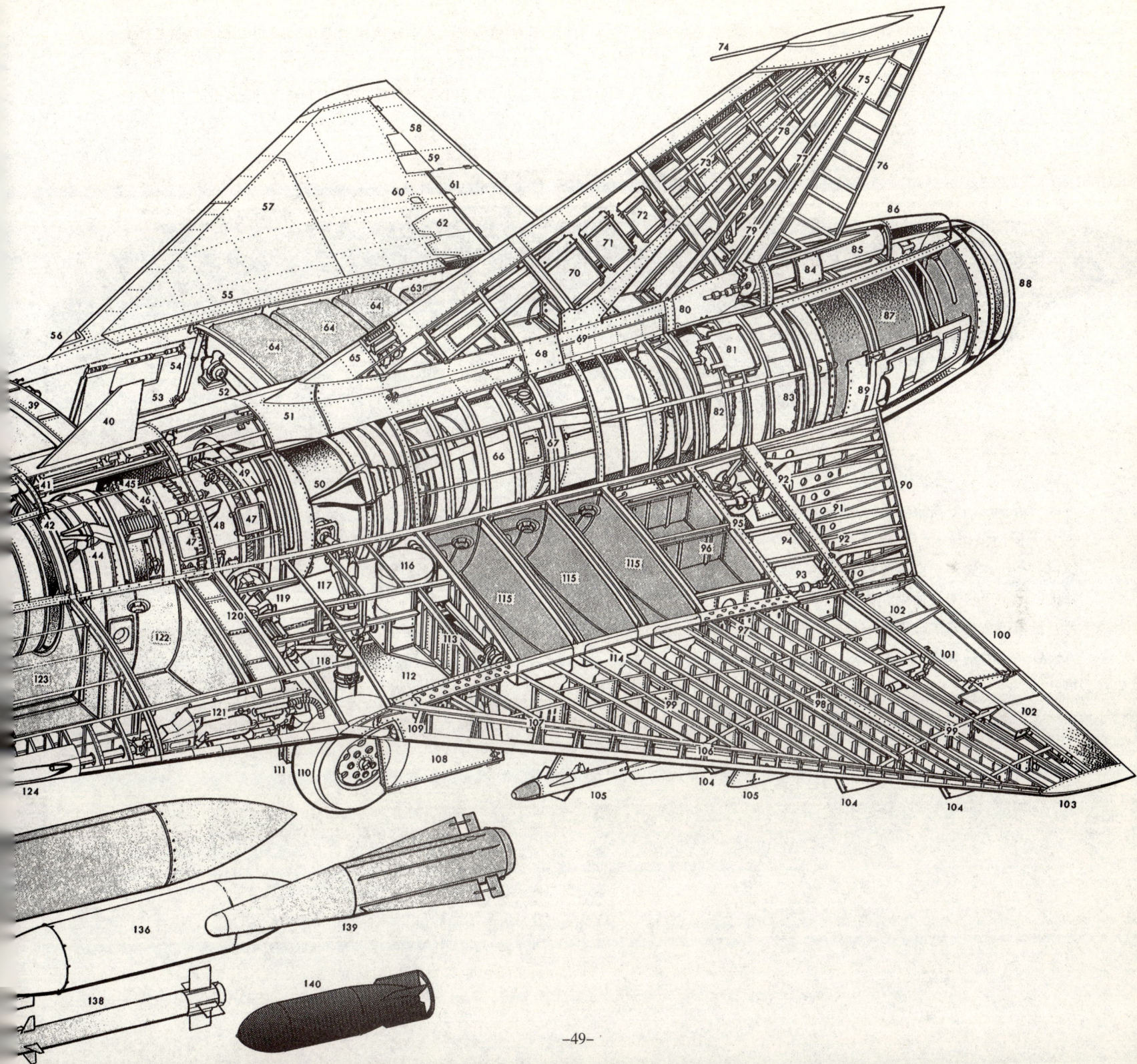

座舱后方、机身顶部突出的刀形天线为驾驶员提供甚高频（VHF）无线电通信。另外一根刀形天线位于机身下方、鼻轮舱后侧，用于超高频（UHF）通信和战术空中导航系统（TACAN）的导航。

侦察型RF-35是将防空型"龙"机鼻处的雷达拆下，安装5台OMERA照相机。相机安装在一个由玻璃和金属制成的圆锥体内，通过滑轨伸缩。此外，机鼻下方的双层玻璃板后方安置了一台前置式倾斜照相机。

图中这架RF-35"龙"的标志显示它隶属丹麦空军第729中队，20世纪80年代末该中队驻扎在卡鲁普空军基地。丹麦首批订购了20架单座战斗型"龙"和3架双座教练型；随后又订购了20架RF-35单座战术侦察机和3架RF-35双座侦察教练机（如图中这架）。

萨伯J-35与众不同的"双三角翼"翼型，是20世纪50年代在萨伯210小型试验飞机上验证的。这种翼型至今仍有发展空间，其气动优点是在三角翼的低阻特性上，结合以低速机动性。

萨伯公司，“雷”

Saab Viggen

↑此图显示了“雷”式飞机独特的机翼面，这架JA-37型飞机挂载了Rb71型“天空闪光”训练弹与AIM-9型“响尾蛇”空对空导弹。这种挂载是“雷”式飞机执行空中拦截任务的典型配置，而机身中部通常会挂载副油箱以帮助克服航程短的缺点。

SH-37 “雷”
主要部件剖面图

1 空速管；

2 玻璃纤维雷达整流罩；

3 雷达搜索天线；

4 爱立信公司PS-37/A型雷达设备；

5 迎角探测器；

6 座舱密封舱壁；

7 前部航空电子设备舱；

8 方向舵踏板；

9 仪表板护罩；

10 无边框风挡玻璃；

11 飞行员抬头显示器；

12 向上开启的座舱盖；

13 弹射座椅控制杆；

14 萨伯公司火箭助推弹射座椅；

15 引擎油门杆；

16 附面层分隔板；

17 左侧进气口

↑SF-37侦察型的侧翼挂架上挂载有多个侦察吊舱。左侧吊舱内装有3个SKA34型75毫米镜头照相机，每个照相机拥有120度视角；后部安装有闪光窗。右侧吊舱内安装有电容器，经由发电机为闪光枪提供电力以满足近1640英尺（500米）高度上的照明要求。

↑“雷”式飞机有两种侦察型：SH-37侦察型用于海上监视与侦察；而SF-37侦察型则用于陆上侦察任务。SH-37型装备有RKA40型记录摄影机，而且飞机左右还可各挂载一个夜间摄影吊舱；飞机右侧翼挂架上挂载有一个前视远程光学吊舱，其中安装有SKA 24D型600毫米镜头照相机。

↑飞行中的萨伯"雷"三机编队。尽管从美学上看，"雷"算不上漂亮，但是它是一种高效的多功能战机，为瑞典坚守中立政策加上了分量。

18 着陆灯/滑行灯；
19 双前轮，向前收起；
20 液压操纵控制装置；
21 "红公爵"多传感器侦察吊舱；
22 中部副油箱；
23 电发光编队灯；
24 中央航空电子设备舱；
25 进气口管道；
26 附面层空气溢出口；
27 前部机身整体油箱；
28 机背航空电子设备舱；
29 右侧鸭式前翼；
30 鸭式前翼襟翼；
31 AQ31型电子干扰吊舱；
32 SSR型异频雷达收发机天线；
33 防撞灯；
34 空调设备舱；
35 热交换器排气口；

36 进气口侧槽；
37 引擎压缩机；
38 附加设备变速箱；
39 前翼翼梁接合处；
40 机身侧面航空电子设备舱，左右各一；
41 紧急冲压空气涡轮机；
42 左侧鸭式前翼襟翼蜂窝式结构；
43 液压贮液器；
44 编队灯；
45 中央机身整体油箱；
46 主引擎；
47 沃尔沃公司生产的RM8A型加力燃烧涡扇引擎；
48 引擎放气预冷器；
49 引擎燃油冷却器；
50 机翼翼梁附加机身主结构；
51 燃油系统回收装置；

JA-37 "雷" 技术说明

主要尺寸

长度：53英尺9.75英寸（16.40米）
高度：19英尺4.25英寸（5.90米）
翼展：34英尺9.25英寸（10.60米）
机翼面积：495.16英尺²（46.00米²）
鸭式前翼翼展：17英尺10.5英寸（5.45米）
鸭式前翼面积：66.74英尺²（6.20米²）
轴距：18英尺8英寸（5.69米）
轮距：15英尺7.5英寸（4.76米）

动力装置

1台沃尔沃公司生产的RM8B型涡扇（普拉特·惠特尼公司生产的JT8D-22型，安装有瑞典设计的加力燃烧室与反推力装置），推力为16600磅推力（73.84千牛）；加力时推力可达到28109磅推力（125千牛）

重量

正常起飞重量：33069磅（15000千克）
拦截型的最大起飞重量：37478磅（17000千克）
攻击型的最大起飞重量：45194磅（20500千克）

燃油与载荷

机内燃油：1506美制加仑（5700升）

性能

36000英尺（10975米）高度无外挂最大水平速度：1147节（1321英里/时；2128千米/时）
爬升到32800英尺（10000米）所需时间：加力时所需时间少于1分40秒
实用升限：60000英尺（18290米）
典型起飞重量时的起飞距离：1312英尺（400米）
正常着陆重量时的着陆距离：1640英尺（500米）
按照高一低一高飞行剖面作战半径：539海里（621英里；1000千米）
按照低一低一低飞行剖面作战半径：270海里（311英里；500千米）

武器装备

主要武器是6枚空对空导弹。标准BVR武器是Rb71型"天空闪光"全天候中程半主动雷达制导导弹。Rb74型"响尾蛇"（AIM-9L型）红外制导导弹用于近程交战。JA37型还装有1门30毫米口径"厄利孔"KCA旋转式航炮，配弹150发。7~9个挂架总载弹量为13000磅（5987千克），其中包括4个火箭发射舱，每个发射舱容纳6枚5.3英寸（135毫米）对地火箭弹

52 测向仪天线；
53 右侧机翼；
54 外侧导弹挂架；
55 电子对抗天线整流罩；
56 外侧扩展前缘；
57 右侧航行灯；
58 右侧升降舵补助翼；
59 载荷感觉系统压力感受器；

60 垂直尾翼翼尖天线整流罩；
61 多翼梁垂直尾翼骨架；
62 方向舵液压制动器；
63 垂直尾翼翼梁接合处；
64 液压泵，用于垂直尾翼折叠；
65 左侧减速板；
66 减速板液压千斤顶；
67 加力燃烧室管道；

68 可调加力燃烧室喷口控制千斤顶；

69 喷管封条（速度超过1马赫时关闭）；

70 封条螺旋千斤顶；

71 回动器舱门气体传动装置；

72 雷达告警天线；

73 引擎加力燃烧室喷口；

74 回动器舱门；

75 尾部航行灯；

76 下部回动器气体传动装置；

77 左内侧升降副翼；

78 升降副翼液压制动器；

79 升降副翼蜂窝式骨架；

80 左外侧升降副翼；

81 左侧航行灯；

82 外侧升降舵补助翼液压制动器；

83 萨伯公司"博福斯"Rb24型空对空导弹；

84 导弹发射导轨；

85 电子对抗天线整流罩；

86 BOZ-9型闪光弹发射舱；

87 机翼挂架；

88 蜂窝式机翼表面；

89 多翼梁机翼骨架；

90 机翼整体油箱；

91 主翼梁；

92 主轮舱；

93 侧面支杆；

94 液压回收千斤顶；

95 主起落架固定翼肋；

96 主起落架支杆；

97 剪形扭矩链接；

98 串列式双主轮；

99 右侧机身挂架；

100 远程照相机吊舱；

101 Rb05A型空对地导弹；

102 Rb04E型反舰导弹；

103 导弹发射架。

↓第13联队的萨伯"雷"，该中队同时拥有SF-37和SH-37侦察机以及JA-37战斗机。第13联队后来被解散，其飞机转交给第1攻击/侦察师，该师也于2000年4月逐步解散。

Mike Badrocke

机翼后缘安装了两段式液压升降副翼，前缘有复合下摆，可以在外翼段上前伸，机身外侧凸出的弹头形整流罩内是RW天线。

"雷"可携带的武器还包括16枚M63 FFV炸弹（单发重量120千克）。攻击软目标的理想武器是博福斯公司的M70火箭发射器，每部发射器装有6枚135毫米火箭。"雷"可携带4部火箭发射器，或者携带2部30毫米机炮吊舱。

Chris Davey

萨伯公司，JAS-39 "鹰师"
Saab JAS-39

↑与其他瑞典战机一样，"鹰狮"也能够在公路上起降，可分散到森林的开阔地。它还能藏身于山体上挖掘的地下机库中。生存时间尽可能长是重中之重。

萨伯JAS-39 "鹰狮"
主要部件剖面图

1 空速管；

2 旋涡发生器；

3 玻璃纤维雷达罩；

4 平面雷达扫描装置；

5 机械式扫描跟踪装置；

6 雷达安装隔板；

7 自动方位搜寻器（ADF）天线；

8 爱立信公司的PS-50/A多模式脉冲多普勒雷达设备机架；

9 偏航翼；

10 座舱前气密隔板；

11 下方UHF天线；

12 攻角传感片；

13 冷光源编队条形灯；

14 方向舵脚蹬，数字式飞行控制系统；

15 仪表盘，3个爱立信EP-17阴极射线管（CRT）多功能显示器（MFD）；

16 仪表盘罩；

17 单片式无框风挡；

18 休斯公司的广角抬头显示器（HUD）；

19 爱立信公司的ECM吊舱；

20 右侧进气道处的挂架；

21 座舱盖，电动式，铰接于左侧；

22 弹射时用于炸碎座舱盖的微型引爆索（MDC）；

23 右侧进气道；

24 马丁-贝克S10LS零-零弹射座椅；

25 座舱后气密隔板；

26 安装于右侧的发动机节流阀杆，手控节流阀控制系统（HOTAS）；

27 左侧控制面板；

28 座舱部位的蜂窝状蒙皮；

29 安装于舱门上的滑行灯；

30 鼻轮舱门；

31 双轮前起落架，向后收起；

32 液压操纵装置；

33 机炮炮口冲击抑制器；

34 左侧进气道；

35 附面层分流板；

36 空调系统热交换进气道；

37 航电设备舱，通过鼻轮舱进入；

38 附面层溢出道；

39 座舱后方的航电设备架；

40 右侧鸭翼；

41 UHF天线；

42 热交换器排气道；

43 用于座舱空调、增压和设备冷却的环境控制系统；

44 两个进气道之间的自封式油箱；

45 鸭翼操纵液压动作筒；

46 鸭翼枢轴安装点；

47 左侧进气道管道；

48 1门27毫米"毛瑟"BK27机炮，安装于机身左侧；

49 温度传感器；

50 左侧航行灯；

51 机身中线处的外挂副油箱；

52 弹药补给舱门；

53 地面检测面板；

54 编队条形灯；

55 左侧鸭翼，碳纤维复合材料结构；

56 机炮弹舱；

57 机身中段铝合金结构和蒙皮；

58 机身上方的边条翼；

59 VHF天线；

60 机背整流罩；

61 战术空中导航（TACAN）天线；

62 排气和电线管道；

63 机身整体油箱；

64 液压油箱，左侧和右侧都有，独立双系统；

65 机翼与机身连接的主框架，锻

制机械式；

66 发动机压缩进气道；

67 敌我识别系统（IFF）天线；

68 机翼连接处的复合材料盖板；

69 右侧机翼整体油箱；

70 挂架硬连接点；

71 右侧载荷挂架；

72 机翼前缘锯齿；

73 两段式前缘机动襟翼；

74 碳纤维复合材料机翼蒙皮；

75 翼尖雷达告警接收器（RWR）和导弹发射导轨；

76 翼尖导弹挂架；

77 后位置灯，左右两侧都有；

78 右侧机翼外侧升降副翼；

79 内侧升降副翼；

80 内侧升降副翼动作筒整流罩；

81 发动机排气溢流口；

82 编队条形灯；

83 自动飞行控制系统设备；

84 垂尾根部连接点；

85 方向舵液压动作筒；

86 碳纤维复合材料机翼蒙皮和蜂窝状基底；

87 飞行控制系统液压传感器探测头；

88 前向RWR天线；

89 ECM发射天线；

90 UHF天线；

91 玻璃纤维垂尾顶部天线整流罩；

92 闪光灯/防撞灯；

93 碳纤维复合材料方向舵；

94 可变截面积加力燃烧室尾喷口；

95 尾喷口控制液压动作筒（3个）；

96 左侧减速板（打开状态）；

97 减速板连接点整流罩；

98 减速板液压动作筒；

99 加力燃烧室管道；

100 沃尔沃航空发动机公司的RM12加力涡扇发动机；

101 后部设备舱，左右两侧都有；

102 微型涡轮发动机公司的辅助动力装置（APU）；

103 安装于机身的配件设备变速

↑ "鹰狮"正在展示自己的武器。第一支装备该机的是第7联队，1997年9月具备初始作战能力（IOC）。"鹰狮"用于替换瑞典皇家空军的"雷"。

萨伯JAS39"鹰狮"技术说明

主要尺寸

长度：单座型，不包括空速管46英尺3英寸（14.10米）；双座型，不包括空速管48英尺6英寸（14.80米）

高度：14英尺9英寸（4.50米）

翼展（包括翼尖的导弹发射架）：27英尺6.75英寸（8.40米）

轴距：单座型17英尺（5.20米）；双座型19英尺4英寸（5.90米）

轮距：7英尺10英寸（2.40米）

动力装置

1台沃尔沃航空发动机公司的RM12涡扇发动机，净推力12140磅（54.00千牛），开加力时推力18100磅（80.51千牛）

重量

空重12560～14599磅（5700～6622千克）

最大起飞重量30850磅（14000千克）

正常起飞重量（防空武器配置）18700磅（8500千克）

性能

海平面1.15马赫；高空大约2马赫

航程（携带副油箱）1864英里（3000千米）

实用升限65600英尺（20000米）

作战半径288～345英里（463～556千米）

武器装备

1门27毫米"毛瑟"BK27机炮；AIM-9L"响尾蛇"（Rb74）、AIM-120 AMRAAM（Rb99）、IRIS-T空对空导弹、AGM-65"小牛"（Rb75）空对地导弹、Rb15F反舰导弹、DWS39反装甲撒布式武器、KEPD-150"金牛座"防区外发射导弹（SOM）

↓ "鹰狮"双座战斗机被命名为JAS-39B型，包括原型机将建造29架。其中，人们普遍认为最后14架将建成纯粹的战斗机，担任指挥和控制角色，甚至引导先进的无人战斗机。

箱；

104 钛合金翼根连接固定装置；

105 左侧机翼整体油箱；

106 多梁翼面基础结构和碳纤维蒙皮；

107 内侧升降副翼动作筒；

108 内侧升降副翼；

109 升降副翼碳纤维复蒙皮和蜂窝状基底；

110 左侧机翼外侧升降副翼；

111 后向象限RWR天线；

112 Rb74/AIM-9L"响尾蛇"短程空对空导弹；

113 翼尖导弹发射导轨；

114 左侧前向倾斜式RWR天线；

115 左侧两段式前缘机动襟翼；

116 前缘襟翼碳纤维复合材料结构；

117 外侧挂架硬连接点；

118 Rb75"小牛"空对面反装甲导弹；

119 导弹发射导轨；

120 外侧载荷挂架；

121 左侧主轮；

122 前缘襟翼动作筒（既起致动作用，又起连接作用）；

123 内侧挂架硬连接点；

124 主轮支柱上安装的着陆灯；

125 主起落架支柱减震器；

126 主轮支柱枢轴安装点；

127 液压收放千斤顶；

128 前缘襟翼驱动马达和扭转轴，左侧和右侧相互连接；

129 主轮支柱；

130 主轮舱门，起落架收起后关闭；

131 左侧内侧载荷挂架；

132 机翼下携带的外挂副油箱；

133 MBB公司的DWS39子弹药撒布器；

134 萨伯公司的Rb15F反舰导弹；

135 "流星"未来中程空对空导弹（FMRAAM）；

136 AIM-120先进中程空对空导弹（AMRAAM）；

137 马特拉公司的"米卡"EM短程空对空导弹；

138 博福斯公司的M70六管火箭发射器。

↓萨伯公司和英国宇航公司联合开拓"鹰狮"的市场。第一个出口客户是南非，南非在1999年订购了28架"鹰狮"和24架"鹰"100，交付时间从2005年开始，2012年截止。

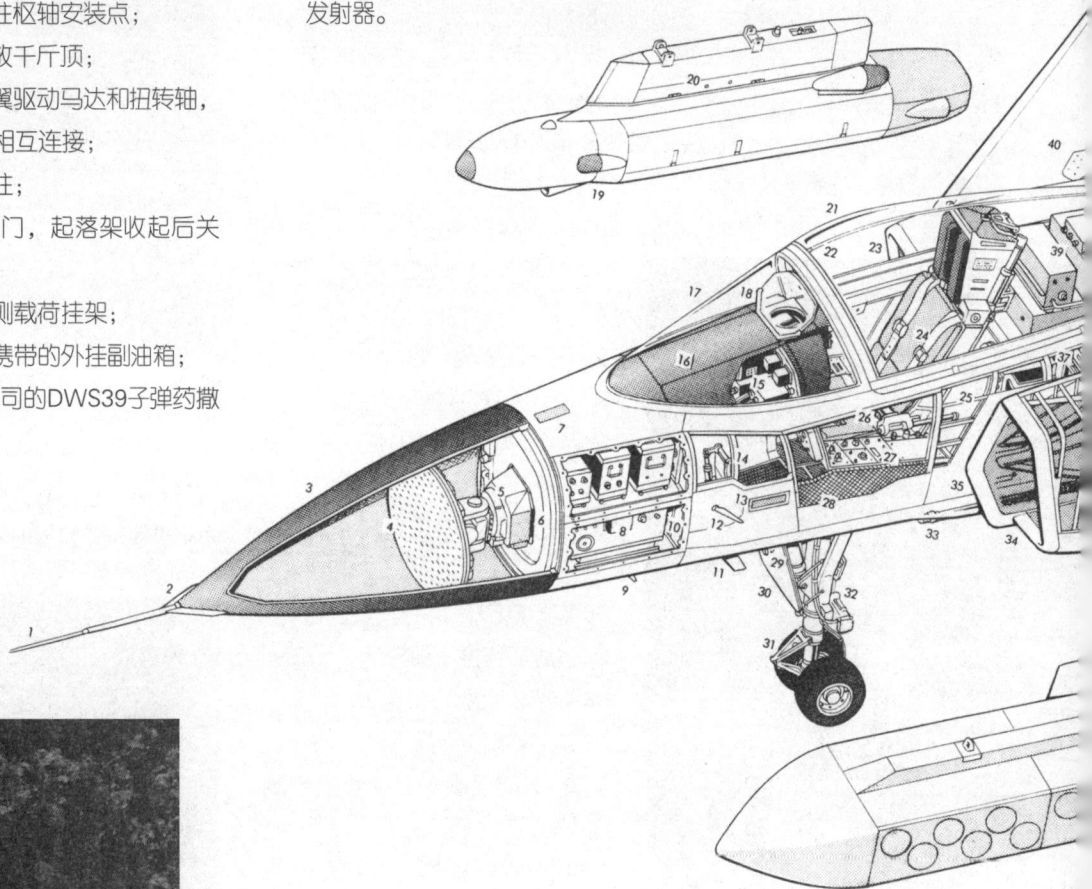

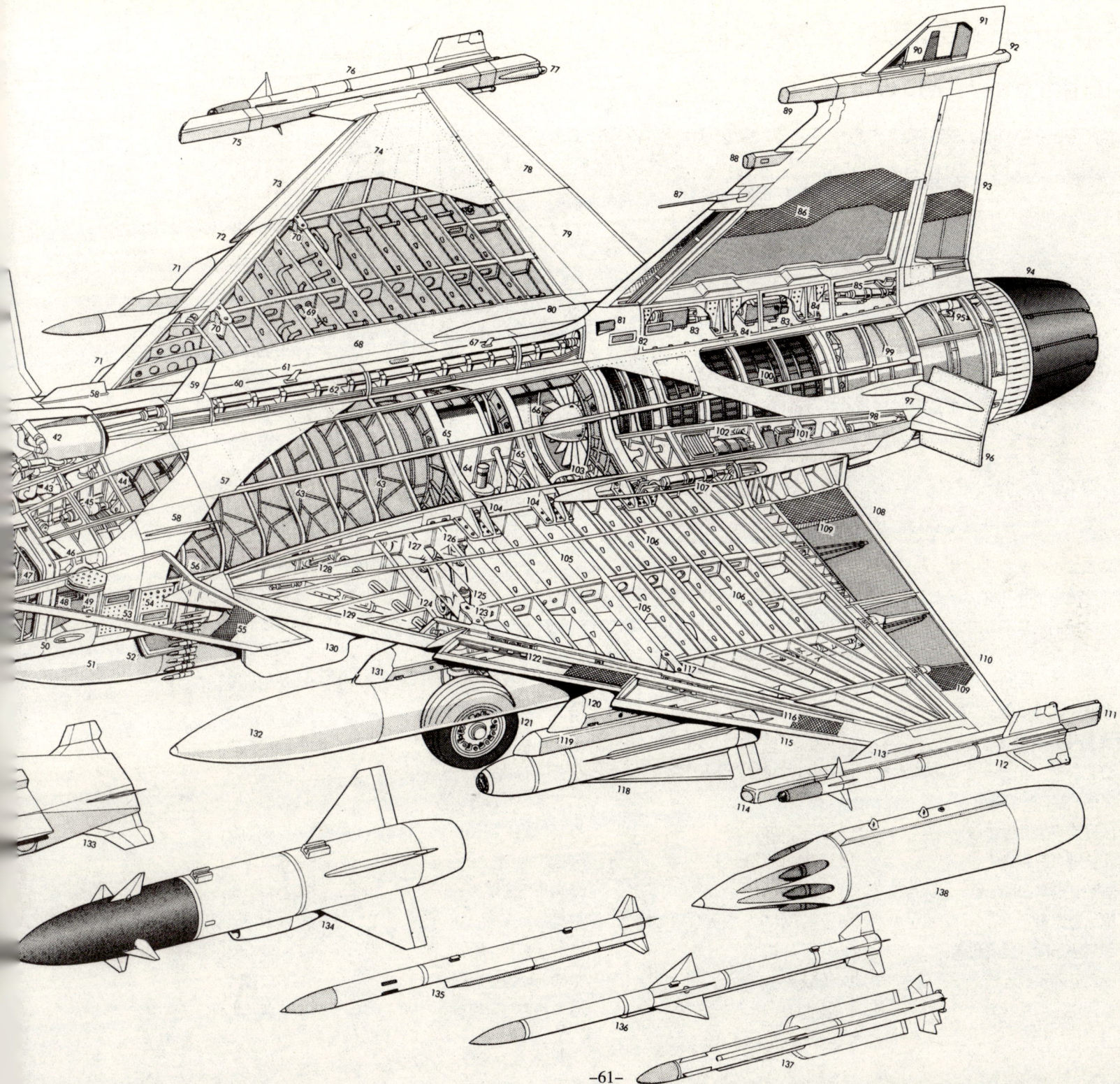

苏霍伊设计局，苏-7"装配匠"
Sukhoi Su-7 "Fitter"

↑印度空军部队的苏-7型战斗机在1971年与巴基斯坦的冲突对抗中赢得了声誉。战争中，印军投入了大约150架苏-7BM型战斗机，装备了7个中队，其中5个中队部署于西线战场。特别是第221中队曾经奇袭了位于代杰冈与达卡的巴基斯坦空军基地以及杰索尔机场。在战争期间损失了大约32架苏-7型"装配匠"-A战斗机。

苏-7BMK"装配匠"-A
主要部件剖面图

1 空速管；
2 风标式俯仰传感器；
3 风标式偏航传感器；
4 引擎进气口；
5 固定式进气口整流锥；
6 雷达整流罩；
7 距离修正雷达搜索天线；
8 仪表着陆系统天线；
9 雷达控制装置；
10 弹道计算机；
11 可收起的滑行灯；
12 SRO-2M型"奇数杆"敌我识别天线；
13 进气口抽气机舱门；
14 进气管道分配器；
15 仪表舱面板；
16 苏-7UM "农民"双座教练型；
17 防弹风挡玻璃；
18 瞄准具；
19 仪表板护罩；
20 操纵杆；
21 方向舵踏板；
22 控制联动装置；
23 前轮舱；
24 前轮舱门；
25 剪形扭矩链接；
26 可操纵前轮；
27 低压粗质轮胎；
28 液压回收千斤顶；
29 座舱密封甲板；
30 引擎油门杆；
31 飞行员侧控制面板；
32 弹射座椅；
33 座舱盖开启把柄；
34 带降落伞的头枕；
35 后视镜；
36 滑动式座舱盖；
37 流量测定仪；
38 无线电与电子设备舱；
39 进气管道；
40 空调装置；
41 电力与空气系统地面连接；
42 航炮口；
43 表面加倍装置/爆炸防护罩；
44 燃油系统结构通路；
45 主燃油泵；
46 燃油系统蓄能器；
47 燃油加注口；
48 外部管道系统；
49 右侧主起落架固定轴；
50 减震器增压阀；
51 照相机枪；
52 右侧机翼整体油箱；
53 右侧翼刀；
54 外侧机翼空舱；
55 翼尖翼刀；
56 静电放电器；
57 右侧副翼；
58 襟翼导轨；
59 右侧襟翼；
60 襟翼千斤顶；
61 机身电镀表面；
62 机身油箱；
63 机翼与机身附加双重结构；

64 引擎压缩机；
65 冲压进气口；
66 引擎燃油箱；
67 放气系统阀；
68 机身接合点，引擎从此拆卸；
69 留里卡 AL-71F-1型涡轮喷气引擎；
70 加力燃烧室管道；
71 垂直尾翼根部；
72 自动加强控制装置；
73 右侧上部减速板，打开状态；
74 方向舵动力控制装置；
75 载荷感觉器；
76 垂直尾翼骨架；
77 甚高频/超高频天线整流罩；
78 RSIU天线；
79 尾部航行灯；

80 "萨利娜"3型尾部告警雷达；
81 方向舵；
82 减速伞释放装置；
83 减速伞舱；
84 减速伞舱盖；
85 引擎喷口；
86 左侧全动水平尾翼；
87 静电放电器；
88 平尾防抖动配重；
89 水平尾翼骨架；
90 枢轴；
91 水平尾翼限制点；
92 可调喷口翼片；
93 喷口控制千斤顶；
94 垂直尾翼与水平尾翼附加机身结构；

↓在恶劣条件下，印度空军基地的2架标记特殊的苏-7型战斗机。飞机外侧机翼下挂载有UB-16型火箭吊舱，2架飞机都被固定在混凝土系留桩上。

苏-7BMK"装配匠"-A技术说明	
主要尺寸 翼展：29英尺3.5英寸（8.93米） 机长（包括空速管）：57英尺（17.37米） 高度：15英尺（4.57米） 机翼面积：297.09英尺²（27.60米²） 机翼展弦比：2.89 动力装置 一台NPO"土星"（留里卡）AL-7F-I型涡轮喷气引擎，推力为15432磅（68.65千牛）；加力时推力达到22282磅（99.12千牛） 重量 空重：19004磅（8620千克） 正常起飞重量：26455磅（12000千克） 最大起飞重量：29762磅（13500千克） 燃油与载荷 机内燃油：5181磅（2350千克） 外挂燃油：2个159美制加仑（600升）与2个458或238美制加仑（1800	或900升）副油箱 最大载弹量：5511磅（2500千克） 性能 36090英尺（11000米）高度无外挂 最大水平速度：1065英里/时（1700千米/时） 海平面最大水平速度：840英里/时（1350千米/时） 海平面最大爬升率：每分钟大约29920英尺（9120米） 实用升限：49705英尺（15150米） 起飞距离：2887英尺（880米） 利用副油箱时的转场航程：901英里（1450千米） 按照高一低一高飞行剖面且携带2205磅（1000千克）武器载荷与2个副油箱时的作战半径：214英里（345千米） 武器装备 机翼根部安装有两门30毫米口径努德尔满·里奇特尔 NR-30型航炮、大杀伤性炸弹 火箭弹与非制导弹药

95 加力燃烧室冷却进气口；
96 后部机身结构与纵梁骨架；
97 绝缘水平尾翼；
98 减速板槽；
99 液压千斤顶；
100 水平尾翼动力控制装置；
101 "奇数杆"敌我识别天线；
102 左侧下部减速板，打开状态；
103 引擎附件；
104 可抛弃的火箭助推器；
105 左侧襟翼；

106 左侧机翼整体油箱；
107 副翼控制杆；
108 左侧副翼骨架；
109 静电放电器；
110 翼尖整流罩；
111 左侧航行灯；
112 翼尖翼刀；
113 空速管；
114 机翼翼肋与纵梁骨架；
115 左侧外侧挂架；
116 UV-16-57型火箭发射舱；
117 副油箱（内侧挂架上）；

118 左侧主轮；

119 低压粗质主起落架；

120 内侧挂架；

121 左侧翼刀；

122 主轮舱门；

123 主起落架支杆；

124 起落架链接；

125 液压回收千斤顶；

126 机翼油箱燃油加注口；

127 左侧主轮舱；

128 主起落架卡锁；

129 副翼动力控制装置；

130 可收起的着陆灯；

131 弹箱（每门航炮配弹80发）；

132 NR-30型30毫米口径航炮；

133 航炮压力瓶；

134 机腹航炮排气口；

135 雷达高度计；

136 机身挂架，左右各一；

137 两个机身挂架副油箱；

138 551磅（250千克）钻地弹；

139 1102磅（500千克）高爆炸弹。

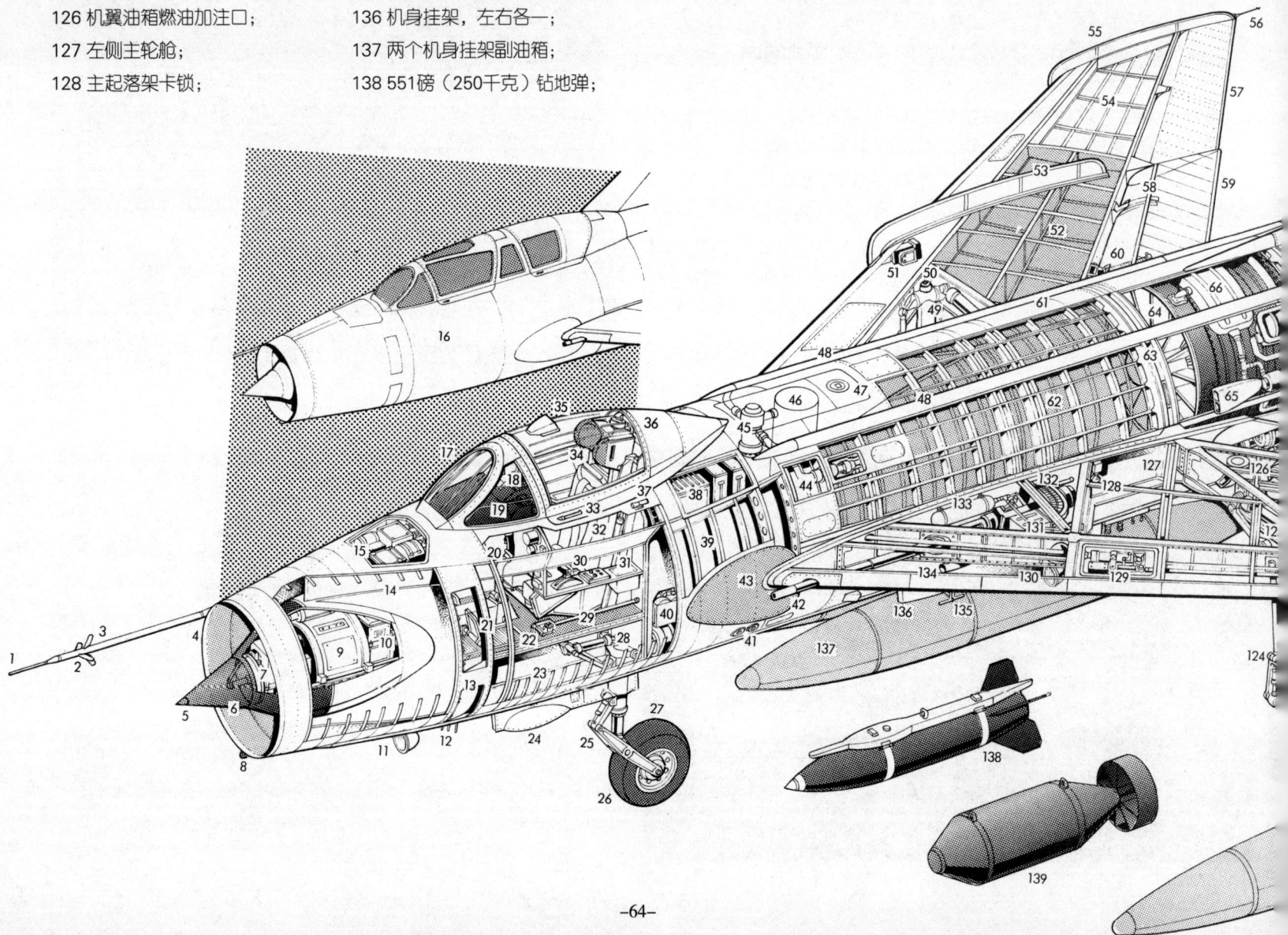

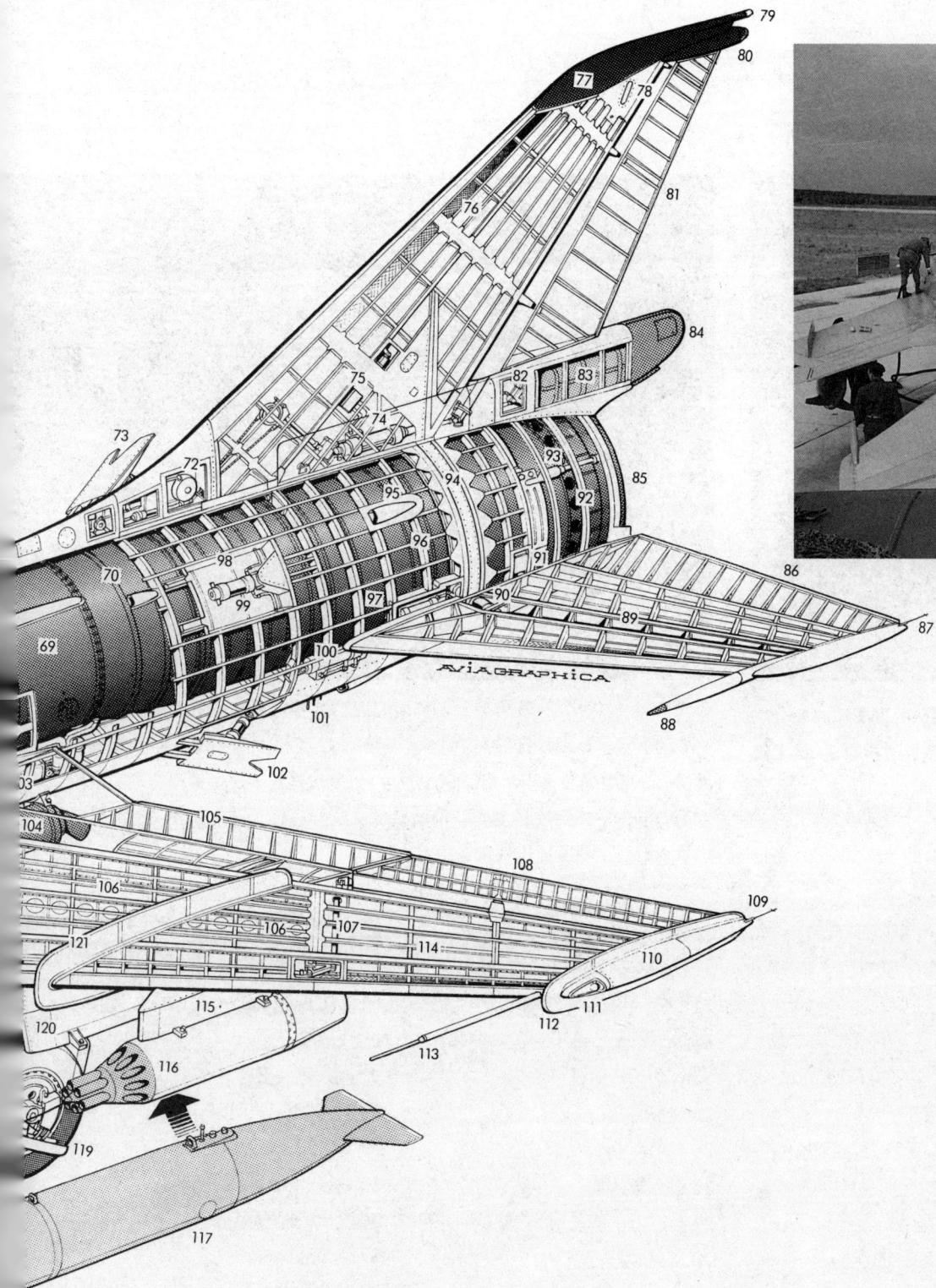

↑图中波兰的苏-7BM型"装配匠"-A战斗机已被改进成了苏-7BMK标准型,扩大了尾部整流罩。所有苏-7单座型被北约命名为"装配匠"-A,而苏-7UM双座型被命名为"农民"。试验性的苏-7型战斗机包括1968年的100LDU型测试平台,此飞机是由苏-7UM型战斗机改装而成的。这种遥控飞机被用来研究T-4型飞机的飞行稳定性。

AVIAGRAPHICA

苏霍伊设计局，苏-17/20/22 "装配匠"
Sukhoi Su-17/20/22 "Fitter"

↑在苏联解体前，苏-17M是苏联空军战术空军部队的重要组成部分。左侧的飞机携带的是典型对地攻击载荷，机翼内侧挂架携带S-24火箭弹，机身下携带2枚FAB-250炸弹。

↑作为苏-17系列的最初型号，"装配匠"战斗机很快便从苏联空军部队中消失了。计划取代苏-17M型（与米格-27型）的是如今已经下马的米格-29M型战斗机。米格-29M型战斗机是根据驻前民主德国苏军的要求而研制的。依照冷战后作战部队装备的指导方针，苏-17M-4型战斗机目前已经从俄罗斯作战装备中消失了。

苏-22M-4"装配匠"-K
主要部件剖面图

1 仪表数据探测管；
2 风标式偏航与俯仰传感器；
3 火控计算机传感器；
4 空速管；
5 雷达整流罩；
6 引擎进气口；
7 I波段雷达；
8 激光目标指示器；
9 雷达高度仪；
10 机腹多普勒导航天线；
11 迎角发射机；
12 雷达设备模块；
13 分叉式进气管道；
14 进气道弹性放气口，打开状态；
15 温度计；
16 前部航空电子设备舱，ASP-5ND型火控系统；
17 苏-I7"装配匠"-G双座教练型；
18 飞行学员座舱；
19 可收起的前视潜望镜；
20 飞行教员座舱；
21 防弹前风挡玻璃；
22 飞行员抬头显示器与攻击瞄准具；
23 仪表板护罩；
24 操纵杆；
25 方向舵踏板；
26 前起落架舱；
27 可收起的着陆灯，左右各一；
28 前轮舱门；
29 前轮前叉；
30 可操纵的前轮（向前收起）；
31 SRO-21VI型"奇数杆"敌我识别天线；
32 前起落架固定轴；
33 液压收缩千斤顶；
34 驾驶舱甲板；
35 紧密的机身骨架；
36 左侧控制面板；
37 引擎油门杆；

38 座舱盖卡锁；

39 飞行员零－零弹射座椅；

40 弹射座椅头枕；

41 后视镜；

42 向上开启的座舱盖；

43 座舱盖千斤顶；

44 座舱增压阀；

45 后部密封舱壁；

46 空调设备；

47 进气道结构；

48 地面动力与对讲电话装置插座；

49 航炮口处机身防护层/加厚机身表面；

50 航空电子设备架；

51 座舱后部整流罩内附加航空电子设备；

52 燃油系统检查口盖；

53 进气管道；

54 主燃油泵；

55 反向蓄能器；

56 前部机翼翼梁附加主结构；

57 中部机身结构与纵梁骨架；

58 机身油箱；

59 燃油系统部件；

60 机背整流罩；

61 测向仪天线；

62 右侧翼根固定部分；

63 照相机；

64 机翼旋转轴；

65 外侧翼刀；

66 机身中部的侦察吊舱；

67 GSh-231型机关炮吊舱；

68 前缘襟翼，放下位置；

69 襟翼液压制动器；

70 右侧机翼整体油箱；

71 副翼液压制动器；

72 襟翼导轨；

73 右侧航行灯；

74 翼尖整流罩；

75 静电放电器；

76 右侧副翼；

77 右侧机翼全后掠位置；

78 外侧单翼缝襟翼，放下位置；

79 机翼固定部分；

80 机背整流罩；

81 机身表面镶板；

82 机翼主翼梁双结构；

83 引擎压缩机进气口；

84 引擎油箱；

85 留里卡AL-21 F-3型加力燃烧引擎（可选择安装图曼斯基R-29B型引擎）；

86 后部机身接合处（引擎从此拆卸）；

87 引擎涡轮机部分；

88 冷却进气口；

89 前部"萨利娜"3型雷达告警；

90 右侧上部减速板，打开状态；

91 自动飞行控制器；

92 高频天线；

93 右侧平尾防摆动配重；

94 方向舵联动装置；

95 方向舵液压制动器；

96 垂直尾翼骨架；

97 超短波战斗机控制天线；

98 垂直尾翼翼尖超高频天线整流

罩；

99 尾部航行灯；

100 方向舵；

101 后部"萨利娜"3型雷达告警与电子对抗天线；

102 减速伞释放装置；

103 减速伞舱；

104 减速伞舱锥形整流罩；

105 异频雷达收发机天线；

106 引擎喷口；

107 左侧全动水平尾翼；

108 静电放电器；

109 平尾翼尖防摆动配重；

110 水平尾翼骨架；

111 水平尾翼翼梁；

112 平尾枢轴；

113 平尾活动限制点；

114 可调加力燃烧引擎喷口；

苏-17M-4"装配匠"-K技术说明

主要尺寸

机长（包括空速管）：61英尺6.25英寸（18.75米）

高度：16英尺5英寸（5.00米）

翼展（伸展时）：45英尺3英寸（13.80米）

翼展（后掠时）：32英尺10英寸（10.00米）

机翼面积（伸展时）：430.57英尺²（40.00米²）机翼面积（后掠时）：398.28英尺²（37.00米²）

动力装置

1台NPO"土星"（留里卡）AL-21F-3型涡轮喷气引擎，推力为17196磅（75.49千牛）；加力时且利用两个火箭助推器，推力达到24802磅（110.32千牛）

重量

正常起飞重量：38155磅（18400千克）

最大起飞重量：42989磅（19500千克）

性能

海平面无外挂最大水平速度：870英里/时（1400千米/时）

海平面最大爬升率：每分钟45276英尺（13800米）

实用升限：49870英尺（15200米）

作战半径：执行高—低—高航线且4409磅（2000千克）战斗载荷时为621海里（715英里；1150千米）；执行低—低—低航线且4409磅（2000千克）战斗载荷时为378海里（435英里；700千米）

武器装备

大杀伤性自由落体炸弹；吊舱与非吊舱型非制导火箭弹，口径57～330毫米；用于精确打击的各种空对地导弹，其中包括Kh-25型（AS-IO型"凯伦"与AS-12型"投手"）、Kh-29型、Kh-58E型（AS-11型"顺利"）反雷达导弹。为了增强自卫能力，垂直尾翼两侧能够加装4套32发ASO箔条/闪光弹装置，机背安装2个六管KDS-23型子弹箱。用于扫射攻击，"装配匠"-K型的机翼根部安装有NR-30型30毫米口径航炮，每门炮备弹80发，能够安装在机翼或机身下挂载的航炮吊舱。"装配匠"-K型能用于执行战术侦察任务，挂载KKR型侦察吊舱，也可安装在"装配匠"-C与"装配匠"-H型上；还包括3台光学照相机、曳光弹与电子情报装置，通常一同挂载SPS电子对抗吊舱

115 喷口调节千斤顶；

116 垂直尾翼平尾与机身附加双结构；

117 加力燃烧室管道；

118 水平尾翼液压制动器；

119 RO-2M型"奇数杆"敌我识别天线；

120 减速板；

121 减速板液压千斤顶；

122 机身后部纵梁骨架；

123 腹鳍；

124 左侧下部减速板，打开状态；

125 引擎附加设备；

126 附加设备变速箱隔舱；

127 左内侧单翼缝襟翼；

128 襟翼制动器；

129 辅助后部翼梁；

130 机翼后掠控制液压千斤顶；

131 后部翼梁导轨；

132 机翼固定部分外部翼梁；

133 外侧翼刀；

134 外侧单翼缝襟翼；

135 襟翼骨架；

136 襟翼制动器；

137 副翼；

138 左侧机翼全后掠位置（63度）；

139 左侧副翼；

140 副翼控制联动装置；

141 静电放电器；

142 翼尖整流罩；

143 左侧机翼伸展位置；

144 左侧航行灯；

145 三段式前缘翼，放下位置；

146 BETA-B型250千克（551磅）延迟钻地弹；

147 S-24型240毫米航空火箭；

148 AA-2型（K-13A型）"环礁"空对空导弹；

149 导弹挂架；

150 前缘襟翼骨架；

151 副翼液压制动器；

152 左侧机翼整体油箱；

153 机翼骨架；

154 前缘翼液压制动器；

155 外侧机翼面主翼梁；

156 机翼枢轴；

157 主轮舱门；

158 左侧主轮；

159 悬挂杆轮轴；

160 600升（122英制加仑）副油箱；

161 主起落架支杆；

162 起落架旋转与收缩连接器；

163 外侧机翼挂架；

164 主起落架固定轴；

165 液压回收千斤顶；

166 机翼固定部分主翼梁；

↑当1982年装备有R-29BS-300型引擎的苏-22UM-3型战斗机投入服役后，最终定型的苏-17"装配匠"双座型被出口给了盟国空军部队。苏-22UM-3型战斗机很快又被1983年投产的苏-22UM-3K型战斗机所取代，而苏-22UM-3K型战斗机安装了作为苏-17M型战斗机标准的AL-21F-3型动力装置。前民主德国空军总共53架"装配匠"系列战斗机部队中拥有8架苏-22UM-3K型战斗机。1979—1980年，所有的苏-17UM双座型战斗机被升级成了苏-17UM-3标准型。

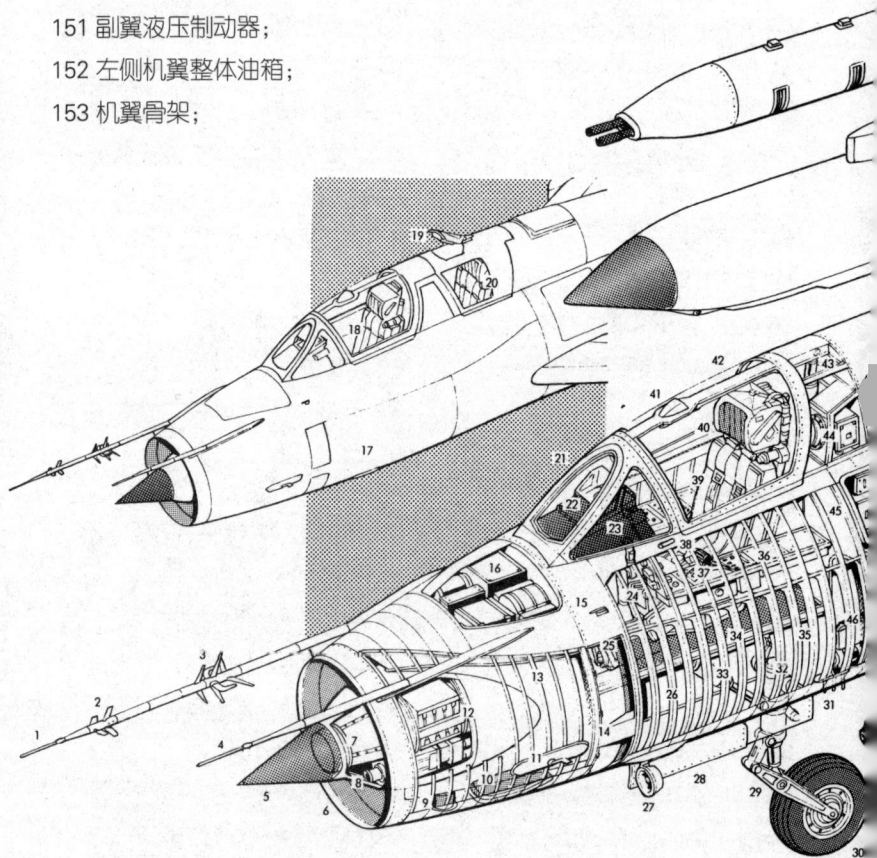

167 主起落架舱；
168 机翼内侧翼刀；
169 前部翼梁；
170 机翼中部挂架；
171 内侧挂架；
172 前缘翼肋；
173 NR型30毫米航炮（左右各一

门）；
174 供弹槽，每门炮配70发；
175 航炮压力瓶；
176 制退机；
177 航炮炮口；
178 机身挂架（左右各一个或两
个）；
179 FAB500型500千克（1102
磅）高爆炸弹；

180 导弹挂架；
181 AS-7型"凯瑞"空对地导
弹；
182 UV-32-57型32×57毫米火
箭弹发射吊舱。

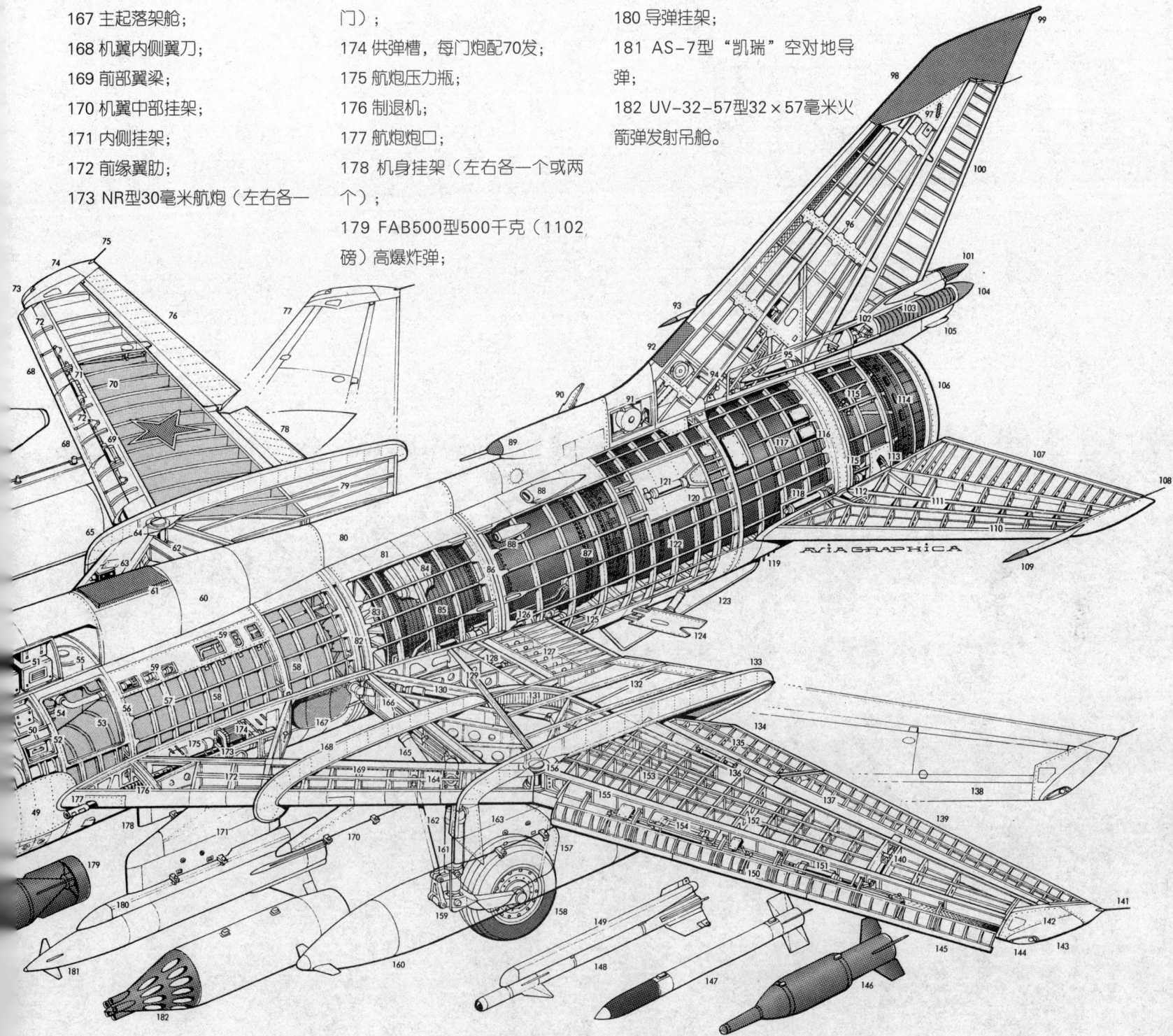

AVIAGRAPHICA

海军飞机
Naval Aircraft

波音公司，F/A-18

Boeing F/A-18

↑图中这架F/A-18C战斗机在参加"持久自由"行动期间携带着2枚配置Mk 84弹头的联合直接攻击弹药。请注意它的4个副油箱。在"持久自由"行动中，"大黄蜂"战斗机经常受到航程短的困扰，主要依靠英国皇家空军的加油机提供支援。

波音F/A-18
主要部件剖面图

1 玻璃纤维雷达罩（绞接在机身右侧）；

2 平面阵列雷达扫探器；

3 扫探器跟踪机械装置；

4 火炮排气道；

5 雷达组件收回导轨；

6 休斯公司的AN/APG-73雷达设备组件；

7 编队照明灯；

8 雷达警报天线；

9 超高频通信系统/敌我识别装置天线；

10 空速管，左右两侧；

11 发射机；

12 座舱紧急出口；

13 炮弹舱，570发；

14 M61A1型"火神"20毫米口径旋转机炮；

15 可伸缩空中加油管；

16 整体挡风玻璃

17 飞行员的"卡赛尔"AN/AVQ-28光栅平视显示器；

18 配置有多功能彩色CRT显示器的仪表板；

19 操纵杆；

20 方向舵踏板；

21 弹药装载导槽；

22 接地电源插座；

23 机头主起落架舱；

24 弹射器吊索连杆；

25 六轮主起落架，可收入机身；

26 可收缩登机悬梯；

27 机轮水压千斤顶；

28 头部机轮甲板信号和滑行灯；

29 前置航空电子装备舱，左侧和右侧；

30 发动机油门杆；

31 SJU-6/A型飞行员弹射座椅；

32 后座方向舵脚踏板；

33 配置多功能CRT显示器的后仪表控制板；

34 上开式整体座舱盖；

35 "白眼"导弹的AWW-7/9型数据传输设备吊舱（安装在飞机机身中部）；

36 AGM-62"白眼" II ER/DL型空对地导弹（仅右外侧吊舱）；

37 海军飞行军官头盔（配置有英国防部与英航空航天公司及马可尼公司研制的夜视镜）；

38 海军飞行军官的SJU-5/A弹射座椅；

39 双操纵杆雷达和武器控制器，取代双重飞行控制系统；

40 液氧汽化器；

41 腹部雷达警报天线；

42 后部航空电子设备舱，左右两侧；

43 驾驶舱后密封隔墙；

44 座舱盖传动装置；

45 右侧航行灯；

46 尾翼气动力装载边条；

47 上部雷达警报天线；

48 前机身燃料电池；

49 雷达/电子设备液体冷却装置；

50 飞机中部支点；

51 边界层分流板；

52 左导航灯；

53 固定形状发动机进气道；

54 冷却空气排放格栅；

55 座舱空调系统设备；

56 前缘襟翼驱动马达；

57 附面层溢出管道；

58 空调系统热交换排气口；

59 中段机身燃料电池；

60 机翼板根部接头；

61 中部GTC36-200辅助动力系

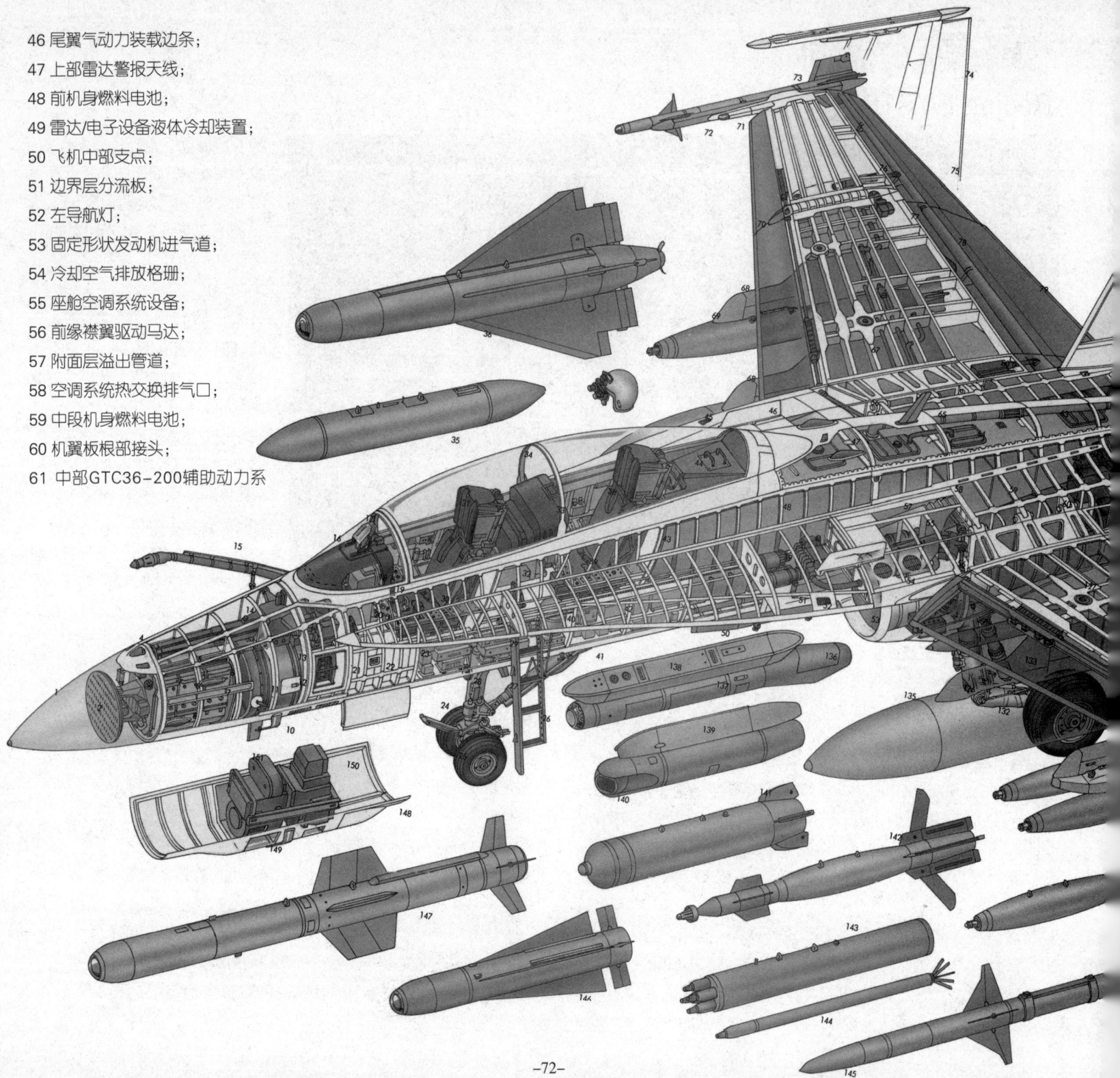

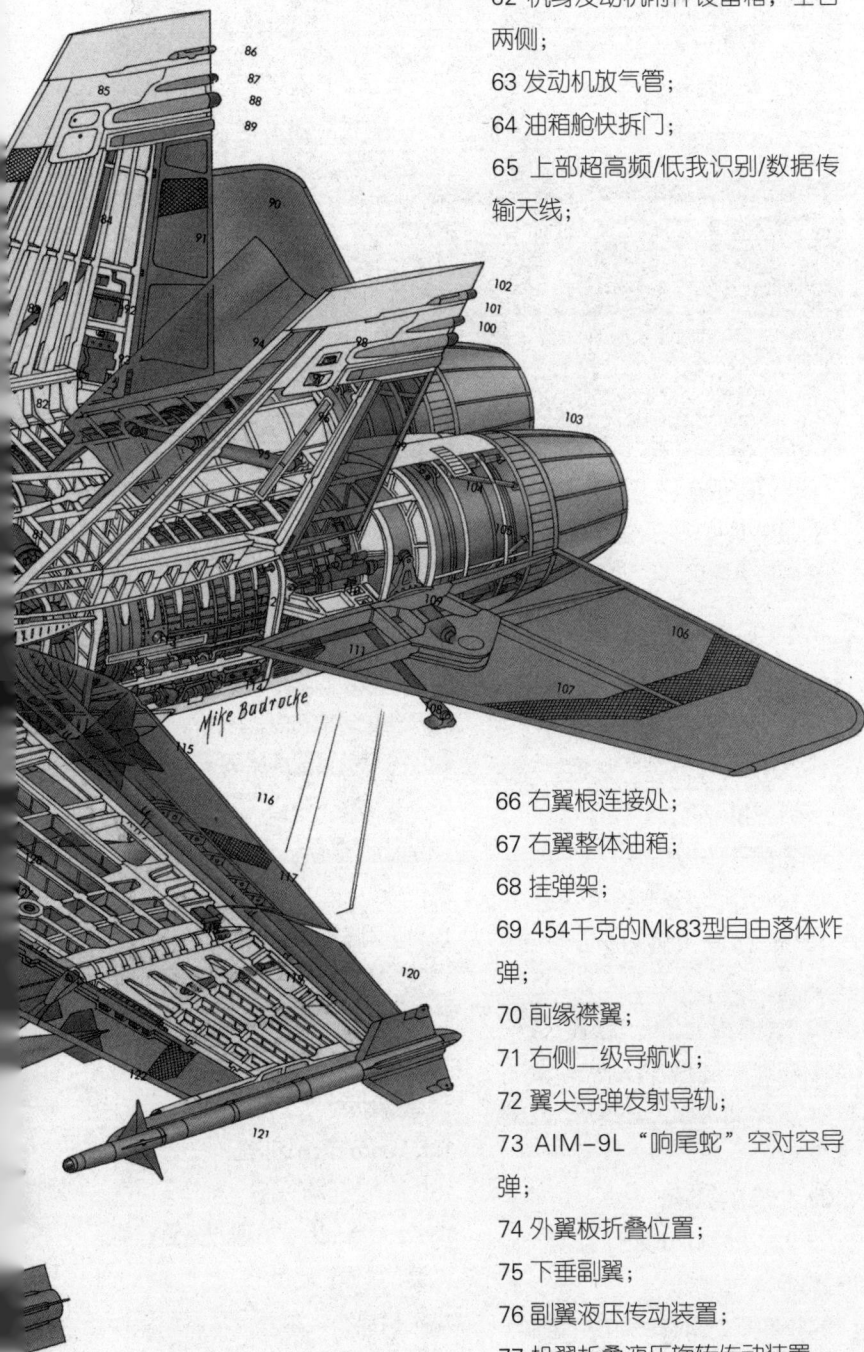

统；

62 机身发动机附件设备箱，左右两侧；

63 发动机放气管；

64 油箱舱快拆门；

65 上部超高频/低我识别/数据传输天线；

66 右翼根连接处；

67 右翼整体油箱；

68 挂弹架；

69 454千克的Mk83型自由落体炸弹；

70 前缘襟翼；

71 右侧二级导航灯；

72 翼尖导弹发射导轨；

73 AIM-9L"响尾蛇"空对空导弹；

74 外翼板折叠位置；

75 下垂副翼；

76 副翼液压传动装置；

77 机翼折叠液压旋转传动装置；

78 下垂襟翼叶片；

79 右侧开缝襟翼；

80 襟翼液压传动装置；

81 液压箱；

82 尾翼翼根附件接合点；

83 多梁尾翼结构；

84 应急放油管；

85 配置有玻璃纤维翼尖整流罩的石墨纤维树脂尾翼蒙皮壁板；

86 尾翼灯；

87 AN/ALR-67接收天线；

88 AN/ALQ-165低频反射天线；

89 紧急放油装置；

90 右侧全动式水平尾翼；

91 右方向舵；

92 雷达预警系统功率放大器；

93 方向舵液压传动装置；

94 空气制动板，开放；

95 气动液压千斤顶；

96 翼尖编队照明灯；

F/A-18D "大黄蜂" 技术说明

主要尺寸

长度：56英尺（17.07米）

高度：15英尺3.5英寸（4.66米）

翼展：35英尺2英寸（8.38米）（机翼折叠）

机翼面积：400英尺²（37.16米²）

动力装置

2台通用电气公司的F404-GE-402型涡轮风扇发动机，单台加力推力78.73千牛

重量

空重：10455千克

起飞重量：16652千克（执行战斗任务）或23541千克（执行攻击机任务）

最大起飞重量：25401千克

性能

最大平飞速度超过1915千米/时（高空），最大爬升率13715米/分钟（海平面），战斗升限大约15240米，起飞滑跑距离小于427米（最大起飞重量），进场速度248千米/时；从850千米/时增至1705千米/时不到2分钟（10670米高空）

航程

转场航程超过3336千米（挂副油箱）；作战半径超过740千米（执行战斗机任务）或1065千米（执行攻击机任务）或537千米（执行"高一低一高"遮断任务）

武器装备

M61A1型"火神"20毫米机炮，备弹570发；空对空导弹：AIM-120高级中程空对空导弹、AIM-7"麻雀"导弹、AIM-9"响尾蛇"导弹；精确制导武器：AGM-65"小牛"导弹、AGM-84"渔叉"导弹、AGM-84E低空导弹、AGM-88"哈姆"导弹、AGM-62"白星眼"光电制导炸弹、AGM-123"水蝇"导弹、AGM-154联合防区外发射弹药、GBU-10/12/16型激光制导炸弹、GBU-30/31/32型联合直接攻击炸弹；非制导武器：B57型和B61型战术核炸弹、MK80系列普通炸弹、MK7型集束炸弹箱（包括MK20"石眼"II、CBU-59、CBU-72油气弹、CBU-78水雷弹箱）；LAU-97"阻尼"前射航空火箭吊舱

↑美国陆战队的1架F/A-18D战斗机正发射Mk 83空中膨胀减速炸弹。该型战斗机利用红外-诱饵照明弹对付红外线制导防空导弹。

↑1999年3月，"超级大黄蜂"的海上测试在美国海军"杜鲁门"号（编号CVN-75）上进行。图中这架F/A-18F没有搭载任何装备，正在进行进舰降落测试。

97 燃料通气系统进气道；
98 防撞灯，左右两侧；
99 左方向舵；
100 左侧AN/ALQ-165天线；
101 AN/ALQ-67接收天线；
102 AN/ALQ-165高频发射天线；
103 可变截面燃后器喷管；
104 喷管传动装置；
105 后燃器管；
106 左侧全动式水平尾翼；
107 水平尾翼蜂巢心结构；
108 甲板拦阻钩；
109 水平尾翼旋转轴装置；
110 水平尾翼液压传动装置；
111 全授权数字化发动机控制装置；
112 通用电气公司的F404-GE-400加力燃烧涡轮风扇发动机；
113 后机身编队照明灯；
114 发动机燃油控制装置；
115 AIM-7"麻雀"空对空导弹（安装在机身侧面）；
116 左侧开缝襟翼；
117 控制界面蜂巢心结构；
118 折叠机翼旋转液压传动和铰接装置；
119 左侧副翼液压传动装置；
120 左侧下垂副翼；
121 翼尖AIM-9L"响尾蛇"空对空导弹；
122 左侧前沿襟翼；
123 227千克Mk82SE"蛇眼"投掷炸弹；
124 227千克Mk82型自由落体炸弹；
125 双物资储槽；
126 左翼外挂架；
127 外挂架承力点；
128 多梁机翼翼片结构；
129 左翼整体油箱；
130 前沿襟翼轴驱动旋转传动装置；
131 左侧主起落架；
132 摇臂式悬挂主起落架支脚；
133 减震器；
134 机腹AN/ALE-39型诱饵和照明弹发射器；
135 1250升外部油箱；
136 轰炸摄像机吊舱；
137 AN/ASQ-173型激光跟踪器和轰炸摄像机吊舱；
138 机身右侧激光跟踪器和轰炸摄像机吊舱接头；

139 左侧FLIR吊舱接头；

140 AN/AAS-38型前视红外系统吊舱；

141 CBU-89/89B型弹药分配器；

142 227千克的GBU-12 D/B"铺路"II激光制导炸弹；

143 LAU-10A "阻尼"四联装火箭发射器；

144 127毫米前射航空火箭；

145 AGM-88 "哈姆"反雷达导弹；

146 AGM-65A "幼畜"空对地反装甲导弹；

147 AGM-84 SLAM空对地导弹；

148 高级机载战术监视系统；

149 传感器观察孔径；

150 红外行扫描器；

151 低空/中空光电扫描仪。

↑图中一架F-18B表明结实的起落架对于在航母上高下降率降落非常必要。

↑ "超级大黄蜂"可以兼顾空中作战和空中加油，它的翼下搭载了4个油箱和一个中心线软管加油装置（HDU），能够携带30000磅（13608千克）燃油。作为 "超级大黄蜂"的一种变体机型，EA-18G主要负责干扰和压制敌军空防的任务，将会取代EA-6B。

←F/A-18C是美国海军攻击机部队中新增的重要一员。

电控飞行操作控制系统

数字式电控飞行操作控制系统，控制着外侧副翼和不同的尾部升降副翼来实现翻滚控制（由低速下垂襟副翼协助）；控制着双方向舵实现偏航控制；控制着尾部升降副翼实现倾斜控制。为了飞机的起飞和降落，方向舵自动向里倾斜，以实现机头片刻抬降。后缘和前缘襟翼自动操作，为飞机低速起飞和高速机动提供最大效能。

"大黄蜂"的结构大量采用了先进材料，例如，全动水平横尾翼的构造是在轻合金核上涂上"碳—石墨"环氧材料，与底部钛合金浑然一体。

雷达和机炮

F/A-18A、双座B型以及早期生产的C型飞机装备的是休斯公司的AN/APG-65型多用途雷达，D型、E型以及F型飞机装备的是更加先进的APG-73型雷达，该雷达有着更快的处理速度和更大的存储能力。在飞机头部还安装了通用电气公司的M61A1型"火神"20毫米旋转机炮（备弹570发）。"火神"机炮可追溯到20世纪50年代，它的发射速率为6000发/分钟，该机炮广泛应用于美国战机上。

达索公司，"大西洋"–2

Breguet Atlantic/Dassault Atlantique 2

↑ "大西洋"–2（如图所示）和"大西洋"之间最明显的区别在于前者翼尖的电子对抗吊舱，机头的"探戈"前视红外雷达转塔，在驾驶舱下方很明显的冷却空气进气口以及为了安装电子对抗天线而重新设计的垂直尾翼。

"大西洋"–2

主要部件剖面图

1 机头玻璃罩；

2 前视红外雷达；

3 观察员瞄准具；

4 侧窗；

5 前观察员座椅；

6 通往驾驶舱的门；

7 前起落架轴固定点；

8 前轮操纵动作筒；

9 滑行灯；

10 前起落架舱门；

11 双前轮；

12 前起落架支柱；

13 液压回收动作筒；

14 空调系统冲压进气道；

15 热交换器；

16 空调机，电子设备冷却进气道；

17 控制杆连接器；

18 方向舵踏板；

19 仪表板；

20 驾驶舱舱壁；

21 风挡雨刷；

22 仪表板遮盖罩；

23 风挡玻璃；

24 上方开关面板；

25 甚高频天线；

26 右侧螺旋桨桨毂盖；

27 4叶式变速螺旋桨；

28 引擎进气道；

29 可拆卸的引擎罩板；

30 驾驶舱顶逃生口；

31 机长座椅；

32 飞行工程师旋转座椅；

33 驾驶舱眉窗；

34 驾驶盘；

35 驾驶员座椅；

36 侧控制台面板；

37 观察员折叠座椅；

38 主机舱舱壁；

39 帘式舱门；

40 "塔康"天线；

41 潜望镜式六分仪框架；

42 雷达导航员工作台；

43 活动式地图显示器；

44 右侧地板下辅助动力舱；

45 雷达罩开启与关闭液压马达；

46 机身下方圆形突出部；

47 汤姆逊半导体公司"鬣蜥"搜索雷达；

48 空调系统排气管；

49 可拆卸的雷达罩；

50 武器舱前舱壁；

51 外部滑动武器舱门；

52 舱门导轨；

53 炸弹舱门蜂窝结构；

54 机身曾压部分蜂窝状蒙皮；

55 左侧无线电和电子设备架；

56 电子对抗、电子支援测量系统

↑ 这是拍摄于1992年的一架第41飞行大队的"大西洋"飞机的照片。图中"大西洋"飞机的特殊涂装是为了纪念这种飞机在意大利服役20周年。

和磁异探测系统操作员座椅；

57 雷达操作员座椅；

58 战术协调员座椅；

59 显示台；

60 敌我识别天线；

61 右侧引擎舱整流罩；

62 外翼安装部件；

63 右机翼内部油箱，总容量5086英制加仑（23120升）；

64 着陆/搜索灯；

65 机翼挂架；

66 AM39"飞鱼"反舰导弹；

67 前缘气动除冰带；

68 机翼检查口盖板；

69 特高频天线；

70 翼尖电子战吊舱；

71 右侧航行灯；

72 静电放电器；

73 右侧外侧副翼；

74 右侧内侧副翼；

75 副翼质量补偿配重；

76 副翼液压动作筒；

77 扰流板/减速板，打开状态；

78 扰流板液压动作筒；

79 外侧两段式双开逢襟翼；

80 襟翼调节动作筒；

81 右侧引擎排气口；

82 防撞灯；

83 机翼/机身连接主要部件；

84 声呐浮标显示台；

85 电传打字机；

86 声呐操作员座椅（2个）；

87 电子设备架冷却空气管；

88 机翼中段内部支撑；

89 中央副翼动作筒；

90 右侧逃生出口；

91 测向天线；

92 救生筏储藏器；

93 左侧逃生出口；

94 加压地板横梁；

95 炸弹舱门液压马达；

96 乘员休息区座椅，左右侧；

97 厨房；

98 餐桌；

99 卫生间；

100 衣柜；

101 帘式舱门；

102 后观察员座椅；

103 双筒望远镜安装架；

104 气泡形观察窗；

105 机舱门；

106 后密封舱壁；

"大西洋"-2技术说明

主要尺寸

长度：103英尺9英寸（31.62米）

高度：35英尺8.75英寸（10.89米）

翼展：122英尺9.25英寸（37.42米）

机翼面积：1295.37英尺²（120.34米²）

机翼展弦比：10.94

水平安定面翼展：40英尺4.5英寸（12.31米）

轮距：29英尺6.25英寸（9.00米）

轮轴距：30英尺10英寸（9.40米）

动力装置

两台罗尔斯·罗伊斯公司"泰恩"Rty.20 Mk.21型涡轮引擎，单台功率6100有效马力（4549有效千瓦）

重量

空重：56473磅（25600千克）

正常起飞重量：执行反潜任务时，97443磅（44200千克）；执行反潜/水面舰船搜索任务时，99206磅（45000千克）

最大起飞重量：101852磅（46200千克）

燃油与载荷

机内燃油：40785磅（18500千克）

外挂燃油：无

最大外部武器载荷：7716磅（3500千克）

最大内部武器载荷：5512磅（2500千克）

性能

最大净平飞速度：349节（402英里/时；648千米/时）

23620英尺（7200米）高度最大巡航速度：300节（345英里/时；556千米/时）

海平面到5000英尺（1525米）高度的正常巡逻速度：170节（196英里/时；315千米/时）

最大爬升率（海平面）：2900英尺（884米）/分

实用升限：30000英尺（9145米）

最大起飞重量，至35英尺（10.50米）的起飞距离：6037英尺（1840米）

正常着陆重量，从35英尺（10.50米）的着陆距离：4921英尺（1500米）

转场航程：4897海里（5639英里；9075千米）

作战半径：执行2小时水面舰船搜索任务时，1799海里（2071英里；3333千米）；执行8小时低空反潜任务时，599海里（690英里；1110千米）

续航时间：18小时

武器装备

武器舱可以携带全部的北约标准炸弹，包括深水炸弹、2枚反舰导弹、8枚Mk46鱼雷或者7枚"莫芬内"先进鱼雷；4个机翼下挂点可以携带额外载荷，其中包括未来型号的反舰导弹、空对空导弹和其他设备吊舱。

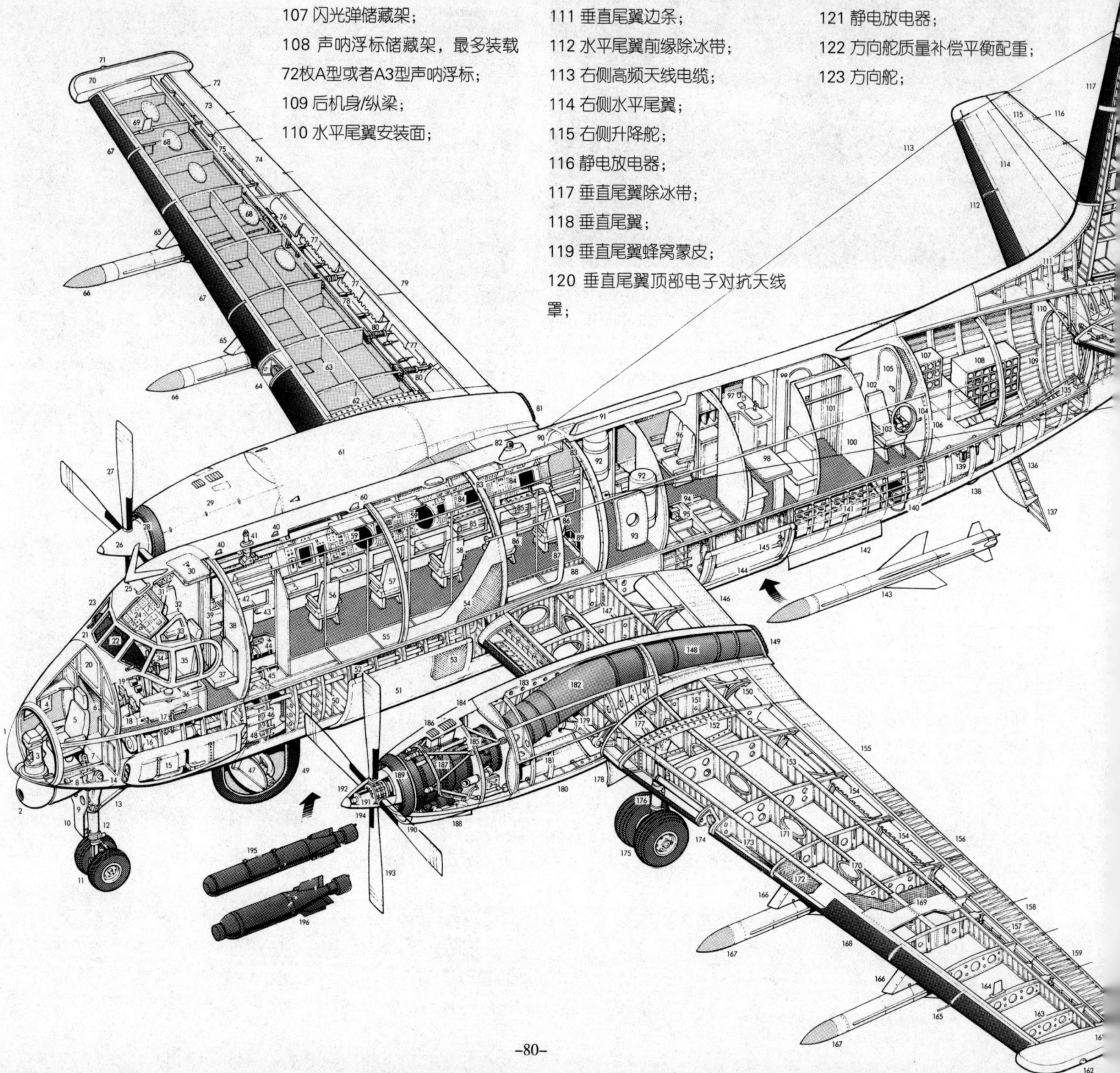

107 闪光弹储藏架；
108 声呐浮标储藏架，最多装载72枚A型或者A3型声呐浮标；
109 后机身/纵梁；
110 水平尾翼安装面；

111 垂直尾翼边条；
112 水平尾翼前缘除冰带；
113 右侧高频天线电缆；
114 右侧水平尾翼；
115 右侧升降舵；
116 静电放电器；
117 垂直尾翼除冰带；
118 垂直尾翼；
119 垂直尾翼蜂窝蒙皮；
120 垂直尾翼顶部电子对抗天线罩；

121 静电放电器；
122 方向舵质量补偿平衡配重；
123 方向舵；

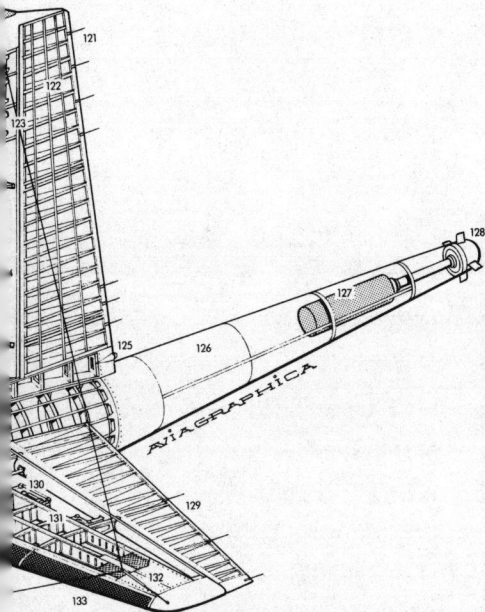

124 方向舵液压动作筒;

125 机尾航行灯;

126 尾锥延长段;

127 磁异探测锥;

128 磁异探测器头;

129 左侧升降舵;

130 升降舵液压动作筒;

131 水平尾翼;

132 水平尾翼蜂窝状蒙皮;

133 前缘除冰带;

134 左侧高频天线电缆;

135 方向舵/升降舵控制杆;

136 后登机口;

137 登机梯延长段;

138 机尾缓冲器;

139 水平安定面配平传感器;

140 照相机;

141 声呐浮标/闪光弹发射器, 飞行中可再装填;

142 闪光弹发射器门;

143 AM39 "飞鱼" 反舰导弹;

144 后炸弹舱门;

145 炸弹舱门开关装置;

146 内侧双逢副翼;

147 机翼中段;

148 左侧引擎排气管;

149 排气管口;

150 襟翼导轨;

151 翼内整体燃油箱;

152 外侧机翼蒙皮螺栓连接部件;

153 后横梁;

154 扰流板/减速板;

155 外侧两段式双逢襟翼;

156 襟翼翼肋;

157 副翼翼肋;

158 左侧内测副翼;

159 左侧外侧副翼;

160 静电放电器;

161 翼尖电子战吊舱;

162 左侧航行灯;

163 翼梁;

164 特高频天线;

165 空速管;

166 左侧机翼翼下挂架;

167 AM39 "飞鱼" 空对面导弹;

168 前缘除冰带;

169 铝质蜂窝状蒙皮板;

170 机翼中央翼梁;

171 外侧机翼内整体燃油箱;

172 前缘蜂窝状蒙皮;

173 前翼梁;

174 左侧着陆/搜索灯;

175 双主轮;

176 主起落架支柱;

177 主起落架轴固定点;

178 主起落架支柱舱门;

179 液压回收动作筒;

180 主轮舱门, 关闭状态;

181 主起落架轮舱;

182 排气管防热套;

183 左侧引擎舱;

184 引擎罩;

185 耐火舱壁;

186 引擎废气冷却器排气百叶窗;

187 罗尔斯·罗伊斯公司 "泰恩" Rty.20 Mk.21型涡轮引擎;

188 下方滑油冷却器进气口;

189 除冰引擎空气进口;

190 滑油冷却器冲压进气口;

191 螺旋桨桨距变化控制机械装置;

192 螺旋桨桨毂盖;

193 4叶式变速螺旋桨;

194 螺旋桨叶片根除冰护套;

195 Mk46型轻型鱼雷;

196 深水炸弹。

↑ "大西洋" -2的5名机组乘员的位置位于机舱的右侧, 他们可以监控机上的一系列的设备。最近的两个位置是负责操纵声呐浮标的声呐浮标显示台。紧挨着的是战术协调官工作台, 这里可以显示整个系统的相关信息。再左边是雷达操作员座椅, 最后是电子对抗、电子支援测量系统和磁异探测系统操作员座椅。

↑ "大西洋" -2下机身非增压主武器舱内可以携带北约组织所有类型的标准炸弹。能带8枚深水炸弹、8枚MK46制导鱼雷或2枚空对面导弹等, 典型配置为3枚鱼雷和1枚 "飞鱼" 导弹。4个翼下挂架可以挂ARMAT或 "魔术" 导弹等。

英国宇航公司，"海鹞"
British Aerospace Sea Harrier

↑当第一架"海鹞"进入英国皇家海军服役开始，在机身上涂装醒目的部队标记的传统就被继承了下来。在马尔维纳斯群岛战争期间第800中队的飞机不得不涂去了其鲜艳的尾徽和醒目的白色机腹颜色。

"海鹞" FRS.Mk 1
主要部件剖面图

1 空速管；
2 雷达罩；
3 弗兰尼蒂"蓝雌狐"雷达天线；
4 雷达设备模块；
5 雷达罩铰接装置；
6 俯仰控制反作用力空气阀；
7 俯仰感应平衡控制机械装置；
8 方向舵踏板；

9 倾斜照相机；
10 惯性平台；
11 敌我识别天线；
12 驾驶舱冲压式进气口；
13 风标式侧航传感器；
14 加压溢出阀；
15 风挡雨刷；
16 抬头显示器；
17 仪表板遮盖罩；
18 控制杆和连接器；
19 多普勒天线；

20 "塔康"天线；
21 特高频天线；
22 前起落架轮舱；
23 雷达手动控制器；
24 减速板和喷嘴角度控制手柄；
25 马丁-贝克Mk10H型0-0弹射座椅；
26 微型起爆索式驾驶舱盖爆破装置；
27 附面层溢出管；
28 驾驶舱空调；

29 前起落架液压回收动作筒；
30 液压蓄力器；
31 附面层放气管；
32 引擎进气道；
33 进气道吸开式进气门；
34 前机身侧燃油箱；
35 液压系统地面连接口；
36 引擎监控和记录设备；
37 引擎滑油箱；
38 罗尔斯·罗伊斯"飞马"Mk104型涡轮风扇引擎；
39 特高频导航天线；
40 交流发电机；
41 附属设备齿轮箱；
42 燃气轮机起动机/辅助动力装置；
43 右侧副油箱；
44 右侧机翼整体燃油箱；
45 双导弹挂架；
46 右侧航行灯；
47 滚转控制操纵气阀；
48 翼下起落架整流罩；
49 右侧翼下机轮；
50 右侧副翼；
51 副翼液压制动器；
52 燃油排放管；
53 右侧简单襟翼；
54 防撞灯；
55 甲醇水溶液箱；

↑新一代的"海鹞"（最初被称为FRS.Mk 2）增加了机身长度（在机翼后方增加了一段），并且对机翼进行了重新设计。新机型重新设计了翼尖，换装带折线的前缘。进一步的改装计划还包括换装拥有多目标跟踪和全天候下视/下射能力的弗兰尼蒂"蓝雌狐"雷达。

←印度为了弥补其FRS.Mk51型战机中队力量的不足而采购了4架双座型"鹞"式T.Mk60型战机。印度的"海鹞"战机与"海王"直升机一起被部署在其保留下来的"维克拉特"号航空母舰（原英国皇家海军的"竞技神"号航空母舰）上。

"海鹞" FRS.Mk 1技术说明

主要尺寸
净长度：47英尺7英寸（14.50米）
机头折叠时的长度：41英尺9英寸（12.73米）
翼展：25英尺3英寸（7.70米）
翼展，带转场飞行用翼尖：29英尺8英寸（9.04米）
机翼面积：202.10英尺²（18.68米²）
机翼展弦比：3.175

动力装置
一台罗尔斯·罗伊斯公司Mk104型矢量推进涡轮风扇引擎，功率21500磅推力（95.6千牛）

重量
基本空重：13000磅（5897千克）
战斗空重：14520磅（6374千克）
最大起飞重量：26200磅（11884千克）

燃油与载荷
最大机内燃油：5060磅（2295千克）
最大外挂燃油：在2个容量为100英制加仑（455升）的副油箱中装载5300磅（2404千克）燃油或者2个330或190英制加仑（1500或864升）副油箱
最大载弹量：8000磅（3629千克）

性能
高空最大平飞速度：825英里/时（1328英里/时）
最大净速度（海平面）：大于736英里/时（1185千米/时）
36000英尺（10975米）高空巡航速度：528英里/时（850千米/时）
最大爬升率（海平面）：50000英尺（15240米）/分
实用升限：51000英尺（15545米）
起飞滑跑长度：最大起飞重量，未采用滑跃起飞时，1000英尺（305米）

航程
作战半径：在挂载4枚空对空导弹执行高—高—高拦截任务时为460英里（750千米）；执行高–低–高攻击任务时为288英里（463千米）

最大过载
+7.8 ~ −4.2g

武器装备
机身下方装有两门30毫米"阿登"航炮，4个翼下挂架可挂载8000磅（3629千克）的弹药。标准挂载能力如下：机身下方和机翼内侧挂架的单独挂载能力为2000磅（907千克）；机翼外侧挂架单独挂载能力为650磅（295千克）。可挂载的武器有：标准英国1000磅（454千克）自由落体/延迟高爆炸弹、BAE公司"海鹰"反舰导弹、AGM-84"鱼叉"反舰导弹、WE177战术核自由落体炸弹、"天兔座"照明弹、CBLS100型教练子母弹布撒器，以及大多数型号的北约标准炸弹、火箭弹和照明弹。在空对空武器方面，该型机可在双导轨挂架上挂载4枚AIM-9L型"响尾蛇"导弹。印度型飞机还可挂载2枚"魔术"导弹

56 引擎灭火器瓶;
57 襟翼液压制动器;
58 甲醇水溶液装填口盖;
59 后机身油箱;
60 应急冲压空气涡轮, 打开;
61 冲压空气涡轮制动器;
62 热交换器进气口;
63 高频调谐器;
64 槽式高频天线;
65 方向舵控制连杆;
66 右侧全动水平尾翼;
67 温度探测器;
68 前向雷达告警天线;
69 甚高频天线;
70 方向舵;
71 方向舵调整片;
72 后方向舵告警天线;
73 机尾俯仰控制反作用力空气阀;
74 方向控制反作用力空气阀;
75 左侧全动水平尾翼;
76 槽式敌我识别天线;
77 机尾缓冲器;

78 雷达高度计天线;
79 反作用力控制进气口;
80 水平尾翼液压制动器;
81 后设备舱空调设备;
82 金属箔条/闪光弹释放装置;
83 航空电子设备舱;
84 减速板液压动作筒;
85 机腹减速板;
86 液氧换能器;
87 液压系统氮气增压瓶;
88 主起落架舱;
89 喷口防爆屏蔽;
90 左侧机翼整体燃油箱;
91 左侧简单襟翼;
92 燃油排放装置;
93 左侧副翼;
94 翼下起落架液压收放动作筒;
95 左侧翼下起落架;

96 滚转控制操纵气阀;
97 左侧航行灯;
98 AIM-9L型"响尾蛇"空对空导弹;
99 双导弹挂载发射器;
100 机翼外侧外挂架;
101 反作用控制空气喷嘴;
102 左侧副翼液压制动器;
103 副油箱;
104 机翼内侧外挂架;

105 后(热气流)旋转喷嘴;
106 主起落架液压回收动作筒;
107 压力加油口;
108 喷口轴承冷却进气管;

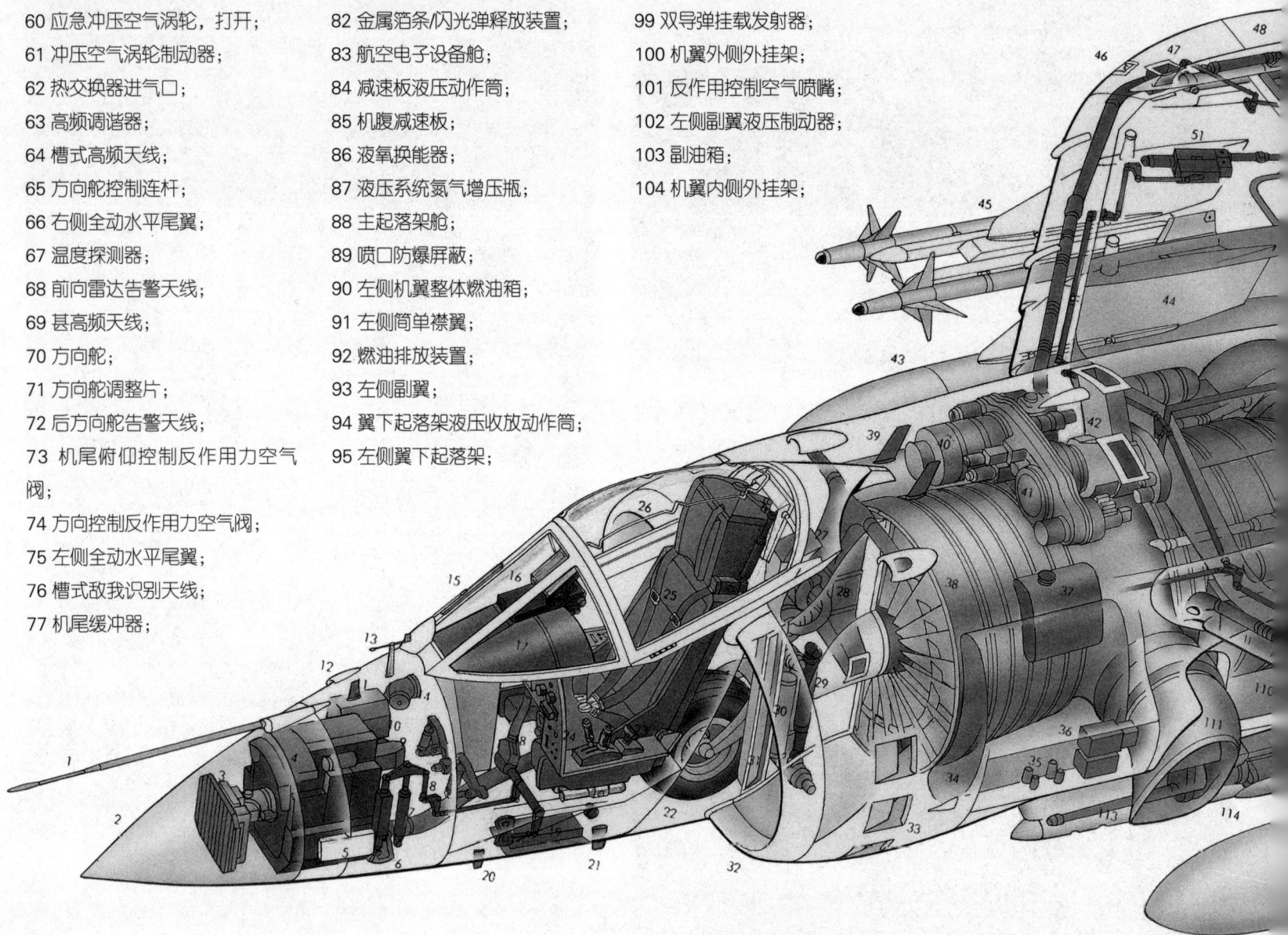

109 液压系统储液器；

110 中部机身整体燃油箱；

111 风扇空气（冷气流）旋转喷
嘴；

112 弹仓；

113 "阿登" 30毫米航炮；

114 机腹航炮吊舱，左右侧。

Mike Badrocke

↓随着在马尔维纳斯群岛战争中 "海鹞" 与AIM-9L "响尾蛇" 导弹的成功组合，英国皇家海军的飞机在每侧翼下可以安装两个导弹发射导轨。这样一来，它们的潜在空对空导弹挂载能力就得到了成倍的提高。照片中的2架飞机涂有第899海军航空兵中队的 "飞拳" 识别符号。该中队是1980年在第700A中队的基础上在约维尔顿成立的。一名第899中队的飞行员在马尔维纳斯群岛战争中第一个击落了阿根廷战机（ "幻影" -Ⅲ）。

德·哈维兰德公司，D.H.110 "海雌狐"
De Havilland D.H.110 Sea Vixen

↑1961年两架刚刚从克赖斯特彻奇生产线下线的 "海怒" 飞机XN684号和XN685号，飞到哈特菲尔德接受FAW.Mk2标准过渡改装。一旦有关这种改装的程序得以确立的话，这两架飞机都将被用于发展 "红头" 空对空导弹。图中这架XN684号飞机挂载了4枚导弹并在其机头下方安装了特殊的实验用照相机。

"海雌狐" FAW.Mk1/2
主要部件剖面图
1 玻璃纤维雷达罩；
2 通用动力公司A1型雷达；
3 雷达万向架；
4 雷达罩铰接部件，向右侧打开；
5 定波形发生器；
6 大功率脉冲发生器；
7 雷达调节器；
8 雷达罩闭锁；
9 雷达发射/接收天线；
10 下方敌我识别天线；
11 特高频天线；
12 2英寸折叠翼火箭；
13 着陆滑行灯/航母进场着陆灯；

14 前起落架舱；
15 摇臂式前轮叉；
16 前轮，向后回收；
17 小单元14联装火箭发射器；
18 火箭发射器液压动作筒；
19 机头起落架轴安装点；
20 前密封舱壁；
21 方向舵踏板；
22 控制杆；
23 前轮舱；
24 驾驶舱雨水吹除空气管整流罩；
25 仪表板遮盖罩；
26 费兰蒂航炮瞄准具；
27 上方敌我识别天线；
28 刃形风挡；
29 观察员仪表板；
30 滑动式座舱盖；
31 分割式座舱盖，FAW.Mk 1（FAW.Mk 2型为整体式座舱盖）；
32 观察员仪表台；
33 飞行员马丁·贝克Mk4型弹射座椅；
34 引擎油门手柄；
35 燃油开关；
36 方向舵动压载荷感觉阻尼器；
37 减速板铰接部件；
38 机腹减速板，打开状态；
39 减速板侧板；

40 减速板液压动作筒；
41 附面层分隔板；
42 电子设备架；
43 左侧引擎进气道；
44 机腹空调设备冲压空气进气口；
45 附面层溢出管；
46 座舱罩抛弃支柱；
47 座舱罩防雾进气口；
48 观察员弹射座椅；
49 突出式舱门整流罩（现代化改装后的FAW.Mk 2型）；
50 观察员舱口；
51 右侧引擎进气道；
52 后密封舱壁；
53 电子和低空轰炸系统设备舱，左右侧；
54 附面层空气溢出百叶窗；
55 中部燃油箱；
56 加油口，左右各一；
57 进气道除冰空气管；
58 引擎进气道；
59 中央空调设备舱；
60 进气道整体燃油箱；
61 机腹弹射钩；
62 主轮舱门制动器；
63 引擎灭火器瓶；
64 左侧主起落架轮舱；
65 引擎放气管；
66 罗尔斯·罗伊斯 "埃文" 208

型引擎；

67 起动机机舱进气整流罩；

68 放气管；

69 空调控制器；

70 甚高频天线；

71 右侧主轮，收起位置；

72 右侧进气道整体油箱；

73 尾锥燃油箱；

74 延长段尾锥整流罩（只在FAW.Mk 2）；

75 外部机翼内整体燃油箱；

76 翼刀；

77 副翼配平制动器；

78 自动驾驶制动器；

79 延伸弦外侧前缘；

80 空速管；

81 右侧航行灯；

82 副翼杆配平；

83 右侧副翼；

84 副翼液压制动器；

85 链条齿轮襟翼驱动装置；

86 外侧富勒式襟翼；

87 延伸式尾锥后整流罩；

88 襟翼驱动轴；

89 机翼折叠液压板；

90 液压蓄力器，前油箱和系统油箱；

91 内侧襟翼两段式导轨；

92 引擎排气进气口；

93 右侧引擎舱；

94 机身中央龙骨；

95 可拆卸式防火墙上部分（拆卸引擎用）；

96 襟翼操纵钢缆鼓；

97 襟翼液压制动器；

98 弹射钩动作筒/减震器；

99 引擎喷管；

100 弹射钩收起位置；

101 喷管整流罩；

102 应急空气冲压涡轮；

103 静电换流器；

104 尾椎电子设备舱；

105 液压蓄力器；

106 机尾缓冲器；

107 右侧方向舵；

108 水平尾翼翼肋与纵梁；

109 机翼折叠位置；

110 方向舵液压制动器；

111 全动水平尾翼；

112 水平尾翼翼肋；

113 垂直尾翼/水平尾翼整流罩；

114 机尾航行灯；

115 升降舵结构；

116 调整平衡配重；

117 水平尾翼翼尖整流罩；

118 调整控制连接器；

119 水平尾翼轴安装点；

120 水平尾翼液压制动器；

121 方向舵平衡配重；

122 左侧方向舵液压制动器；

123 方向舵翼肋；

124 系留点；

125 机尾缓冲器；

126 缓冲器支柱；

127 尾桁/垂直尾翼连接部件；

128 尾桁；

129 电话筒令接口；

130 水平尾翼控制钢缆；

"海雌狐" FAW.Mk 1技术说明

主要尺寸

长度：55英尺7英寸（16.94米）

长度（机头折叠）：50英尺2.5英寸（15.3米）

高度：10英尺9英寸（3.28米）

翼展：50英尺（15.24米）

机翼面积：648英尺²（60.20米²）

动力装置

2台罗尔斯·罗伊斯公司"埃文"208型涡轮喷气引擎，单台功率11230磅推力（49.95千牛）

重量

空重：27952磅（12679千克）

总重：35000磅（15876千克）

最大起飞重量：41575磅（18858千克）

燃油与载荷

外挂燃油：2个150英制加仑（682升）副油箱

最大载弹量：可在翼下挂载2000磅（907千克）武器装备

性能

最大飞行速度（海平面）：690英里/时（1110千米/时）

10000英尺（3048米）高度最大飞行速度：645英里/时（1038千米/时）

爬升至10000英尺（3048米）所用时间：1.5分钟

爬升至40000英尺（12192米）所用时间：6.5分钟

实用升限：48000英尺（14630米）

武器装备

4枚德·哈维兰德公司"火线"红外制导导弹；前机身下方可装2个可回收的火箭吊舱，每个携带14枚2英寸（5.08厘米）火箭弹；1枚500磅（227千克）或者1000磅（454千克）普通炸弹、凝固汽油炸弹、火箭吊舱（可携带2英寸/5.08厘米或3英寸/7.62厘米火箭）或者在内侧空对空导弹挂架挂载马丁公司"小斗犬"A型空对地导弹。

↑图中这2架"海雌狐"FAW.Mk 1型战斗机正在进行空中加油演练，它们所携带的武器是德·哈维兰公司制造的红外自动寻的空对空导弹。

"海雌狐"FAW Mk 2型战斗机的加长外形设计，使得它们可以携带"红头"空对空导弹。

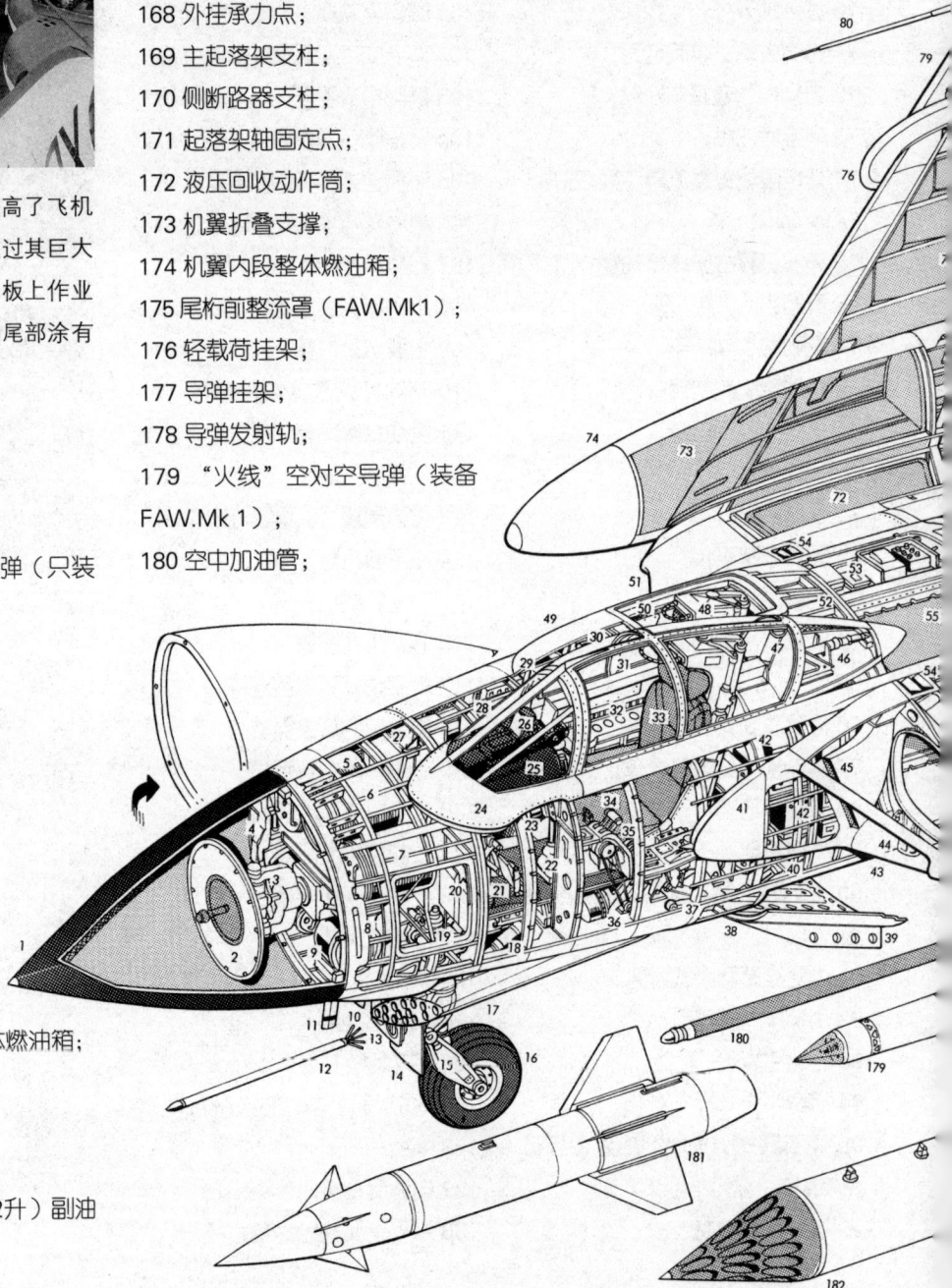

↑在D.H.110型的设计中采用了偏置式座舱设计，这一改进提高了飞机的甲板操纵适应性，为"海雌狐"飞机的飞行员提供了能够越过其巨大机头的良好视野，而良好的视野对于飞机降落和在航空母舰甲板上作业是十分重要的。图中这架正在从航母甲板上弹射起飞的飞机的尾部涂有英国皇家海军"胜利"号航空母舰的"V"字标志。

131 左侧电子设备舱；

132 换流器冷却空气进气口；

133 尾桁连接环；

134 空气瓶；

135 左侧内侧襟翼段；

136 自动驾驶控制装置；

137 机翼驱动轴和齿轮箱；

138 机翼折叠液压动作筒；

139 机翼折叠铰接装置；

140 外侧襟翼两段式导轨；

141 襟翼导轨整流罩；

142 襟翼遮盖罩肋；

143 后纵梁；

144 副翼液压制动器；

145 左侧副翼翼肋；

146 空中加油锥形接头；

147 左侧副翼配平；

148 翼尖整流罩；

149 外侧机翼翼肋；

150 左侧航行灯；

151 前缘翼肋；

152 "红头"空对空导弹（只装备FAW.Mk 2型）；

153 空速管；

154 副翼控制杆连接器；

155 锯齿状前缘；

156 翼刀蜂窝状结构；

157 燃油箱及支撑条；

158 半跨度中央翼梁；

159 左侧外侧机翼内整体燃油箱；

160 前翼梁；

161 主起落架舱门；

162 "伙伴"加油吊舱；

163 150英制加仑（682升）副油箱；

164 加油口；

165 副油箱挂架；

166 左侧主轮；

167 扭矩力臂连接；

168 外挂承力点；

169 主起落架支柱；

170 侧断路器支柱；

171 起落架轴固定点；

172 液压回收动作筒；

173 机翼折叠支撑；

174 机翼内段整体燃油箱；

175 尾桁前整流罩（FAW.Mk1）；

176 轻载荷挂架；

177 导弹挂架；

178 导弹发射轨；

179 "火线"空对空导弹（装备FAW.Mk 1）；

180 空中加油管；

181 "小斗犬"A型空对地导弹；

182 36联装2英寸（50毫米）火箭吊舱。

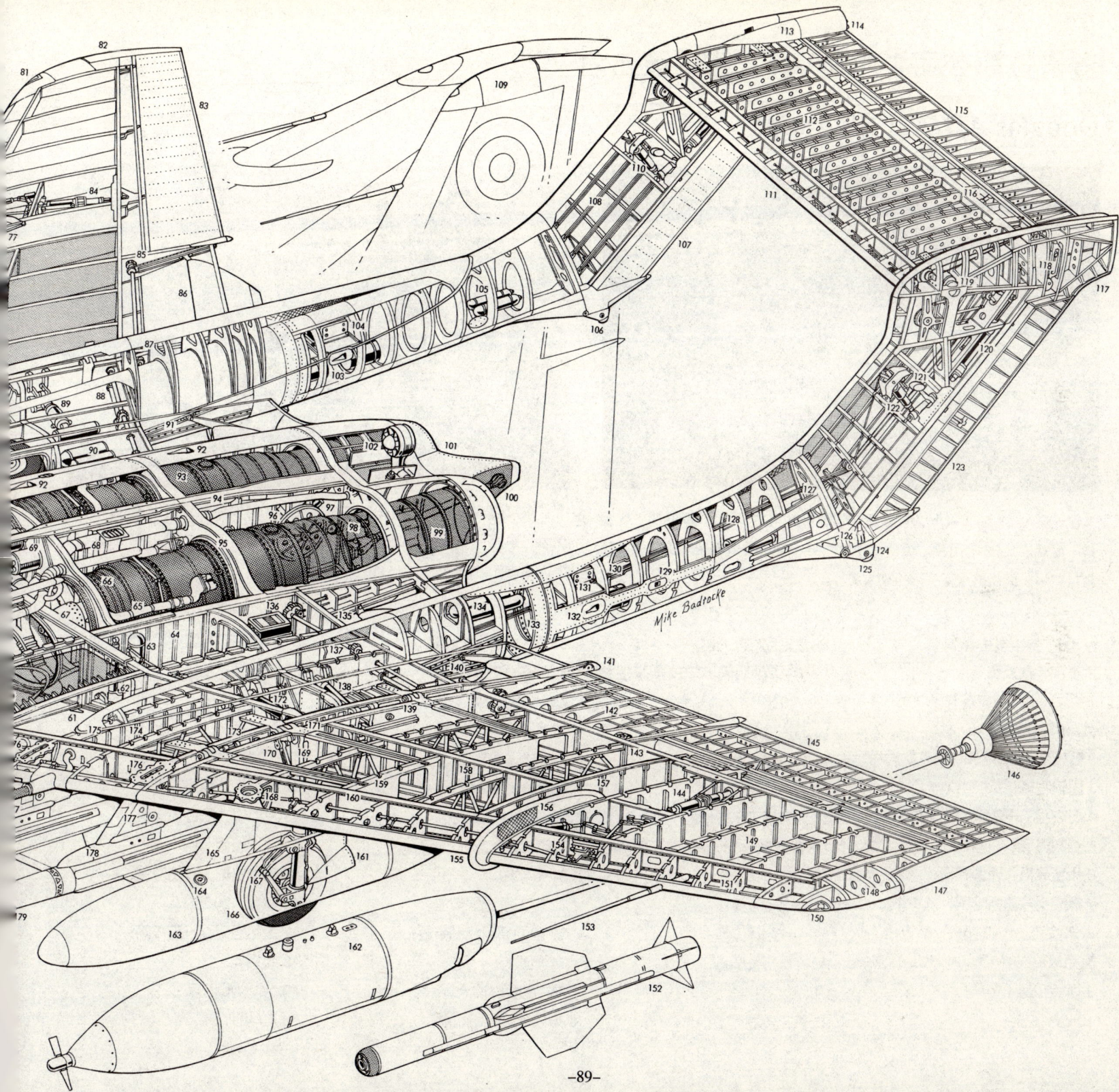

Mike Badrocke

道格拉斯公司，AD/A-1 "空中袭击者"

Douglas AD/A-1 SkyRaider

↑ 在这架A-1H型飞机上，可以很清晰地看到第176舰载机联队的"大黄蜂"徽章。1966年10月，该部队中的一架"空中袭击者"飞机取得击落北越空军一架米格-17飞机的重大胜利。

↑ "东京湾事件"后，约翰逊总统批准对北越巡逻艇进行报复性打击。图为"星座"号航母上的一架A-1"空中袭击者"攻击机正在准备起飞执行攻击任务。

A-1H "空中袭击者"
主要部件剖面图

1 4叶式可变螺距螺旋桨，直径13英尺6英寸（4.1米）；

2 螺旋桨桨毂改变机械装置；

3 齿轮箱罩；

4 可收回的冷却空气导流片；

5 右侧翼下副油箱；

6 引擎罩机头环型阁框；

7 螺旋桨减速齿轮箱；

8 沃特公司R-3350-26WA型18缸引擎；

9 可拆卸的引擎罩；

10 右侧主轮；

11 主轮盘式制动器；

12 中线副油箱，300美制加仑（1136升）；

13 滑油冷却进气口；

14 排气管；

15 滑油冷却器；

16 引擎座下半部分；

17 滑油箱，38.5美制加仑（146升）；

18 引擎安装环；

19 引擎附属设备；

20 左侧磁发电机；

21 汽化器；

22 汽化器进气口；

23 座舱空气进气口；

24 防弹前座舱壁；

25 引擎座上半部分；

26 引擎罩排气盖板；

27 排气管防护罩；

28 方向舵踏板；

29 座舱地板；

30 液压蓄力器；

31 氧气瓶；

32 电力系统配电盒；

33 自动驾驶控制装置；

34 登机梯；

35 控制连杆；

36 左侧控制台面板；

37 引擎油门和螺旋桨控制手柄；

38 控制杆；

39 断路器面板；

40 仪表板；

41 风挡除雾空气管；

42 仪表板遮盖罩；

43 反射镜式航炮瞄准具；

44 防弹玻璃风挡；

45 右侧主轮，收起位置；

46 弹仓，200发；

47 主起落架回收动作筒；

48 照相枪；

49 右侧内侧挂架；

50 进场灯；

51 BLU-11B型500磅（227千克）凝固汽油弹；

52 炮管；

53 M-3型20毫米航炮；

54 前翼梁铰接部件；

55 供弹机；

56 外侧弹仓，200发；

57 右侧外侧翼下挂架，6个；

58 机腹空速管；

59 雷达告警天线；

60 右侧航行灯；

61 翼尖整流罩；

62 静电放电器；

63 右侧副翼；

64 右侧机翼，折叠位置；

65 航炮舱检查孔盖板；

66 后翼梁铰接部件；

67 机翼折叠液压动作筒；

68 右侧富勒型襟翼；

69 滑动式座舱罩；

70 防弹头枕；

71 飞行员座椅；

72 座舱外部把手；

73 安全带；

74 可调节座椅安装框架；

75 防弹座舱后舱壁；

76 主燃油箱，机内燃油量378美制加仑（1431升）；

77 把手；

78 机身顶龙骨；

79 燃油通气管；

80 滑动式座舱罩导轨；

81 左侧机翼，折叠位置；

82 甚高频天线；

83 机背和纵梁；

84 敌我识别天线；

85 自动测向仪天线；

86 机背蒙皮；

87 遥控罗盘发信机；

88 高频天线；

89 有限可变倾角水平尾翼；

90 右侧升降舵；

91 水平尾翼/机身连接部件；

92 垂直尾翼，向左倾斜3度；

93 机尾航行灯/编队灯；

94 垂直尾翼前缘；

95 静压力受感器；

96 防撞灯；

97 方向舵空气动力平衡；

98 静电放电器；

99 方向舵调整片；

100 方向舵；

101 水平尾翼倾角控制动作筒；

102 尾柱；

103 固定升降舵片；

104 左侧升降舵；

105 升降舵空气动力平衡；

106 左侧水平尾翼；

107 方向舵动作筒；

108 方向舵铰接控制；

109 雷达高度发送机；

110 升降舵控制杆；

111 可变倾角水平尾翼轴固定点；

112 水平尾翼封严板；

113 右侧侧检查空盖板；

114 甲板降落拦阻钩动作筒制动器；

115 甲板降落拦阻钩，放下位置；

116 甲板降落拦阻钩牵制器；

117 固定式尾轮；

118 一体式尾轮叉架；

119 尾轮轴固定点；

120 液压回收动作筒；

121 尾轮舱；

122 后机身下部龙骨；

123 机身侧板；

124 机尾控制钢缆；

125 减速板舱；

126 左侧减速板；

127 减速板液压制动器；

128 右侧减速板槽；

129 把手；

130 无线电和电子设备架；

131 减速板加固铰接板；

132 中央襟翼液压动作筒；

133 襟翼扭矩轴；

134 电池；

135 登机梯；

136 机腹减速板，打开状态；

137 左侧富勒型襟翼；

138 副翼遮盖罩肋骨；

139 副翼外部铰接部件；

140 机翼折叠液压动作筒；

141 后翼梁铰接部件；

142 后缘护板；

143 副翼调整片；

144 副油箱尾翼；

145 左侧襟翼；

A-1H"空中袭击者"技术说明

主要尺寸

长度：38英尺10英寸（11.84米）

翼展：50英尺0.25英寸（15.25米）

机翼面积：400英尺^2（37.19米^2）

高度：15英尺8.25英寸（4.78米）

动力装置

1台沃特公司，2700马力（2013千瓦）R-3350-26WA型18缸双排直列引擎，驱动1个4叶式定速螺旋桨

重量

空重：11968磅（5429千克）

正常起飞重量：18106磅（8213千克）

最大起飞重量：25000磅（11340千克）

燃油与载荷

机内燃油总容量：314.5英制加仑（1431升）

最大载弹量：8000磅（3619千克）

性能

最大速度：18000英尺（5485米）高度，322英里/时（518千米/时）

巡航速度：198英里/时（319千米/时）

初始爬升率：2850英尺（869米）/分

实用升限：28500英尺（8685米）

爬升至50英尺（15米）的起飞距离：4649英尺（1417米）

从距地面50英尺（15米）的降落距离：3002英尺（915米）

航程

飞行距离：1315英里（2116千米）

武器装备

机翼上装有4门20毫米航炮，每门航炮备弹200发；另外还能挂载8000磅（3629千克）的武器装备

←图中这架正在俯冲的AD-2所显示的只是它可能（但未被采取）的多种武器搭配组合中的一种。挂载于这架飞机机翼外侧的是12枚非制导高速航空火箭，机翼内侧外挂点挂载的是"小蒂姆"11.75英寸（298毫米）空对地火箭。

146 襟翼平衡配重；
147 静电放电器；
148 翼尖整流罩；
149 左侧航行灯；
150 5英寸（127毫米）高速航空火箭；
151 火箭吊舱，19枚2.75英寸（70毫米）折叠翼火箭；
152 雷达告警天线；
153 主翼梁；
154 左侧翼肋；
155 内部支撑部件；
156 外部弹仓，200发；

157 前缘翼肋；
158 左侧机翼外侧挂架；
159 副油箱，300美制加仑（1136升）；
160 内侧挂架；
161 炮管；
162 进场灯；
163 复进簧；
164 前翼梁铰接部件；
165 供弹机；
166 副翼控制杆；
167 M3型20毫米航炮；
168 弹壳排出管道；

169 内侧弹仓，200发；
170 主起落轮舱；
171 液压回收动作筒；
172 主起落架斜角支撑；
173 翼梁/机身连接部件；
174 副翼推拉杆；
175 弹射索连接器；
176 主起落架轴固定点；
177 回收连接器；
178 可折叠的后支撑；
179 主起落架支柱；
180 支柱整流罩；
181 机轮旋转推杆，机轮旋转90度平放在舱内；
182 左侧主起落架轮；

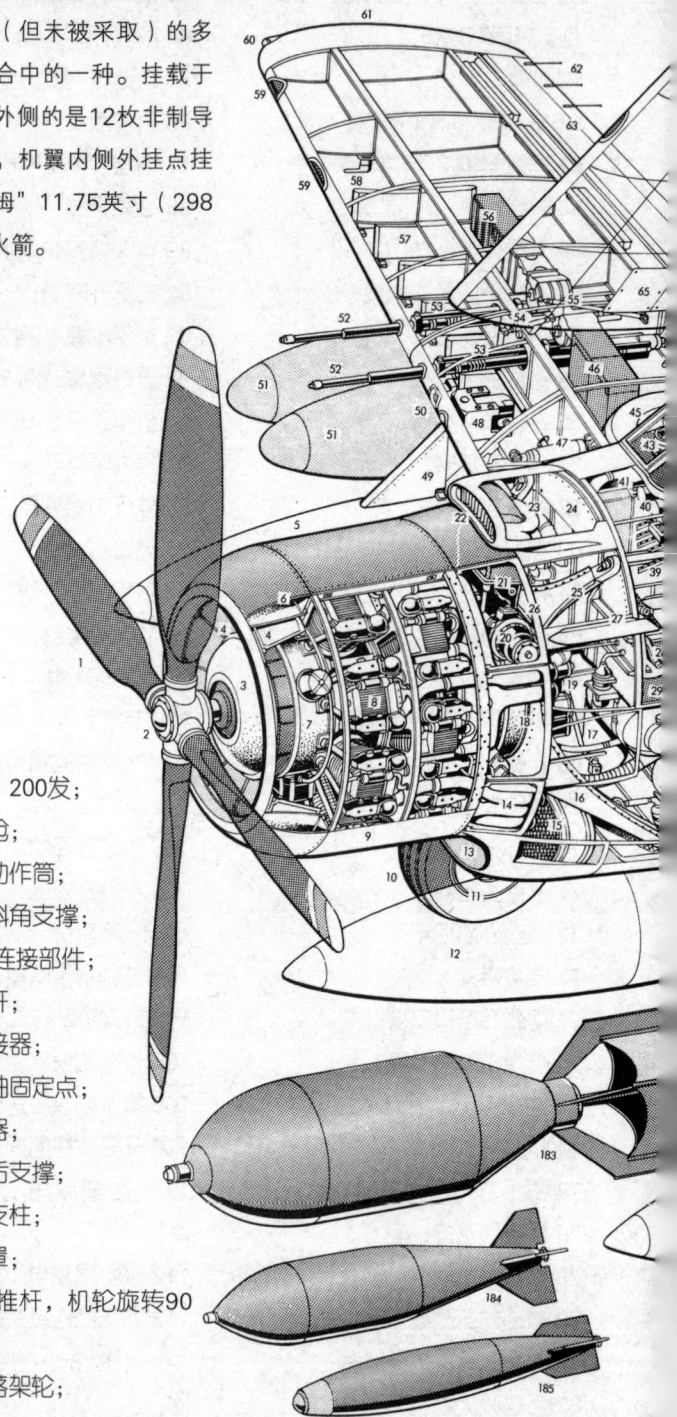

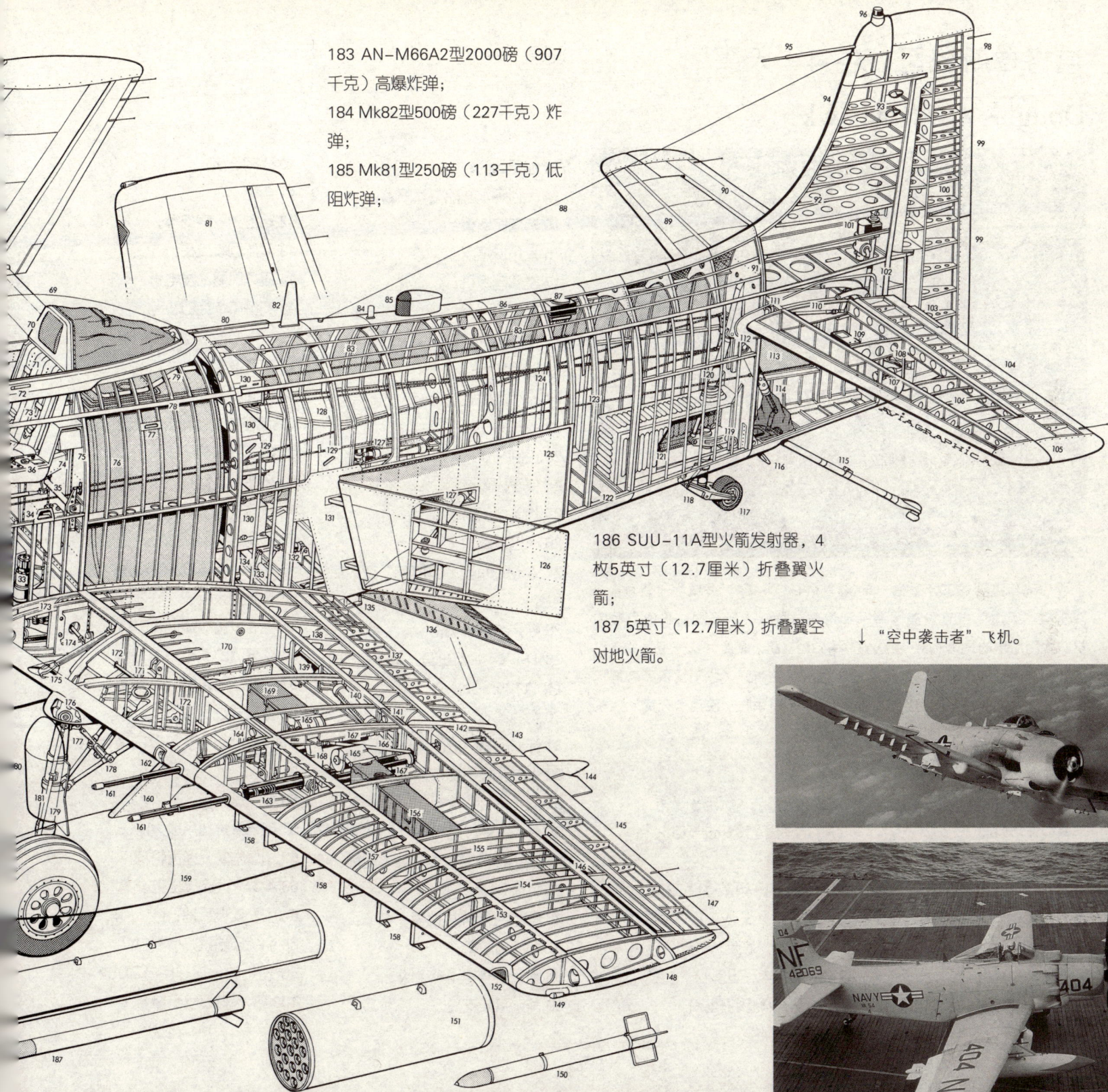

183 AN-M66A2型2000磅（907千克）高爆炸弹；

184 Mk82型500磅（227千克）炸弹；

185 Mk81型250磅（113千克）低阻炸弹；

186 SUU-11A型火箭发射器，4枚5英寸（12.7厘米）折叠翼火箭；

187 5英寸（12.7厘米）折叠翼空对地火箭。

↓ "空中袭击者"飞机。

道格拉斯公司，A-4 "天鹰"

Douglas A-4 Skyhawk

↑从1966年直到1999年最后一架该型飞机被T-45A "苍鹰" 代替为止，双座型 "天鹰" 一直是美国海军和海军陆战队飞行员的航母能力教练机。本图所示的是第7训练中队的TA-4J型飞机。最终，这一型号的飞机在1999年9月从美国海军训练设施中退役。在离开了位于波多黎各的标靶设施之后，第8舰队混合机中队是2000年海军唯一使用 "天鹰" 飞机的部队。

A-4M "天鹰"
主要部件剖面图
1 固定式空中加油管；
2 机头电子对抗记录和压制天线；
3 目标方位变化率轰炸系统激光制导头；
4 铰接式机头舱检查门；
5 激光制导系统电子设备；
6 电子设备冷却进气口；
7 空速管；
8 航空电子设备检查口盖板；
9 APN-153（V）型导航雷达；
10 下方 "塔康" 天线；
11 通信电子设备；
12 座舱前密封舱壁；

13 加压阀门；
14 风挡雨水吹除空气喷嘴；
15 方向舵踏板；
16 攻角传感器；
17 空调制冷机；
18 前轮舱门；
19 控制系统检查口；
20 座舱地板；
21 飞行员侧控制台；
22 引擎油门器；
23 控制杆；
24 仪表板罩；
25 抬头显示器；
26 风挡玻璃；
27 AIM-9L型 "响尾蛇" 空对空导弹；
28 导弹发射导轨；
29 D-704型副油箱，300美制加仑（1135升）；
30 座舱罩；
31 弹射座椅防护面罩启动把手；
32 弹射座椅头枕；
33 安全带；
34 麦克唐纳·道格拉斯公司ESCAPAC IG-3型0-0弹射座椅；
35 抗荷阀门；
36 座舱绝缘/碎片挡板；
37 后密封舱壁；
38 紧急座舱盖抛弃手柄；
39 前起落架支柱；

40 转向连接；
41 前轮；
42 起落架收缩支撑；
43 液压回收支柱；
44 应急风驱动发电机；
45 左侧航炮炮口；
46 进气道炮口烟尘防护罩；
47 左侧进气道；
48 服面层分隔板；
49 自密封机身油箱单元，240美制加仑（908升）；
50 燃油系统管道；
51 铰接式座舱罩；
52 右侧进气道；
53 燃油系统重力加油口盖；
54 特高频天线；
55 电子设备冷却进气口；
56 引擎驱动发电机；
57 定速驱动装置；
58 分叉式进气道；
59 转筒式弹仓，每门备弹200发；
60 进气压气机；
61 电气系统功率放大器；
62 引擎附属设备齿轮箱；
63 翼梁/机身双重连接结构；
64 引擎安装耳轴；
65 引擎燃油系统检查口；
66 普拉特·惠特尼公司J52-P-408A型涡轮喷气引擎；

↑机号为160264的"天鹰"是第2960架也是最后一架"天鹰"战机。在运转了27年之后，"天鹰"战机生产线终于在1979年关闭。一架为美国海军陆战队生产的A-4M型战机集中了A-4长达10年的生产过程中所有改进措施，其中包括重新设计的座舱、椭圆形抬头显示器、激光跟踪器、电子对抗设备和新型的通用电气公司发电机。1977年还加装了目标方位变化率轰炸系统。A-4M型"天鹰"上的许多改进一直延续到在后期生产的型号（如A-4J），但是并没有影响到对大多数早期制造的A-4M飞机进行的升级。

A4D-2N"天鹰"技术说明

主要尺寸	燃油与载荷
长度：39英尺4.75英寸（12.01米）	机内燃油：770美制加仑（2910升）
高度：15英尺（4.57米）	机外燃油：500美制加仑（1893升）
翼展：27英尺6英寸（8.38米）	性能
机翼面积：260英尺²（24.15米²）	海平面最大飞行速度：680海里/时（1094千米/时）
动力装置	
1台沃特公司J65-W-16A型涡轮喷气引擎，推力7700磅（34.25千牛）	武器装备
重量	2门"科尔特"Mk12型20毫米航炮，每门备弹200发。可挂载5000磅（2268千克）的武器装备
空重：9559磅（4336千克）	
正常载荷：17295磅（7845千克）	

A-4M"天鹰"技术说明

主要尺寸	外挂燃油：1000美制加仑（3768升）
机身长度：40英尺3.5英寸（12.29米）	性能
高度：15英尺（4.57米）	海平面最大速度：685英里/时（1102千米/时）
翼展：27英尺6英寸（8.38米）	海平面最大爬升率：10300英尺（3140米）/分
机翼面积：260英尺²（24.15米²）	实用升限：38700英尺（11795米）
动力装置	作战半径：345英里（547千米），携带4000磅（1814千克）作战载荷
1台普拉特·惠特尼公司J52-P-408A型涡轮喷气引擎，推力11200磅（49.80千牛）	武器装备
重量	2门"科尔特"Mk12型20毫米航炮，每门备弹200发。可挂载9155磅（4153千克）的武器装备
空重：10465磅（4747千克）	
最大起飞重量：24500磅（11113千克）	
燃油与载荷	
机内燃油：800美制加仑（3028升）	

67 机背航空电子设备舱；
68 压气机放气管；
69 上方"塔康"天线；
70 右侧机翼整体燃油箱；
71 机翼油箱检查口盖板；
72 前缘缝翼导轨；
73 右侧自动前缘缝翼，打开状态；
74 机翼扰流片；
75 涡流发生器；
76 右侧航行灯；
77 翼尖通信天线；
78 副翼配平；
79 右侧副翼；
80 分离式后缘扰流器，打开状态；
81 右侧分离式后缘襟翼，放下状态；
82 防撞灯；
83 冷却空气排除百叶窗；
84 后机身双结构断点；
85 引擎防火墙；
86 冷却空气进气口；
87 甚高频天线；
88 上部机身纵梁；
89 垂直尾翼翼根背整流罩；
90 遥控罗盘流量阀；
91 后电子设备舱冷却空气进气口；
92 垂直尾翼翼肋；
93 垂直尾翼翼梁连接部件；
94 方向舵液压动作筒；
95 人工感觉弹簧；
96 空速管；
97 垂直尾翼顶端电子对抗天线罩；
98 外部拉撑式方向舵；
99 垂直尾翼调整片；
100 机尾航行灯；
101 电子对抗天线；
102 水平尾翼配平动作筒；
103 水平尾翼封严板；
104 升降舵液压动作筒；
105 尾喷管整流罩；

106 左侧升降舵；

107 全动式水平尾翼；

108 升降舵空气动力平衡；

109 尾喷管；

110 减速伞舱，减速伞直径16英
尺（4.88米）；

111 减速伞释放连杆；

112 隔热喷管；

113 电子设备舱隔热罩；

114 后电子设备舱，自动飞行控
制系统；

115 左侧减速板，打开状态；

116 喷气助推起飞器安装点；

117 减速板液压动作筒；

118 2.65美制加仑（10升）液氧
容器；

119 甲板降落拦阻钩，放下状
态；

120 甲板降落拦阻钩液压动作
筒；

121 控制钢缆操纵系统；

122 惯性平台；

123 机腹压力加油口；

124 中央液压襟翼驱动连接器；

125 左侧上部表面扰流器；

126 扰流器液压动作筒；

127 机腹防撞灯；

128 机翼翼肋；

129 纵梁；

130 左侧机翼整体油箱（全翼
展）；

131 后翼梁；

132 左侧分离式后缘襟翼；

133 左侧副翼；

134 副翼配平调整片；

135 翼尖整流罩；

136 副翼突角补偿器；

137 翼尖天线整流罩；

138 左侧航行灯；

139 LAU-10A型 "诅尼" 火箭发

射器；

140 5英寸（12.7厘米）折叠翼火
箭；

141 AGM-12 "小斗犬" 空对地
导弹；

142 导弹发射导轨；

143 机翼外侧挂架（1000磅/454
千克）；

↑在起落架均被北越防空火力击伤的情况下，登尼·埃尔中尉驾
A-4 "天鹰" 攻击机返回洋基站，并利用 "奥里斯坎尼" 号航母上的紧
急拦阻网成功着舰。

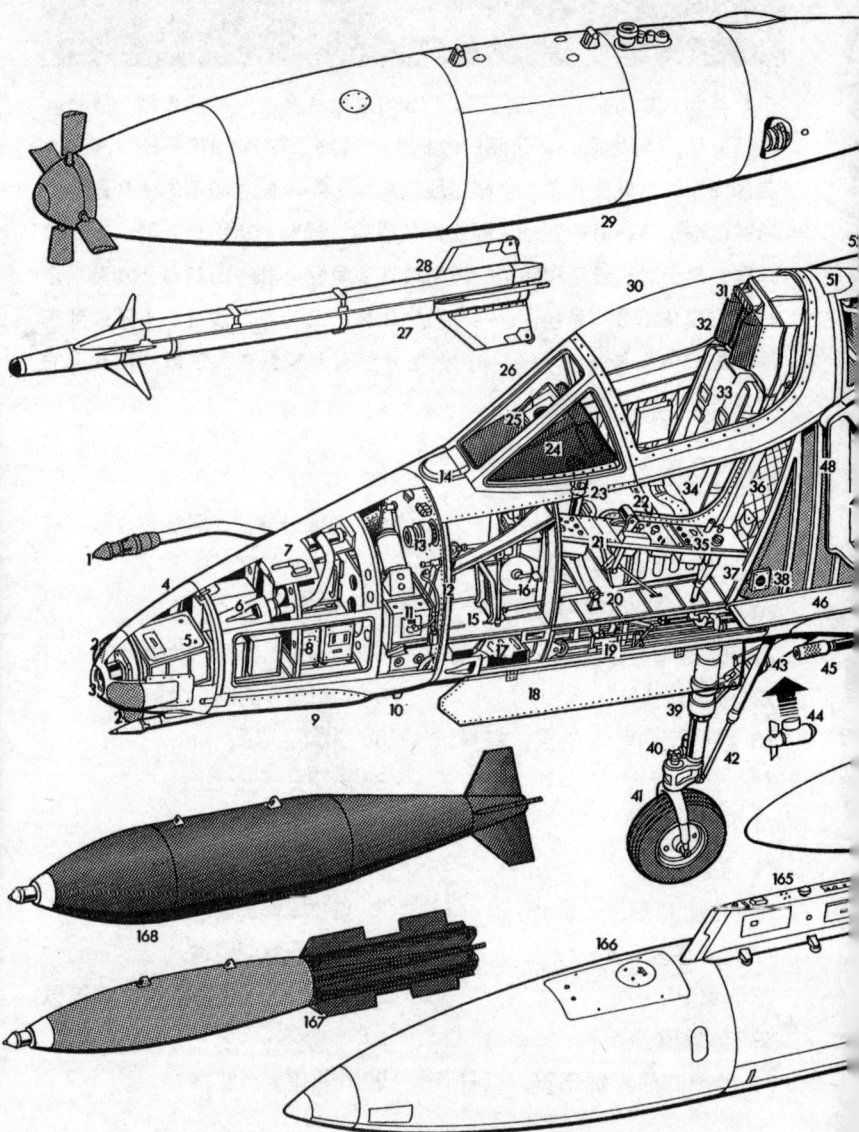

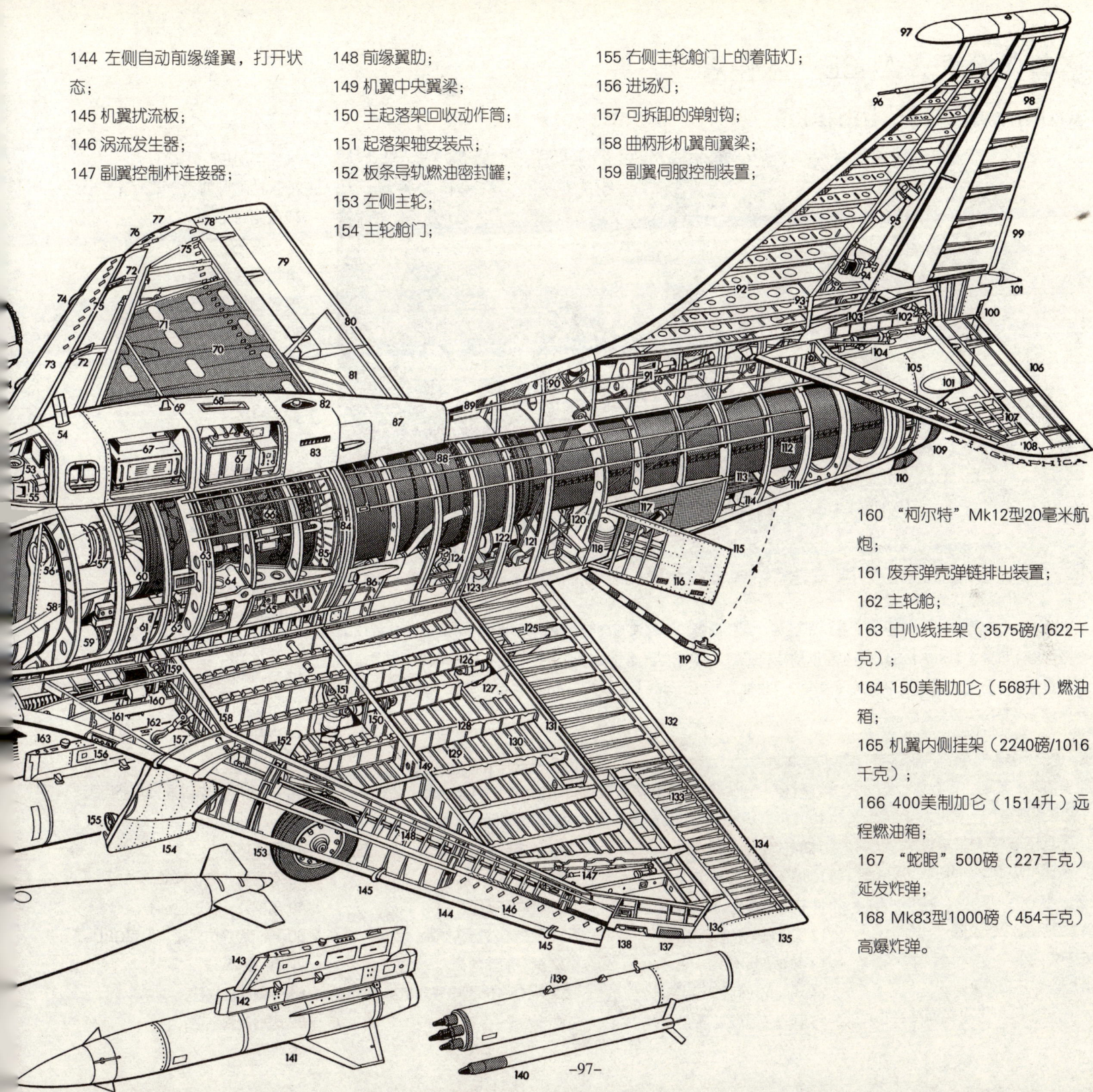

144 左侧自动前缘缝翼，打开状态；

145 机翼扰流板；

146 涡流发生器；

147 副翼控制杆连接器；

148 前缘翼肋；

149 机翼中央翼梁；

150 主起落架回收动作筒；

151 起落架轴安装点；

152 板条导轨燃油密封罐；

153 左侧主轮；

154 主轮舱门；

155 右侧主轮舱门上的着陆灯；

156 进场灯；

157 可拆卸的弹射钩；

158 曲柄形机翼前翼梁；

159 副翼伺服控制装置；

160 "柯尔特" Mk12型20毫米航炮；

161 废弃弹壳弹链排出装置；

162 主轮舱；

163 中心线挂架（3575磅/1622千克）；

164 150美制加仑（568升）燃油箱；

165 机翼内侧挂架（2240磅/1016千克）；

166 400美制加仑（1514升）远程燃油箱；

167 "蛇眼" 500磅（227千克）延发炸弹；

168 Mk83型1000磅（454千克）高爆炸弹。

格鲁曼公司，A–6E "入侵者"

Grumman A-6E Intruder

↑在马里兰州帕图森河海军空中武器站举行的"斯拉姆奥拉马"演习期间，堪萨斯州国民警卫队的KC-135E型空中加油机正在为一架第34攻击机中队的挂载着ATM–84E型区域外对地攻击导弹的A-6E型攻击机加油。在"沙漠风暴"行动期间，一架从美国海军"肯尼迪"号航空母舰上起飞的A-6E型攻击机进行了第一次区域外对地攻击导弹的实战发射。

A–6E "入侵者"
主要部件剖面图
1 雷达天线罩；
2 雷达天线罩打开位置；
3 诺顿AN/APQ-14B型多模式雷达；
4 搜索跟踪机械装置；
5 中频装置；
6 仪表着陆系统天线；
7 目标识别攻击复式传感器转塔

安装部件；
8 目标识别攻击复式传感器转塔；
9 滑行灯；
10 航母着陆进场灯；
11 前起落架舱门；
12 液压前轮控制装置；
13 弹射连接器；
14 双前轮（向后收起）；
15 回收装置/缓冲器；

16 减震器支柱；
17 扭矩力臂连接装置；
18 雷达罩闭锁装置；
19 铰接式航空电子设备盘，左右各一；
20 雷达安装座；
21 雷达罩液压动作筒；
22 空中加油管；
23 ALQ-165型电子对抗系统前螺旋形天线；

24 空中加油管聚光灯；
25 风挡雨水吹除空气喷嘴；
26 前密封舱壁；
27 安装在前轮舱的压力加油口；
28 附面层分隔板；
29 左侧引擎进气道；
30 前轮舱电子设备架；
31 甚高频天线；
32 特高频天线；
33 进气道；
34 温度探测器；
35 座舱盖紧急抛弃手柄；
36 "塔康"天线；
37 整体式登机梯；
38 折叠式登机梯；
39 攻角传感器；
40 附面层溢出管；
41 座舱地板；
42 方向舵踏板；
43 引擎油门手柄；
44 控制杆；
45 仪表板罩；
46 飞行员光学瞄准具/抬头显示器；
47 风挡玻璃；
48 向后滑动的座舱罩；
49 前视红外雷达显示器；
50 导航轰炸员马丁·贝克GRU-7型弹射座椅；
51 弹射座椅头枕；
52 座椅调整装置；

53 中央控制台;
54 飞行员GRU-7型弹射座椅;
55 安全带/降落伞带;
56 左侧控制台;
57 电气系统设备;
58 自毁装置启动器;
59 前缘失速告警震动条;
60 引擎压气机;
61 引擎舱通风口;
62 附属设备齿轮箱;
63 普拉特·惠特尼公司J52-P-8B涡轮喷气引擎,单台功率9300磅(41.4千牛);
64 主轮舱门;
65 前缘天线整流罩,左右各一;

66 ILQ-165型高、中、低段电子对抗天线;
67 主轮舱;
68 液压蓄力器;
69 座舱后密封舱壁;
70 冷却空气排出百叶窗;
71 电气设备舱;
72 电气与航空电子设备舱;
73 前机身包形燃油箱;
74 武器控制模块;
75 座舱滑动导轨;
76 座舱液压动作筒;
77 座舱后整流罩;
78 右机翼内侧整体油箱,1951英制加仑(2344美制加仑/8870

升);
79 燃油系统管道;
80 内侧机翼扰流板;
81 前缘缝翼驱动轴;
82 前缘缝翼导轨;
83 前缘缝翼调节动作筒;
84 AGM-65型"幼畜"空对地导弹;
85 3个一组的导弹挂载/发射器;
86 右侧翼下挂架;
87 AIM-9P型"响尾蛇"空对空

格斗导弹;
88 机翼折叠双液压动作筒;
89 翼梁液压闭锁栓;
90 机翼折叠铰接连接部件;
91 外部机翼整体油箱;
92 外部机翼扰流板;
93 右侧前缘缝翼(打开状态);
94 右侧航行灯;
95 电发光航行灯;
96 分离式后缘减速板(打开状态);

↓在整个海湾战争期间,EA-6B"徘徊者"通过进行(绰号为"白雪"的)区域外干扰的方式,为盟军提供了近乎完美的支援服务。"沙漠风暴"行动还给"徘徊者"提供了一个机会,展示其作为高速反辐射导弹发射机执行攻击护航任务的能力。

A-6E "入侵者"技术说明

主要尺寸
长度:54英尺9英寸(16.69米)
高度:16英尺2英寸(4.93米)
翼展:53英尺(16.15米)
机翼面积:528.90英尺^2(49.13米^2)
机翼展弦比:5.31
轮距:10英尺10.5英寸(3.32米)
动力装置
2台普拉特·惠特尼公司J52-P-8B型涡轮喷气引擎,单台推力9300磅(41.4千牛)
重量
空重:27613磅(12525千克)
最大弹射起飞重量:58600磅(26580千克)
最大机场起飞重量:60400磅(27397千克)
燃油与载荷
机内燃油:15939磅(7230千克)
外挂燃油:5个400美制加仑(1514升)副油箱,携带10050磅(4558千克)燃油
最大载弹量:18000磅(8165千克)
性能
最大速度:700节(806英里/时;

1297千米/时)
海平面最大净平飞速度:560节(644英里/时;1037千米/时)
在最适宜高度的最大巡航速度:412节(474英里/时;763千米/时)
实用升限:42400英尺(12925米)
航程
转场航程:丢掉空副油箱,2818海里(3245英里;5222千米)
转场航程:保留空副油箱,2380海里(2740英里;4410千米)
最大战斗载荷航程:878海里(1011英里;1627千米)
武器装备
A-6攻击机利用1个中心线挂架和4个翼下外挂架携带武器装备。实际上,A-6可以携带美国海军和海军陆战队所有的武器装备。区域外发射武器包括:AGM-62"白星眼"、AGM-84"鱼叉"、AGM-84E"斯拉姆"、AGM-88"哈姆"、AGM-123"船长"导弹。除此之外,A-6还能携带Mk82、Mk83型通用炸弹、ADM-141型无人驾驶飞机诱饵和AIM-9型空对空导弹

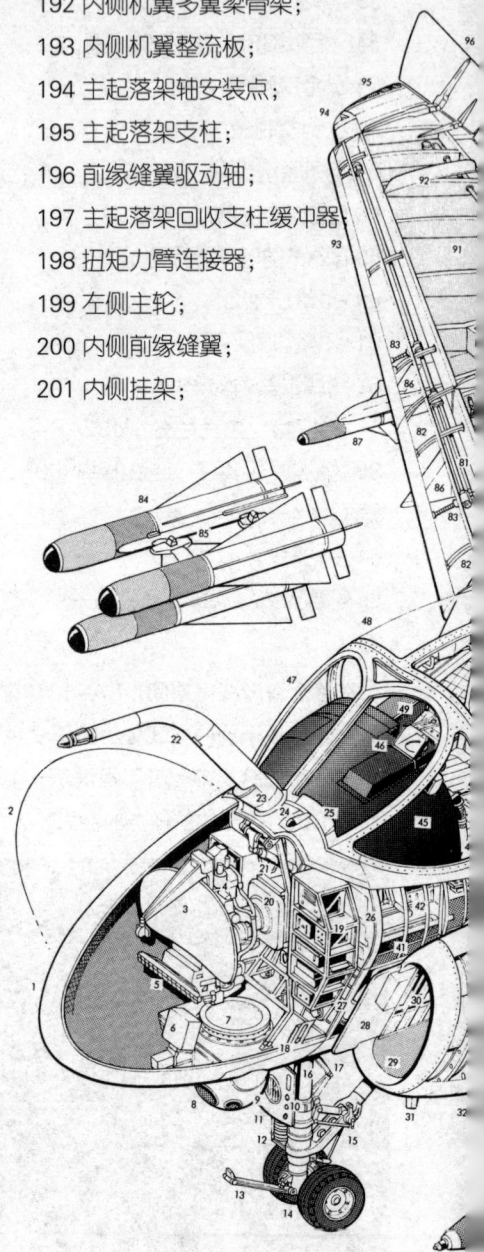

97 排油管；

98 单缝富勒式襟翼（放下位置）；

99 滚转控制扰流板升降装置；

100 襟翼导轨；

101 襟翼调节动作筒；

102 扰流板液压动作筒；

103 襟翼驱动轴；

104 襟翼切口（为了方便挂载副油箱）；

105 机背设备舱；

106 中部机身整体燃油箱；

107 外部电缆和管道口；

108 机翼中部整体燃油箱；

109 机翼中段贯穿翼梁盒；

110 襟翼驱动马达/齿轮箱；

111 应急冲压空气涡轮；

112 燃油系统回收装置；

113 控制系统连杆；

114 燃油系统管道；

115 机背检查孔盖板；

116 检查孔/蜂窝状蒙皮；

117 后机身包形燃油箱；

118 液氧瓶；

119 倾斜喷管；

120 外部电缆导管；

121 电发光航行灯；

122 后机身航空电子设备舱；

123 冲压式进气口；

124 燃油通风系统进气管；

125 机翼，折叠位置；

126 机身蒙皮；

127 环境控制系统冲压式进气道；

128 机身通风进气口；

129 垂直尾翼翼根整流片；

130 右侧全动式水平尾翼；

131 垂直尾翼前缘；

132 水平尾翼液压制动器；

133 垂直尾翼铝质蜂窝状蒙皮；

134 4翼梁扭矩盒；

135 遥控罗盘发信机；

136 防撞灯；

137 空速管；

138 垂直尾翼顶部天线整流罩；

139 特高频/敌我识别天线；

140 电子对抗天线整流罩；

141 ALQ-165型电子对抗系统前螺旋形天线；

142 方向舵；

143 方向舵蜂窝结构；

144 机尾航行灯；

145 ALQ-165型电子对抗系接收天线；

146 尾椎整流罩段；

147 方向舵液压制动器；

148 排油管；

149 水平尾翼蜂窝状后缘；

150 水平尾翼翼尖整流罩；

151 多翼梁水平尾翼；

152 全动式水平尾翼轴安装点；

153 水平尾翼铰接控制臂；

154 水平尾翼封严板；

155 电子对抗系统发送接收设备；

156 航空电子设备环境控制设备；

157 静电放电器端口；

158 甲板降落拦阻钩（放下位置）；

159 甲板降落拦阻钩液压动作筒和阻尼器；

160 机身减速板；

161 ALE45型金属箔条/闪光弹发射装置；

162 航空电子设备舱机腹检查门，打开状态；

163 "鸟笼"式航空电子设备舱；

164 伸缩式检查梯；

165 左侧引擎喷管；

166 襟翼翼肋；

167 扰流板液压制动器；

168 襟翼蜂窝状后缘；

169 机翼折叠控制连接器；

170 左侧扰流板翼肋；

171 襟翼导轨整流罩；

172 排油管；

173 左侧分离式后缘减速板；

174 减速板液压动作筒；

175 翼尖电发光航行灯；

176 左侧航行灯；

177 ALR45型雷达告警接收机；

178 左侧前缘缝翼（打开状态）；

179 外侧机翼扰流片；

180 多翼梁外侧机翼；

181 左侧机翼整体油箱；

182 缝翼导轨；

183 缝翼翼肋；

184 机翼外侧额外任务挂架；

185 导弹发射导轨；

186 缝翼调整动作筒；

187 多联装弹射式挂弹架；

188 左侧外挂架；

189 机翼折叠铰接部件；

190 机翼折叠液压动作筒；

191 机体内整体油箱；

192 内侧机翼多翼梁骨架；

193 内侧机翼整流板；

194 主起落架轴安装点；

195 主起落架支柱；

196 前缘缝翼驱动轴；

197 主起落架回收支柱缓冲器；

198 扭矩力臂连接器；

199 左侧主轮；

200 内侧前缘缝翼；

201 内侧挂架；

202 副油箱，250或330英制加仑（300或400美制加仑/1135或1514升）；

203 2000磅（907千克）低阻高

爆炸弹；

204 "蛇眼" Mk92延迟炸弹；

205 Mk83型500磅（227千克）高

爆炸弹（每个挂架6枚）；

206 AIM-9P "响尾蛇" 自卫用空

对空导弹；

207 GBU-10 "铺路"（2000磅/907千克）激光制导炸弹；

208 AGM-88 "哈姆" 空对地反雷达导弹；

209 AGM-84A "鱼叉" 反舰导弹。

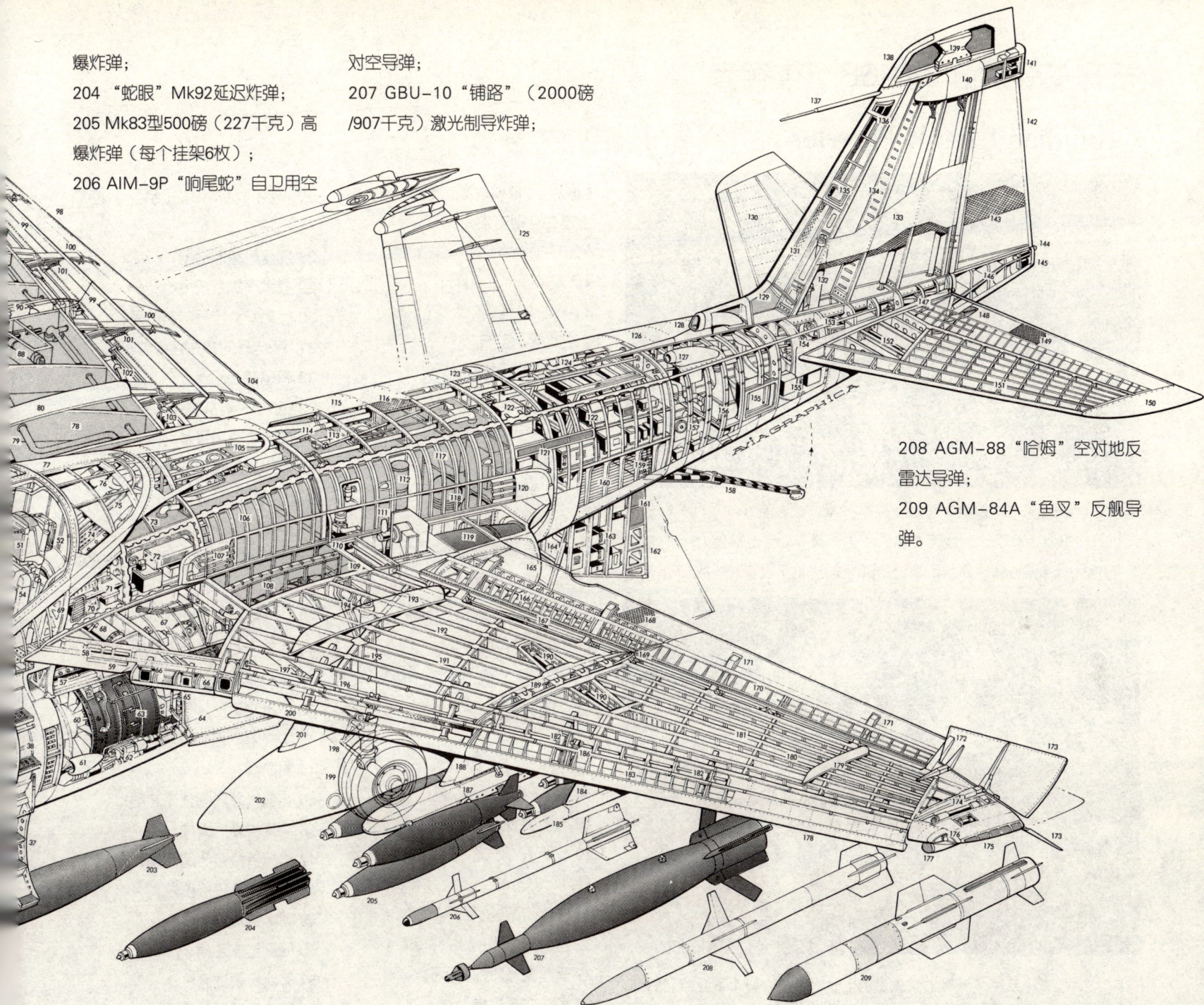

AviA GRAPHICA

格鲁曼公司，EA-6B "徘徊者"

Grumman EA-6B Prowler

↑图中这架EA-6B "徘徊者"是一架第82批"改进能力-II"飞机，这种飞机只在机背上有两个天线而在机头下方却没有。"改进能力-II"被称为第82批一直要追溯到开始所谓的第86批航空电子设备升级的1986年。

↑EA-6A的干扰系统是世界上最先进的。这种飞机只需少数几架，就能利用机上强大的电子系统，对相当于法国面积大小的区域实施"电子管制"。

EA-6B "徘徊者"
主要部件剖面图

1 空中加油管；

2 雷达罩，向上打开；

3 APQ-92型雷达天线；

4 空速管，左右侧；

5 "塔康"天线；

6 L波段敌我识别天线；

7 前航空电子设备舱；

8 方向舵踏板；

9 飞行员雷达俯视显示器；

10 控制杆；

11 仪表板遮盖罩；

12 空中加油管聚光灯；

13 风挡雨水吹除空气喷嘴；

14 向上打开的座舱罩；

15 第1电子对抗军官弹射座椅；

16 飞行员马丁·贝克GRUAE-7型弹射座椅；

17 引擎油门手柄；

18 向下打开的登机梯；

19 附面层分隔板；

20 安装在前轮舱门上的着陆进场灯；

21 左侧引擎进气道；

22 温度探测器；

23 座舱盖紧急抛弃手柄；

24 铰接式登机梯；

25 前起落架，收起位置；

26 液压回收动作筒；

27 电子对抗军官显示器，控制台；

28 前座舱盖制动器；

29 战术干扰系统吊舱；

30 后舱向上打开的座舱盖；

31 第2电子对抗军官弹射座椅；

32 后舱盖制动器；

33 第3电子对抗军官弹射座椅；

34 前缘失速告警震动条；

35 备用液压泵和选择开关；

36 齿轮箱冷却进气口；

37 引擎附属设备齿轮箱；

38 普拉特·惠特尼公司J52-P-408型涡轮喷气引擎；

39 前缘罩板；

40 前电子对抗发射天线；

41 主起落架收起位置；

42 液压油箱；

43 中央电气和航空电子设备舱；

44 防撞灯；

45 右侧机翼内侧整体油箱；

46 内侧机翼扰流片；

47 机翼折叠液压动作筒；

48 机翼折叠铰接部件；

49 前缘缝翼；

50 外侧整体油箱；

51 外侧机翼扰流片；

52 雷达告警天线；

53 右侧航行灯；

54 编队灯；

EA-6B "徘徊者"技术说明

主要尺寸

长度：59英尺10英寸（18.24米）

翼展：53英尺（16.15米）

翼展（折叠状态）：25英尺10英寸（7.87米）

机翼展弦比：5.31

高度：16英尺3英寸（4.95米）

水平尾翼翼展：20英尺4.5英寸（6.21米）

轮矩：10英尺10.5英寸（3.32米）

轮轴距：17英尺2英寸（5.23米）

动力装置

2台普拉特·惠特尼公司J52-P-408型涡轮喷气引擎，单台推力11200磅（49.80千牛）

重量

空重：31572磅（14321千克）

正常起飞重量（整装）：54641磅（24703千克）

正常起飞重量（整装），带最大燃油：60610磅（27493千克）

最大起飞重量：65000磅（29484千克）

燃油

机内燃油：15422磅（6995千克）

外挂燃油：5个400美制加仑（1514升）副油箱，10025磅（4547千克）

性能

最大速度：710节（817英里/时；1315千米/时）

海平面最大净平飞速度：566节（651英里/时；1048千米/时）

海平面最大平飞速度（带5个电子干扰吊舱）：530节（610英里/时；982千米/时）

最适宜高度巡航速度：418节（481英里/时；774千米/时）

海平面最大净爬升率：12900英尺（3932米）/分

海平面最大净爬升率（带5个电子干扰吊舱）：10030英尺（3057米）/分

净实用升限：41200英尺（12550米）

实用升限（带5个电子干扰吊舱）：38000英尺（11580米）

起飞滑跑（带5个电子干扰吊舱）：2670英尺（814米）

滑跑距离（带5个电子干扰吊舱）：3495英尺（1065米）

最大着陆重量着陆滑跑距离：2700英尺（823米）

着陆滑跑距离（带5个电子干扰吊舱）：2150英尺（655米）

转场航程：保留空副油箱，2085海里（2399英里；3861千米）

航程：携带最大外部载荷，955海里（1099英里；1769千米）

↑1990年，EA-6B这种高级性能机型开始使用。这种飞机装备了一个用于精确导航的全球定位套件以及箔条弹、红外曳光弹和自卫干扰系统。

↓"徘徊机"是美国海军中最昂贵的飞机之一。考虑到EA-6B的服役期以及使用中尽量加以保护减少战损，其昂贵的造价是值得的。

55 分离式后缘减速板；

56 排油管；

57 左侧富勒式襟翼；

58 左侧扰流板升降装置；

59 特高频/"塔康"天线；

60 机身燃油箱；

61 燃油收集器；

62 自动测向天线；

63 飞行控制系统机械连杆；

64 航空电子设备冷却进气口；

65 冷却系统空气循环装置；

66 向下打开的航空电子设备盘；

67 高频天线；

68 右侧全动式水平尾翼；

69 水平尾翼液压制动器；

70 第1、第2波段发射天线；

71 垂直尾翼顶部天线罩；

72 自保护通信干扰设备接收/发射机；

73 雷达告警天线；

74 方向舵；

75 机尾航行灯；

76 雷达告警接收机处理器；

77 方向舵液压制动器；

78 机身燃油箱排油管；

79 左侧全动水平尾翼；

80 水平尾翼轴承；

81 水平尾翼铰接控制装置；

82 电子对抗设备吊舱；

83 甲板降落拦阻钩；

84 下方特高频天线；

85 干扰物/闪光弹施放装置；

86 甲板降落拦阻钩制动器/缓冲器；

87 编队灯；

88 机腹多普勒天线；

89 引擎喷管；

90 液氧瓶；

↓EA-6B能够取得成功的关键就在于它的干扰系统。另外，EA-6B能够生存下来而EF-111A却被淘汰的原因之一就是它拥有一个4人组成的机组。EA-6B的机组人员由3名专职电子战军官和一名飞行员组成，这使得EA-6B所能够完成的任务比与之相类似的机型要多得多。图中，地勤人员正在为一架第137战术电子战中队的飞机从"美国"号航空母舰上起飞执行任务而进行维护工作。

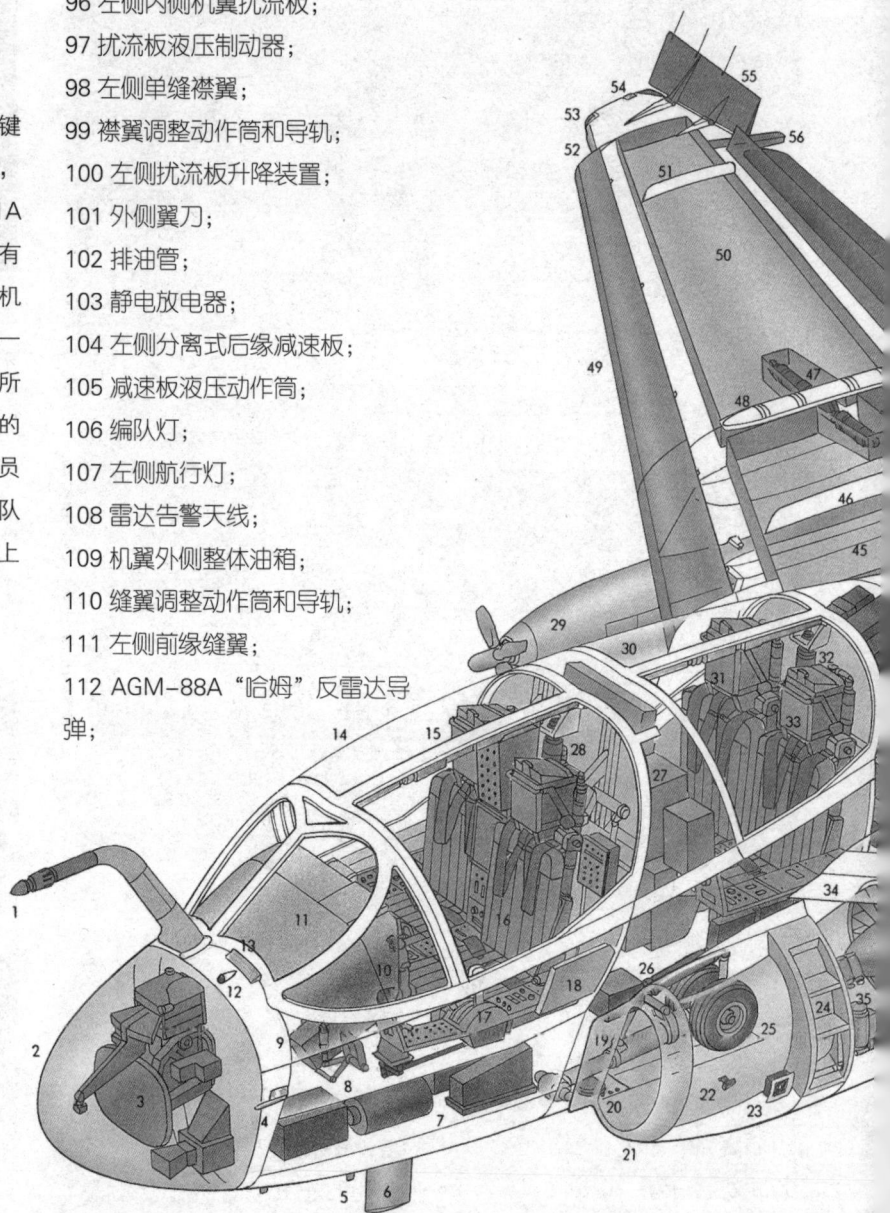

91 应急冲压空气涡轮；

92 中央襟翼驱动马达和齿轮箱；

93 机翼中段整体燃油箱；

94 主起落架支柱；

95 液压回收动作筒；

96 左侧内侧机翼扰流板；

97 扰流板液压制动器；

98 左侧单缝襟翼；

99 襟翼调整动作筒和导轨；

100 左侧扰流板升降装置；

101 外侧翼刀；

102 排油管；

103 静电放电器；

104 左侧分离式后缘减速板；

105 减速板液压动作筒；

106 编队灯；

107 左侧航行灯；

108 雷达告警天线；

109 机翼外侧整体油箱；

110 缝翼调整动作筒和导轨；

111 左侧前缘缝翼；

112 AGM-88A "哈姆"反雷达导弹；

113 机翼折叠液压动作筒；

114 内侧整体油箱；

115 机翼下挂架；

116 副油箱；

117 中心线下战术干扰设备吊舱。

↑EA–6B重量大，为了达到飞行所需的速度，利用弹射器尤为重要。如果由于某个原因弹射失败，4名机组成员能在飞机掠过甲板的一刻迅速弹射出飞机。

Mike Badrocke

格鲁曼公司，E-2 "鹰眼"

Grumman E-2 Hawkeye

↑一架第116航母早期预警机中队的E-2 "鹰眼" 预警机正安详地巡航在太平洋上空。就像在1995年3月被解散的第114航母早期预警机中队一样，太平洋舰队所有的5个 "鹰眼" 中队装备的都是第二批型号的 "鹰眼" 飞机。

E-2C "鹰眼"
主要部件剖面图

1 两段式方向舵板；
2 右外侧垂直尾翼；
3 玻璃纤维垂直尾翼；
4 被动探测系统天线；
5 方向舵；
6 静电放电器；
7 垂直尾翼；
8 前缘除冰装置；

9 机翼折叠应急支撑锁定装置；
10 机翼折叠位置；
11 方向舵动作筒；
12 被动探测系统接收机；
13 右内侧方向舵；
14 右内侧玻璃纤维垂直尾翼；
15 左侧升降舵；
16 左内侧固定垂直尾翼；
17 左外侧方向舵；
18 方向舵控制装置；

19 水平尾翼；
20 排油管；
21 后被动探测系统天线；
22 水平尾翼安装面；
23 后机身；
24 尾橇动作筒；
25 甲板降落拦阻钩；
26 尾橇；
27 甲板降落拦阻钩动作筒；
28 下被动探测系统接收机和天

线；
29 圆弧形后密封舱壁；
30 卫生间；
31 旋转雷达罩安装支柱；
32 旋转雷达天线罩；
33 天线罩除冰装置；
34 特高频天线阵，AN/APS-125设备；
35 枢轴承盒；
36 敌我识别天线；
37 雷达罩旋转马达；
38 液压升降动作筒；
39 前安装支柱；
40 雷达传输线；
41 机身构架；
42 盥洗室隔舱门；
43 天线耦合器；
44 后机舱窗户；
45 空中管制员座椅；
46 雷达和仪表板；
47 战斗情报官座椅；
48 战斗情报雷达面板；
49 雷达操作员；
50 雷达面板和仪表；
51 旋转座椅支架；
52 机翼后固定装置；
53 机翼折叠分割点；
54 翼梁锁定机械装置；
55 机翼折叠铰接动作筒；
56 机翼折叠液压动作筒

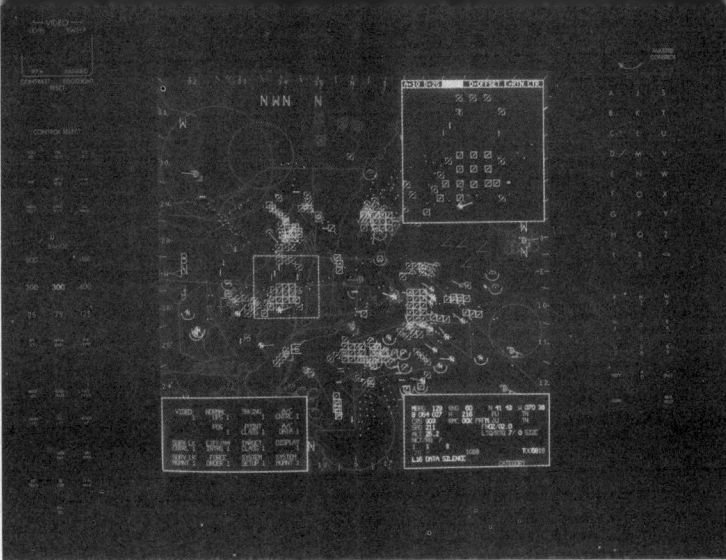

↑图中所显示的是"鹰眼"战场监视军官的战术显示器。这个11英寸（27.94厘米）的屏幕不仅可以显示背景地图，而且还可以用不同的颜色来表示那些引起雷达回波的物体的原点、状态、矢量和意图。

E-2C "鹰眼"技术说明

主要尺寸

长度：57英尺6.75英寸（17.54米）

高度：18英尺3.75英寸（5.58米）

翼展：80英尺7英寸（24.56米）

机翼，折叠宽度：29英尺4英寸（8.94米）

机翼展弦比：9.3

机翼面积：700.00英尺²（65.03米²）

水平尾翼翼展：26英尺2.5英寸（7.99米）

轮距：19英尺5.75英寸（5.93米）

轮轴距：23英尺2英寸（7.06米）

动力装置

两台埃利逊公司T56-A-425型涡轮螺旋桨引擎，单台功率4910有效马力（3661千瓦）

重量与燃油

空重：38063磅（17265千克）

最大起飞重量：51933磅（23556千克）

机内燃油：12400磅（5624千克）

性能

最大平飞速度：323节（372英里/时；598千米/时）

在适宜高度的巡航速度：311节（358英里/时；576千米/时）

在适宜高度的转场巡航速度：268节（308英里/时；496千米/时）

转场航程：1394海里（1605英里；2583千米）

作战半径：175海里（200英里；320千米），做3～4小时巡逻

最大燃油续航时间：6小时6分钟

海平面最大爬升率：2515英尺（767米）/分

实用升限：30800英尺（9390米）

最短起飞滑跑距离：2000英尺（610米）

57 右外侧襟翼；

58 襟翼；

59 襟翼导轨；

60 机翼驱动马达和轴；

61 右侧下垂副翼；

62 襟翼下垂副翼连接装置；

63 副翼动作筒；

64 副翼；

65 副翼铰接装置；

66 右侧翼尖；

67 航行灯；

68 应急支撑锁定装置；

69 外侧机翼；

70 前缘；

71 前缘除冰装置；

72 网格式翼肋；

73 引擎排气管整流罩；

74 前翼梁锁定机械装置；

75 主起落架；

76 起落架支柱舱门；

77 单主轮；

78 主轮舱门；

79 引擎吊架；

80 引擎安装支柱；

81 埃利逊公司T56-A-425型引擎；

82 滑油冷却器；

83 滑油冷却器进气口；

84 引擎进气口；

85 汉密尔顿标准4叶式螺旋桨；

86 齿轮箱驱动轴；

87 螺旋桨机械装置；

88 冷却空气进口；

89 引擎—螺旋桨齿轮箱；

↓三名系统操作员占据了"鹰眼"的主舱。最前面的是战斗信息中心指挥官（CICO），其任务是指导驾驶员当前行动的飞行高度和飞行方向。

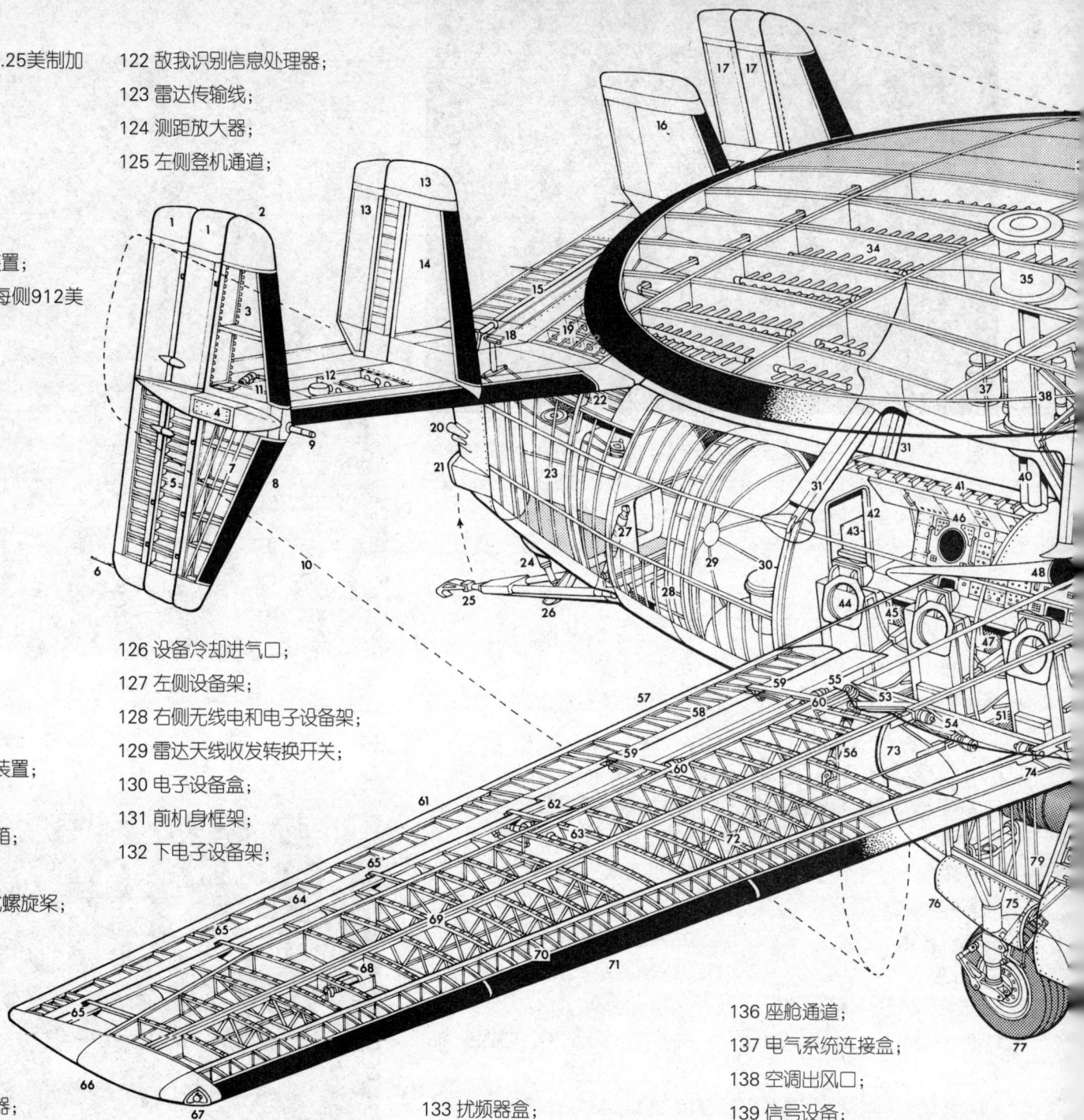

90 滑油箱，每个单元9.25美制加仑（35升）；

91 排气管；

92 蒸汽循环空调装置；

93 机翼前固定装置；

94 计算机台位；

95 机翼中段翼肋连接装置；

96 内侧机翼燃油箱，每侧912美制加仑（3452升）；

97 网格式翼肋；

98 左内侧襟翼；

99 机翼折叠连接装置；

100 机翼折叠连接线；

101 倾斜铰接翼肋；

102 左外侧襟翼；

103 副翼动作筒；

104 左侧副翼；

105 左外侧机翼；

106 左侧翼尖；

107 航行灯；

108 前缘除冰装置；

109 副翼控制钢缆机械装置；

110 引擎安装支柱；

111 引擎—螺旋桨齿轮箱；

112 螺旋桨桨毂整流罩；

113 汉密尔顿标准4叶式螺旋桨；

114 引擎进气道；

115 齿轮箱驱动轴；

116 左侧引擎；

117 燃油系统管道；

118 冷却空气进气口；

119 蒸汽循环系统散热器；

120 冷却空气出口；

121 雷达信息处理器；

122 敌我识别信息处理器；

123 雷达传输线；

124 测距放大器；

125 左侧登机通道；

126 设备冷却进气口；

127 左侧设备架；

128 右侧无线电和电子设备架；

129 雷达天线收发转换开关；

130 电子设备盒；

131 前机身框架；

132 下电子设备架；

133 扰频器盒；

134 导航设备；

135 座舱空调送风管；

136 座舱通道；

137 电气系统连接盒；

138 空调出风口；

139 信号设备；

140 座舱地板；

141 副驾驶座椅；

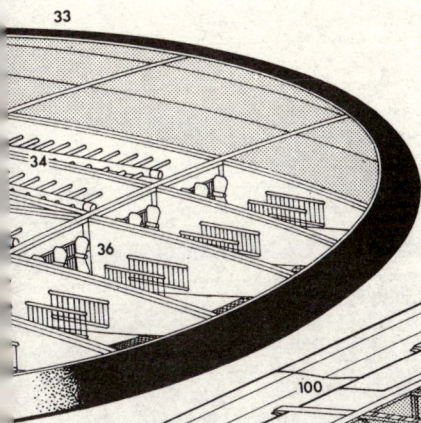

142 降落伞储藏间；
143 飞行员座椅；
144 头枕；

151 控制杆；
152 前起落架支柱；
153 前起落架舱门；
154 方向舵踏板；
155 机头；
156 空速管；
157 倾斜前舱壁；
158 导航代码盒；
159 前电气设备连接盒；
160 方向舵踏板连接装置；
161 风挡加热装置；
162 前起落架支柱；
163 方向控制装置；
164 双前轮；
165 弹射索连接臂；
166 前起落架舱门；
167 前轮应急充气瓶；
168 机头被动探测系统接收机；
169 氧气瓶；
170 着陆灯；
171 着陆和滑行灯窗口；
172 机头被动探测系统天线；
173 机头天线整流罩。

145 座舱顶窗；
146 座舱顶；
147 仪表板遮盖罩；
148 风挡雨刷；
149 突出式座舱侧窗；
150 仪表板；

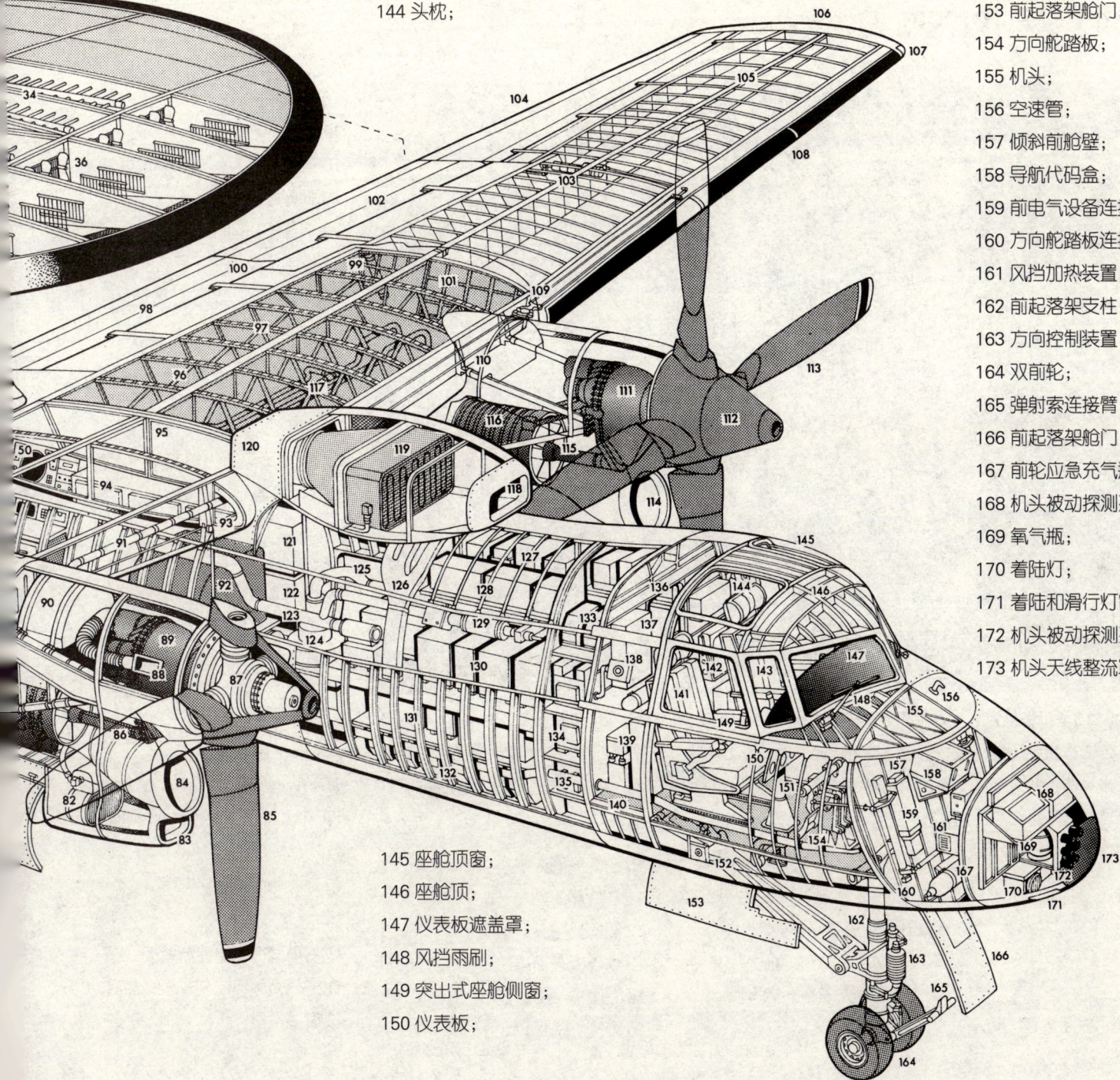

格鲁曼公司，F-14"雄猫"

Grumman F-14 Tomcat

↑换装了先进的F110型引擎之后，"雄猫"的表现和以前一样令人满意。作为空中格斗战机，F-14的引擎显得游刃有余。作为远程空中防御战机，它能飞得更远或者在阵位上停留更长的时间。更为重要的是，它能够携带更多的对地攻击弹药，并且在减少燃油消耗量的情况下获得更高的性能表现。另外，新型引擎也能保证它更安全地在航母上进行起降作业。

F-14A"雄猫"
主要部件剖面图
1 空速管；
2 玻璃纤维雷达罩；
3 敌我识别天线；
4 AN/APG-71型平板雷达；

5 雷达跟踪设备；
6 红外搜索与跟踪传感器/电视摄像机机架；
7 炮管；
8 武器系统航空电子设备舱；
9 攻角传感器；

10 自动测向天线；
11 空中加油管；
12 飞行员抬头显示器；
13 仪表板遮盖罩；
14 温度探测器；
15 方向舵踏板；

16 控制杆；
17 电发光航行灯；
18 前轮舱门；
19 弹射索连接器；
20 双前轮，向前收回；
21 伸出的登机梯；
22 M61A1型"火神"航炮；
23 弹鼓；
24 拉出式梯子；
25 空速管固定头；
26 引擎油门手柄；
27 飞行员马丁·贝克Mk14型海军飞行员通用弹射座椅；
28 向上打开的座舱罩；
29 海军飞行军官仪表台；
30 踢开式登机梯；
31 战术信息显示手动控制器；
32 海军飞行军官弹射座椅；
33 后航空电子设备舱；
34 空气数据计算机；
35 电气系统继电器；
36 机身导弹挂架；
37 AIM-54A"不死鸟"空对空导弹；
38 左侧引擎进气道；
39 左侧航向灯；
40 变截面进气道控制斜板；
41 进气道斜板控制液压制动器；
42 空调设备；

F－14A "雄猫" 技术说明

主要尺寸

机身长度（包括空速管）：62英尺8英寸（19.10米）

翼展：（非后掠）64英尺1.5英寸（19.54米）；（后掠）38英尺2.5英寸（11.65米）；（最大后掠）33英尺3.5英寸（10.15米）

机翼展弦比：7.28

水平尾翼翼展：32英尺8.5英尺（9.97米）

机翼面积：565英尺²（52.49米²）

前缘缝翼总面积：46.2英尺²（4.29米²）

襟翼总面积：106.3英尺²（9.87米²）

扰流板总面积：21.2英尺²（1.97米²）

水平尾翼面积：140英尺²（13.01米²）

垂直尾翼总面积：85英尺²（7.90米²）

方向舵总面积：33英尺²（3.06米²）

尾翼总面积：140英尺²（13.01米²）

垂直尾翼尖之间的距离：10英尺8英寸（3.25米）

总高度：16英尺（4.88米）

轮距：16英尺5英寸（5.00米）

轮轴距：23英尺0.5英寸（7.02米）

机翼负载：90磅/英尺²（439千克/米²）

机翼/机身负载：55磅/英尺²（269千克/米²）

动力装置

F－14A：2台普拉特·惠特尼公司TE30－P－412A/414A型涡轮风扇发动机，单台推力（二次燃烧）20900磅（92.97千牛）

F－14B/F－14D：两台通用电气公司F110－GE－400型涡轮风扇引擎，单台推力（不喷水起飞）14000磅（62.27千牛）；（二次燃烧）27600磅推力（122.8千牛）

重量

作战空重：（F－14A）40104磅（18191千克）；（F－14B）41780磅（18951千克）；（F－14D）43735磅（19838千克）

正常起飞重量（带4枚"麻雀"导弹）：59714磅（27086千克）

正常起飞重量（带6枚"不死鸟"导弹）：70764磅（32098千克）

最大起飞重量（所有型号，用户限制）：72000磅（32659千克）

最大起飞重量（厂商限制）：74349磅（33725千克）

设计着陆重量：51830磅（23510千克）

燃油与载荷

机内燃油总量：6个主油箱，2385美制加仑（9030升），大约16200磅（7348千克），其中前机身油箱691美制加仑（2616升）；后机身油箱648美制加仑（2453升）；左右各一主油箱456美制加仑（1727升）；每个机翼燃油箱295美制加仑（1117升）

外挂燃油：2个进气道下副油箱267美制加仑（1011升）；单点式压力加油口位于下机身右侧，空中加油管的下方

正常载弹量：（空对面和战术侦察）14500磅（6577千克）

性能

高空最大平飞速度：1342节（1544英里/时；2485千米/时）

低空最大平飞速度：792节（912英里/时；1468千米/时）

马赫数限定：高空2.38；最大曾达到2.4；使用中一般限制在2.25以下；低空1.2

最大巡航速度：550节（633英里/时；1055千米/时）

海平面最大爬升率：30000英尺（9140米）/分

绝对升限：56000英尺（17069米）

实用升限：50000英尺（15240米）

正常航母进场速度：134节（154英里/时；248千米/时）

失速速度，着陆形式：115节（132英里/时；213千米/时）

起飞滑跑距离：（满载燃油挂载4枚AIM-7导弹）1400英尺（427米）

着陆滑跑距离：2900英尺（884米）

航程

空中战斗巡逻续航力：（挂载4枚AIM-54、2枚AIM-7、2枚AIM-9以及副油箱）90分钟150海里（173英里；278千米）；1小时253海里（292英里；470千米）

作战半径：（甲板弹射起飞，挂载4枚AIM-54、2枚AIM-7、2枚AIM-9以及副油箱执行拦截任务）171海里（197英里；317千米）/1.3马赫；134海里（154英里；248千米）/1.5马赫

转场航程：（F－14A带2个副油箱）1730海里（2000英里；3200千米）；（F－14B带2个副油箱）2050海里（2369英里；3799千米）

↑1993年12月，一架第32反潜战中队的S－3"海盗"反潜机准备从"美国"号航母上起飞执行任务，甲板一侧为3架F－14"雄猫"战斗机和1架F/A－18"大黄蜂"攻击战斗机。

43 前机身燃油箱；

44 座舱罩铰接装置；

45 特高频/"塔康"天线；

46 右侧航行灯；

47 主轮收起位置；

48 右侧进气道溢出门；

49 机背控制和电缆导管；

50 中部襟翼和缝翼驱动液压马达；

51 应急液压发生器；

52 辅助进气门；

53 电子束焊接钛金属机翼枢轴盒；

54 左侧机翼支点轴承；

55 枢轴盒横梁整体油箱；

56 特高频数据连接/敌我识别天线；

57 蜂窝状蒙皮；

58 刚性翼套；

59 右侧机翼支点轴承；

60 襟翼/缝翼驱动轴和齿轮箱；

61 右侧前缘缝翼；

62 机翼最大平直位置；

63 航行灯；

64 翼尖编队灯；

65 滚动控制扰流片；

66 外侧战斗襟翼；

67 内侧升降襟翼；

68 襟翼封严片；

69 主轮支柱铰接装置；

70 变后掠调整动作筒；

71 翼套密封板；

72 机翼气动密封条；

73 右侧机翼最大后掠位置；

74 右侧全动水平尾翼；

75 垂直尾翼尖天线整流罩；

76 机尾航行灯；

77 右侧方向舵；

78 方向舵液压制动器；

79 可变截面加力燃烧室尾喷管控制动作筒；

80 机背减速板；

81 干扰物/闪光弹施放装置；

82 排油管；

83 电子对抗天线；

84 蜂窝状铝质垂直尾翼蒙皮；

85 防撞灯；

86 编队灯；

87 电子对抗天线；

88 左侧方向舵；

89 可变截面加力燃烧室尾喷管控制动作筒；

90 左侧全动式水平尾翼；

91 硼纤维水平尾翼蒙皮；

92 水平尾翼枢轴承；

93 加力燃烧室排气管；

94 水平尾翼液压制动器；

95 腹鳍；

96 航行灯；

97 液压设备舱；

98 液压油箱；

99 通用电气公司F110-GE-400型加力燃烧涡轮风扇引擎；

100 后机身燃油箱舱室；

101 飞行控制系统连接器；

102 引擎放气管；

103 左侧机翼后掠调节动作筒；

104 内侧战斗襟翼；

105 襟翼铰接装置；

106 襟翼蜂窝状结构；

107 左侧机翼最大后掠位置；

108 左侧战斗襟翼；

109 翼尖编队灯；

110 航行灯；

111 左侧前缘缝翼；

112 缝翼导轨；

113 机翼整体油箱；

114 机械式翼肋；

115 主起落架支柱；

116 左侧主轮，向前回收；

117 翼套下挂载的AIM-54A"不死鸟"空对空导弹；

118 AIM-9L"响尾蛇"空对空导弹；

119 翼套下挂架；

120 主轮舱门；

121 副油箱；

122 GBU-12D/B"铺路"-2型500磅（227千克）激光制导炸弹；

123 Mk82"蛇眼"500磅（227千克）延迟炸弹；

124 "不死鸟"适配器；

125 GBU-24A/B"铺路"-3型2000磅（907千克）激光制导炸弹；

126 AN/AAQ-14型"蓝天"导航与瞄准吊舱，挂载于固定翼套挂架；

127 GBU-16"铺路"-2型1000磅（454千克）激光制导炸弹；

128 Mk83 AIR 延迟炸弹；

129 Mk83 AIR 减速伞；

130 Mk7型子弹药布撒器；

131 LAU-97型4联装火箭发射器；

132 5英寸（127毫米）阻尼器；

133 战术空中侦察照相吊舱，挂载于中心线挂架；

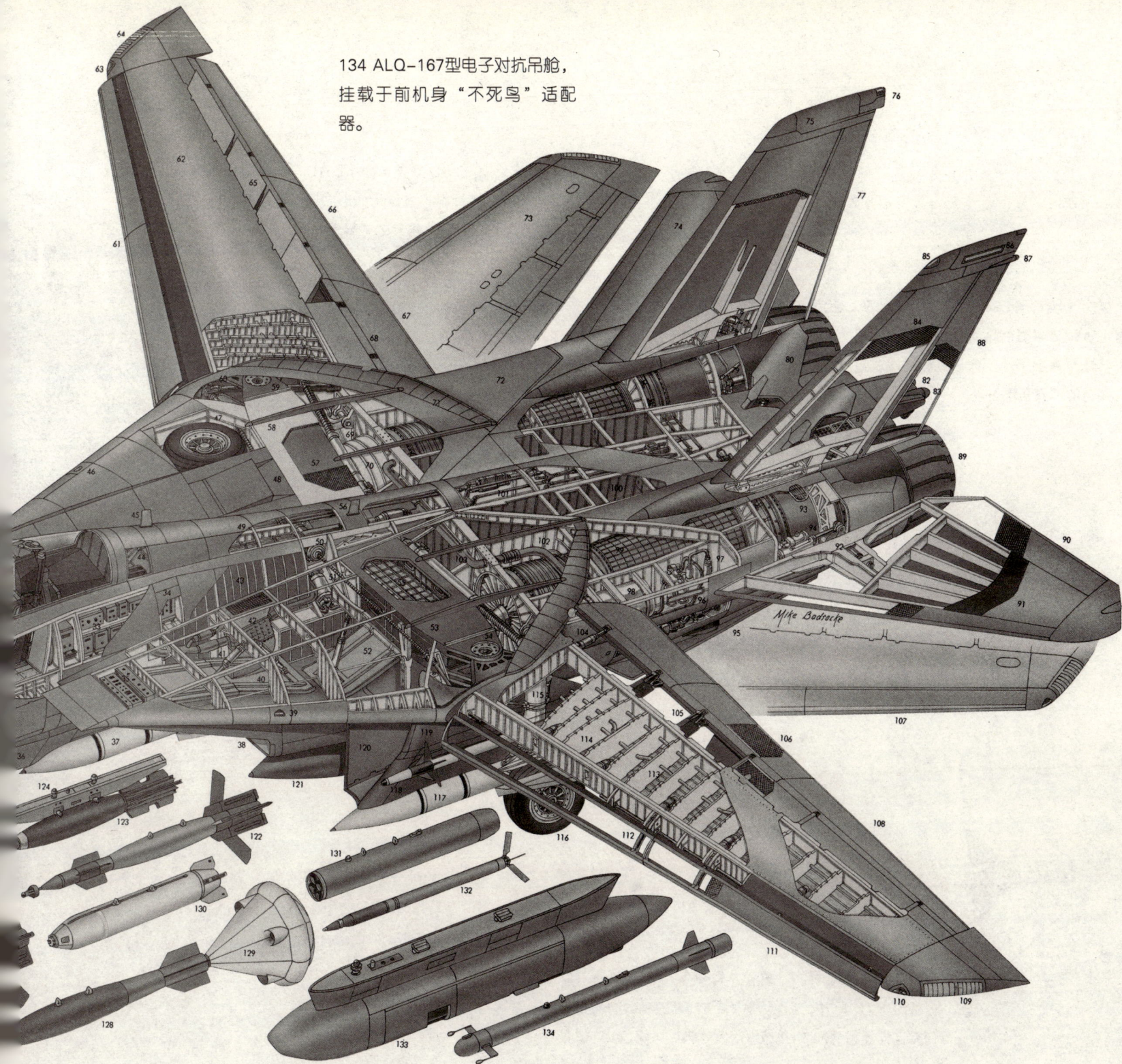

134 ALQ-167型电子对抗吊舱，挂载于前机身"不死鸟"适配器。

Mike Badrocke

F-14后座舱安装有详细数据显示器（DDD）。在脉冲多普勒工作模式下，目标信息以接近率—方位角的形式显示出来；在脉冲工作模式下，目标信息以距离—方位角的形式显示出来。

这架F-14A隶属VF-111"落日"中队。20世纪80年代，这架飞机部署在美国太平洋舰队"卡尔·文森"号（CVN-70）航空母舰上。这架雄猫全身都采用了低可见度的浅灰色涂装。机头和外挂副油箱上绘有深色的"鲨鱼嘴"。

雷声公司的AIM-7"麻雀"导弹是F-14主要的中程（视距外）武器。最初携带的是AIM-7F，后换为AIM-7M，这种导弹通过半主动雷达引导头制导，依靠目标反射的F-14机载雷达信号跟踪目标。

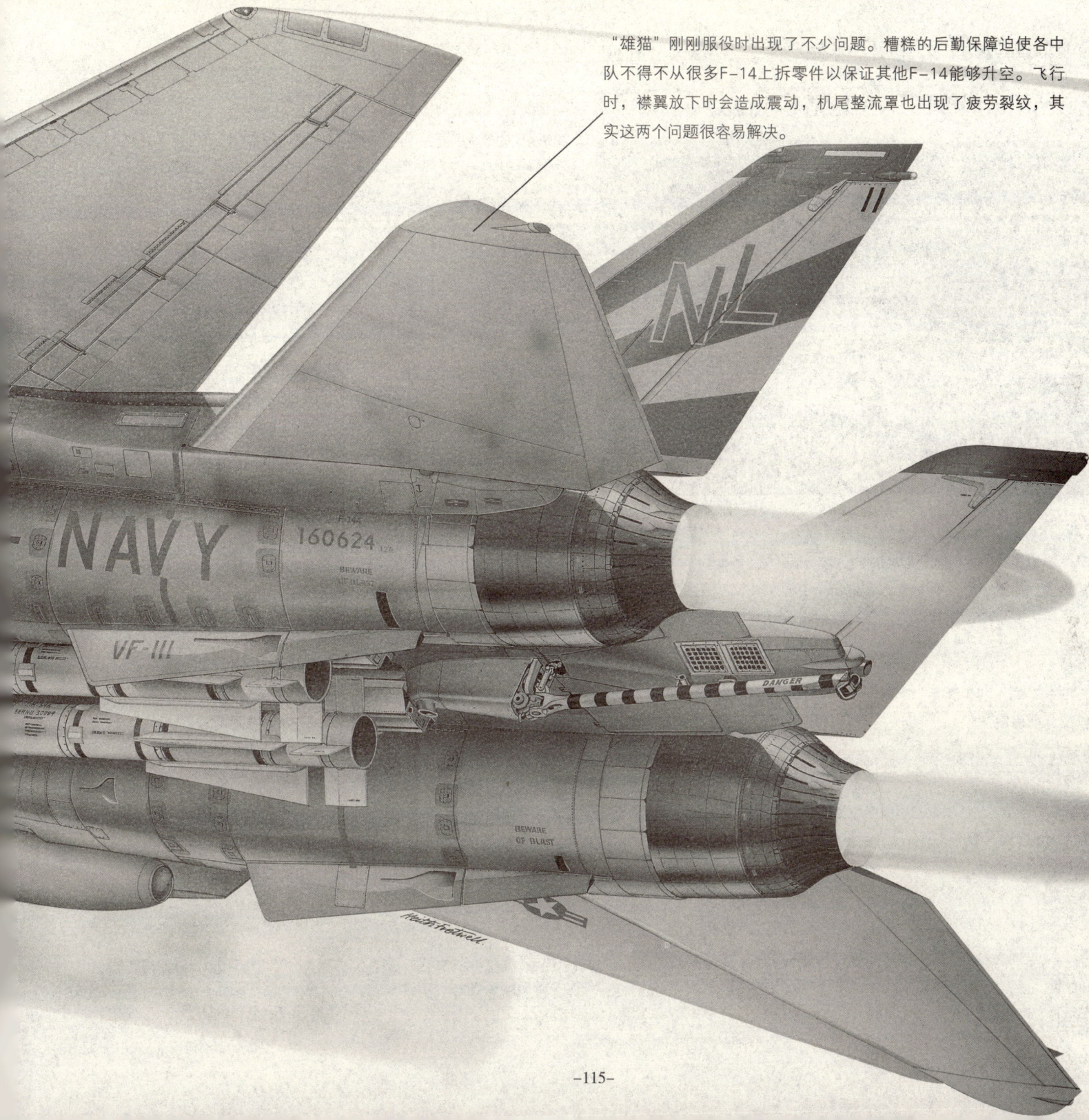

"雄猫"刚刚服役时出现了不少问题。糟糕的后勤保障迫使各中队不得不从很多F-14上拆零件以保证其他F-14能够升空。飞行时，襟翼放下时会造成震动，机尾整流罩也出现了疲劳裂纹，其实这两个问题很容易解决。

NAVY

F-144
160624 12A
BEWARE
OF BLAST

VF-111

BEWARE
OF BLAST

DANGER

NL

格鲁曼公司，F9F "黑豹" / "美洲狮"
Grumman F9F Panther/Cougar

↑F9F-8作为F9F家族的最后一个型号在1957年3月交付美国海军使用。图中这架机号为141140的飞机是F9F的后期型号。它包含了在这种飞机的制造过程中的多种改进措施，其中包括空中加油管、机头下方特高频导航天线以及发射AAM-N-7（后改称AIM-9）"响尾蛇"空对空导弹的能力。

F9F-8（F-9J）"美洲狮"
主要部件剖面图

1 空中加油管；
2 甲板拦阻网导向器；
3 炮口；
4 航炮雷达测距天线（AN/APG-30A）；
5 环状测向天线；
6 测向发射/接收机；
7 电池；
8 稳压器；
9 炮管；
10 特高频导航适配器天线；
11 天线罩；
12 航炮复进簧；
13 M3型20毫米航炮（4门）；
14 头锥拆卸导轨；
15 内侧航炮弹仓（190发）；
16 供弹槽；
17 外侧航炮弹仓；
18 座舱前加压防弹舱壁；
19 前起落架支柱；
20 摆震阻尼器；
21 前轮；

22 扭矩力臂连接器；
23 前轮舱门；
24 右侧前轮舱门上的甚高频天线；
25 交流发电机；
26 前轮舱；
27 座舱地板；
28 方向舵踏板；
29 弹射座椅踏脚板；
30 控制杆；
31 仪表板；
32 仪表板遮盖罩；
33 防弹风挡；
34 雷达航炮瞄准具（Aero 5D-1）；
35 右侧控制台；
36 飞行员弹射座椅；
37 引擎油门控制；
38 可收回的登机梯；
39 穿孔式机腹减速板；
40 减速板液压动作筒；
41 踢开式登机梯；
42 附面层分隔板；
43 左侧进气道；
44 座舱座侧控制台；
45 加压，空调手柄；
46 座舱后密封舱壁；
47 安全带；
48 防护面罩释放手柄；
49 座舱罩滑动导轨；
50 座舱罩；

51 弹射座椅发射导轨；
52 飞行员防弹背板；
53 座舱外部闭锁装置；
54 氧气瓶；
55 设备舱检查门；
56 前机身燃油箱；
57 机身和纵梁；
58 主龙骨；
59 座舱后玻璃；
60 座舱罩滑动动作筒；
61 机翼折叠翼梁铰接部件；
62 机翼折叠液压动作筒；
63 加油口盖；
64 右侧翼刀；
65 机翼主油箱［1063美制加仑（4024升）］；
66 前缘整体燃油箱；
67 右侧航行灯；
68 翼尖整流罩；
69 右侧机翼折叠位置；
70 后缘固定部分；
71 分离式横向操纵扰流器；
72 右侧襟翼；
73 扰流器铰接控制连接装置；
74 扰流器液压动作筒；
75 后翼梁铰接部件；
76 机身蒙皮；
77 机翼翼梁/机身；
78 燃油系统管道；
79 加油口盖；
80 机身后燃油箱；

↑从这架标注着"第206高级训练部队"（ATU-206）的机身上，可以看出F9F-8T型飞机的基本机身加长了86.36厘米，以便容纳第二个座舱。

81 控制钢缆导管；	99 右侧升降舵；
82 后翼梁/机身主结构；	100 处置尾翼翼尖甚高频天线；
83 引擎附属隔舱；	101 方向舵；
84 压气机进气道防护网；	102 方向舵配平；
85 辅助进气门（打开状态）；	103 垂直尾翼/水平尾翼整流罩；
86 普拉特·惠特尼公司J48-P-8A型离心式涡轮喷气引擎；	104 机尾航行灯；
87 后机身分割点（更换引擎）；	105 下方向舵配平翼片；
88 引擎安装主框架；	106 升降舵翼片；
89 引擎燃烧室；	107 左侧升降舵；
90 辅助进气门，打开状态；	108 突角补偿升降舵；
91 耐火舱壁；	109 左侧水平尾翼；
92 喷管热防护套；	110 焊接式水平尾翼交接部件；
93 喷射水箱；	111 水平尾翼调整动作筒；
94 加水口盖；	112 排气管防护罩；
95 机身/尾翼翼根结构；	113 引擎喷管；
96 垂直尾翼附属连接装置；	114 针刺型甲板降落拦阻钩；
97 垂直尾翼；	115 可回收的机尾缓冲器；
98 右侧水平尾翼；	116 翼根后缘条；
	117 甲板降落拦阻钩阻尼器/回收

F9F-2 "黑豹" 技术说明

主要尺寸
长度：37英尺5.375英寸（11.41米）
高度：11英尺4英寸（3.45米）
翼展：38英尺（11.58米）
翼展（折叠）：23英尺5英寸（7.14米）
机翼面积：250英尺²（23.23米²）

动力装置
1台普拉特·惠特尼公司J42-P-4、P-6或者P-8型涡轮喷气引擎，功率（不喷水起飞）5000磅（22.24千牛）；（喷水）5750磅（25.58千牛）

重量
空重：9303磅（4220千克）
载荷：16450磅（7462千克）
最大起飞重量：19494磅（8842千克）

性能
海平面最大速度：575英里/时（925千米/时）
巡航速度：478英里/时（784千米/时）
爬升率：6000英尺（1829千米/时）
实用升限：44600英尺（13594米）
正常航程：1353英里（2177千米）

武器装备
4门20毫米航炮，每门备弹190发。多数F9F-2在后来的现代化改装中加装了4个翼下挂架；内侧挂架可以挂载1000磅（454千克）炸弹或者150美制加仑（568升）副油箱，同时，外侧挂架可以携带250磅（114千克）炸弹或者5英寸（127毫米）折叠翼航空火箭。总载弹量3000磅（1361千克）

F9F-8 "美洲狮" 技术说明

主要尺寸
长度：42英尺2英寸（12.85米）
高度：12英尺3英寸（3.73米）
翼展：34英尺6英寸（10.52米）
翼展（折叠）：14英尺2英寸（4.32米）
机翼面积：337英尺²（31.31米²）

动力装置
1台普拉特·惠特尼公司J48-P-8A或者P-8C型涡轮喷气引擎，功率（不喷水起飞）6250磅（27.80千牛）；（喷水）7250磅（32.25千牛）

重量
空重：11866磅（5382千克）
载荷：20098磅（9116千克）
最大起飞重量：24763磅（11232千克）

性能
最大速度：高度2000英尺时为647英里/时（1041千米/时）
巡航速度：516英里/时（830千米/时）
爬升率：5750英尺（1753米）/时
实用升限：42000英尺（12802米）
正常航程：1208英里（1944千米）
最大航程：1312英里（2111千米）

武器装备
4门航炮加两个挂架，可以挂载1000磅（454千克）炸弹或者150美制加仑（568升）副油箱。后期生产的飞机有4个附加挂架，可以携带"响尾蛇"空对空导弹

蓝天使

这些在1949年8月20日被分配到"蓝天使"表演队使用的飞机是最早进入美国海军服役的F9F-2型飞机。作为这支表演队装备的第一种喷气式飞机，喷气时代的"黑豹"代替了原来的F8F"勇士"，并且被一直使用到1950年。此时为了应对朝鲜战争，该表演队被暂时停飞，并且以他们为核心组建了第191海军战斗机中队。在经过14个月的停飞和与F7U-1"弯刀"型飞机相伴的1952年之后，"蓝天使"和F9F家族一道又回来了。这时表演队选定了F9F-6"美洲狮"为表演用机，但是随着这种型号在1953年的搁浅，他们不得不用F9F-5"黑豹"来代替。直到1955年终于得到"美洲狮"之前，他们一直都在使用"黑豹"。F9F-8（上图）的首次登场是在1955年的巡回航空展览上，从此之后"蓝天使"一直使用这种飞机直到1957年装备F11F-1"虎"型战斗机为止。但这也并不是F9F的最后表演，当"蓝天使"淘汰了F11F-1之后，他们又装备了F9F-8T型飞机（取代了洛克希德公司TV-2）。他们一直使用这种飞机直到1969年"蓝天使"装备麦克唐纳公司的"鬼怪"-II型战斗机。

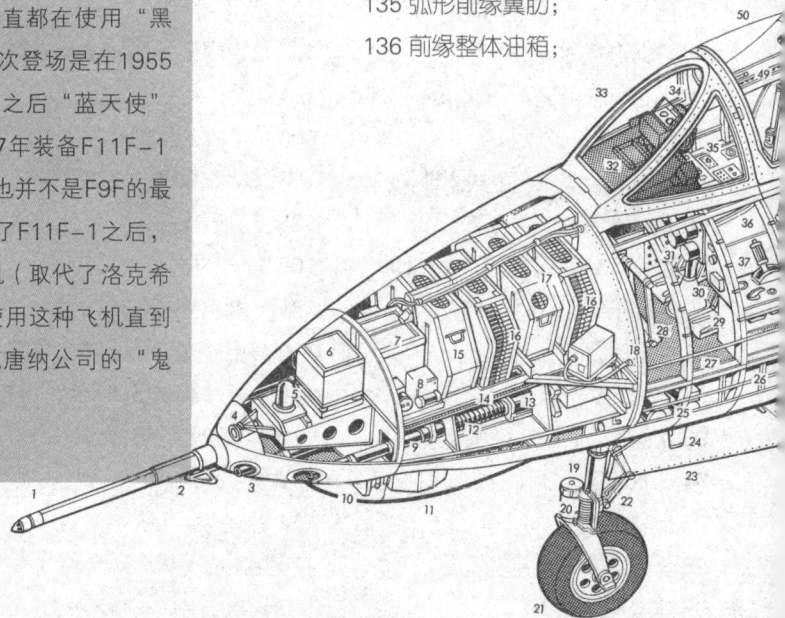

137 机翼武器挂架（4个）；
138 导弹发射导轨；
139 AIM-9B "响尾蛇" 空对空导弹；
140 150美制加仑（568升）副油箱；
141 左侧主轮；
142 燃油箱波纹双蒙皮；
143 主起落架支柱；
144 机翼折叠液压动作筒；
145 主起落架枢轴盒；
146 主翼梁交接连接部件；
147 进气管；
148 起落架液压回收动作筒；
149 机翼折叠锁定动作筒；
150 进气道；
151 着陆/滑行灯；
152 左侧翼刀；
153 锯齿状前缘。

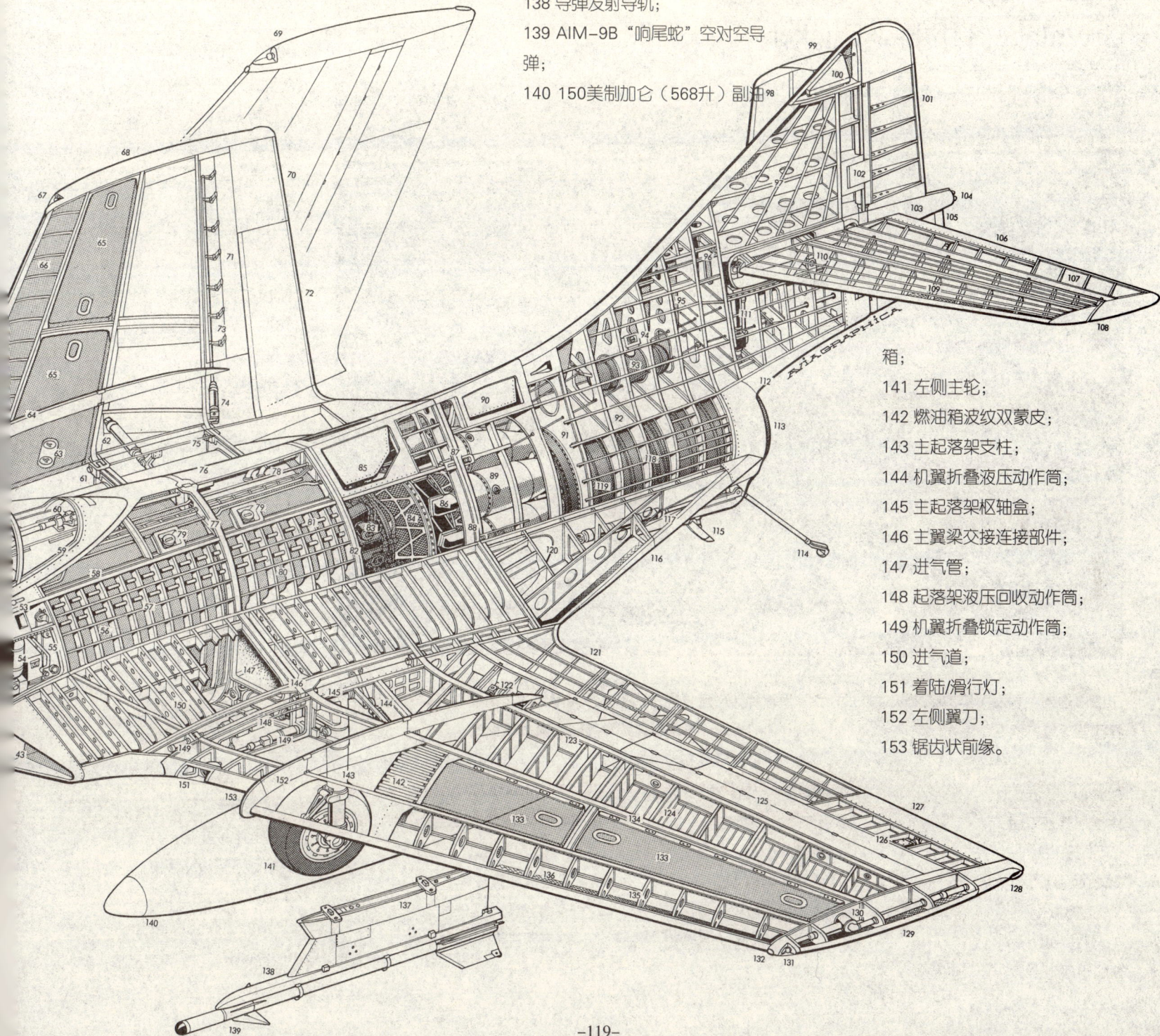

格鲁曼公司，S2F/S-2 "追踪者"
Grumman S2F/S-2 Tracker

↑图中这架美国海军第31反潜机中队的S-2 "追踪者"反潜机展示了用来探测潜艇的传感器，这是一种磁异常探测器，传感器在不使用时缩回到机身里，这种伸缩式设计可以尽量使传感器远离金属机身。

S2F/S-2 "追踪者"
主要部件剖面图
1 右侧航行灯；
2 翼尖整流罩；
3 右侧副翼；
4 副翼弹簧调整片；
5 静电放电器；

6 副翼铰接控制装置；
7 固定前缘缝翼；
8 着陆/滑行灯；
9 副翼/扰流器控制杆；
10 外部襟翼铰接装置；
11 扰流器制动器连接装置；
12 右侧扰流板，延长；

13 单缝富勒式襟翼外段；
14 右侧机翼折叠连接部件（必须要有地面液压动力帮助）；
15 右侧机翼油箱；
16 燃油通风口；
17 前缘控制和钢索滑道；
18 调频天线；

19 引擎附属设备隔舱；
20 后防火墙；
21 引擎进气过滤网；
22 防震引擎安装支架（4个）；
23 复合式引擎罩；
24 右侧副油箱［126美制加仑（477升）］；
25 加拿大普拉特·惠特尼公司PT6A-67AF型引擎；
26 排气管；
27 螺旋桨变桨距控制装置；
28 螺旋桨将毂盖；
29 5叶式定速螺旋桨；
30 引擎进气道；
31 右侧左舱顶应急出口；
32 上方开关和断路器面板；
33 左侧左舱顶应急出口；
34 副驾驶座椅；
35 上方引擎和螺旋桨控制手柄；
36 仪表板照明防护罩；
37 风挡玻璃；
38 双空速管；
39 复合式机头罩；
40 无线电连接盒；
41 双镍镉电池装置；
42 地面电源插座；
43 前起落架转动装置；
44 前起落架支柱门；
45 扭矩力臂连接装置；
46 双前轮；

47 摆震阻尼器；
48 阻力撑杆；
49 前轮舱门；
50 驾驶舱地板；
51 地板下控制连接装置；
52 方向舵踏板；
53 制动主缸；
54 仪表板；
55 中央航空电子设备台；
56 座椅调节装置；
57 迎角传感片；
58 驾驶舱舱壁；
59 飞行员座椅；
60 控制杆手轮；
61 驾驶舱电加热器；
62 机舱门；
63 突出式侧窗玻璃（向下观察）；
64 延迟油箱排空门制动器（4个）；
65 延迟油箱，735英制加仑（3341升）；
66 燃油享通气管；
67 延迟油箱通气进气管（前机舱门）；
68 机舱窗户；
69 机舱顶部入口；
70 右侧应急出口；
71 主液压油箱；
72 机身上部龙骨；
73 前机身；
74 机翼翼梁机身连接双重结构；
75 铰接式内侧前缘；
76 机翼板中心线连接部件；

77 1号甚高频天线；
78 右侧引擎舱压力加油接口/控制面板；
79 右侧内侧单缝襟翼；
80 中央航空电子设备台；
81 左侧机翼油箱；
82 机翼中段后翼梁；
83 后机身氧气瓶；
84 左侧内侧襟翼；
85 机舱后舱壁；
86 自动测向天线；
87 后机身检查口；
88 2号甚高频天线；
89 垂直尾翼翼根条；
90 垂直尾翼附属连接部件；
91 右侧水平尾翼；
92 涡流发生器；
93 右侧升降舵；
94 静电放电器；
95 升降舵翼片；
96 垂直尾翼翼梁/翼肋；
97 甚高频全向无线电信标定位器/下滑范围天线；
98 防撞灯；
99 方向舵配平；
100 静电放电器；
101 电动方向舵调整装置/方向舵液压助力装置；
102 方向舵翼肋；
103 方向调整伺服调整片杆；
104 方向舵伺服调整片；
105 升降舵控制杆和连接器；
106 方向舵调整动作筒整流罩；
107 水平尾翼翼肋；

108 左侧升降舵；
109 升降舵平衡片；
110 调整片；
111 升降舵配平；
112 震动缓冲器；
113 机尾航行灯；
114 机尾整流罩，代替磁异探测器整流罩；

115 机尾缓冲器；
116 垂直尾翼和水平尾翼安装主结构；
117 控制钢缆滑道；
118 后机身和纵梁；
119 引擎舱后整流罩；
120 左侧机翼折叠连接部件（必须要有地面液压动力帮助）；

S-2E "追踪者" 技术说明

主要尺寸
长度：43英尺6英寸（13.26米）
高度：16英尺7英寸（5.06米）
翼展：72英尺7英寸（22.13米）
机翼折叠状态的翼展：27英尺4英寸（8.33米）
机翼面积：496.00英尺²（46.08米²）
机翼弦比：10.63
轮距：18英尺6英寸（5.64米）
动力装置
2台沃特公司R-1820-82 WA Cyclones型引擎，单台功率1525马力（1137千瓦）
重量
空重：18750磅（8505千克）
正常起飞重量：24413磅（11074千克）
最大起飞重量：29150磅（13222千克）
燃油与载荷
机内燃油：4368磅（1981千克）
最大载荷：4810磅（2182千克）
性能
海平面最大平飞速度：230节（265海里/时；426千米/时）
在适宜高度的巡航速度：180节（207海里/时；333千米/时）
1500英尺（457米）高度巡航速度：130节（150英里；241千米）
转场航程：1130海里（1301英里；1094千米）
航程：1000海里（1152英里；1853千米）
续航时间：9小时
海平面最大爬升率：1390英尺（425米）/分
实用升限：21000英尺（6400米）
最大起飞重量时起飞滑跑距离：1300英尺（369米）
武器装备
早期的"追踪者"可以携带1枚Mk34，或者1枚Mk41，或者2枚Mk43型鱼雷，或者在机腹炸弹舱内携带1枚Mk24型水雷，或者4枚Mk19型水雷，或者4枚Mk43型鱼雷，或者4枚Mk54型深水炸弹，或者在翼下携带6枚折叠翼航空火箭。S-2F-2型有一个加大的炸弹舱，可以携带Mk90型核深水炸弹；这种炸弹很快被绰号为"露露"的Mk-101型所代替。后期型号的飞机还可以携带火箭发射吊舱，Mk44或者Mk46型鱼雷或者Mk57型核武器。出口型号根据用户的不同要求加装了包括航炮吊舱、空对地导弹在内的武器以满足客户的独特需要

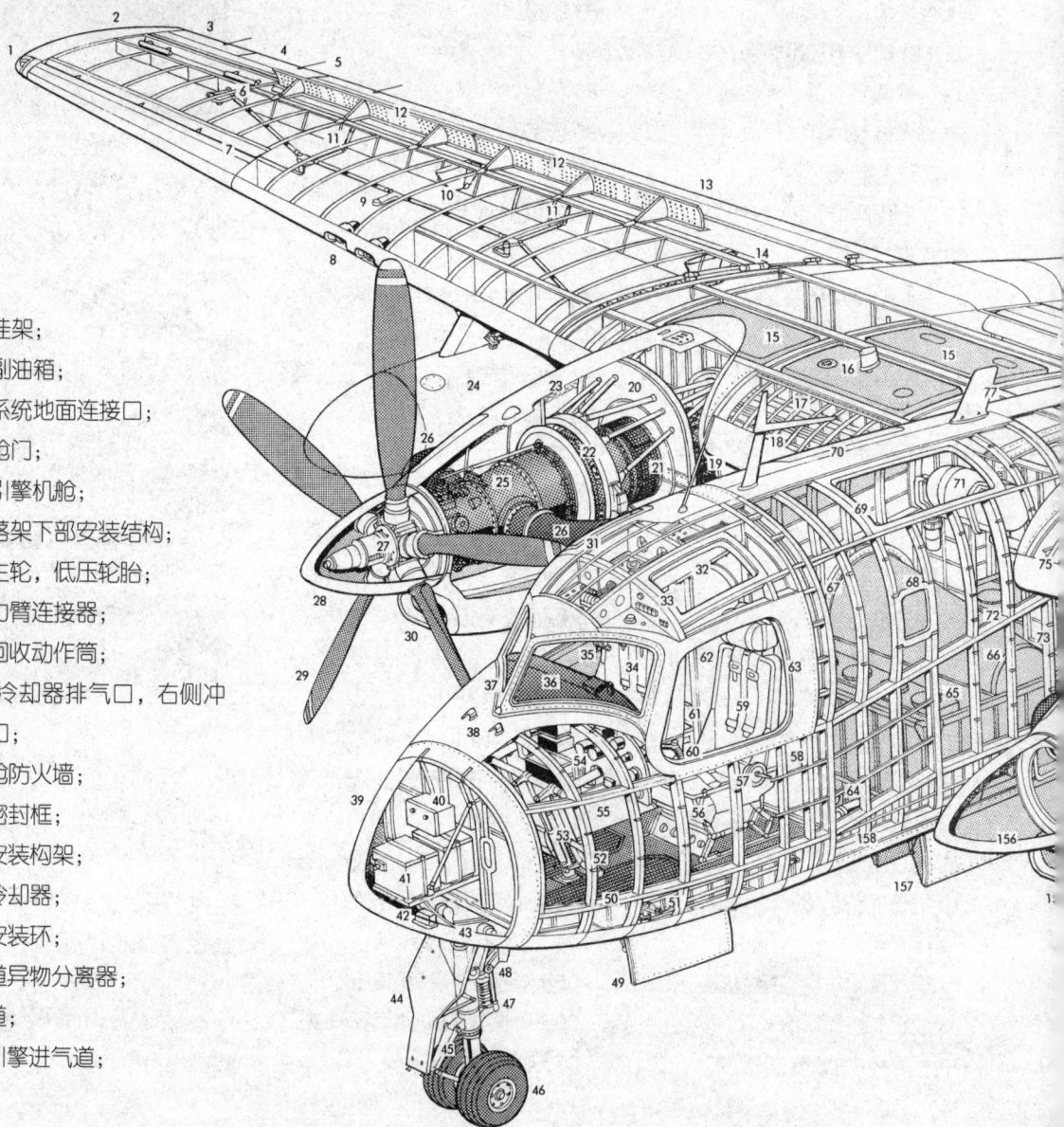

156 左侧螺旋桨将毂盖；

157 延迟油箱排空门制动器（4个）；

158 机身舱门缝隙龙骨。

↑格鲁曼公司设计生产的机身短粗的S2F"追踪者"（通常称之为"斯托夫"）一出现，就成了第一种集潜艇猎人和杀手于一身的航空母舰舰载机。这种飞机不仅受到美国海军的青睐，而且大量出口到其他国家并且衍生出许多的不同型号。

121 安装在引擎短舱内的轮胎充气瓶；

122 外侧机翼后翼梁；

123 左侧扰流器舱；

124 襟翼翼肋；

125 左侧外侧单缝襟翼；

126 静电放电器；

127 副翼质量补偿配重；

128 左侧副翼；

129 副翼弹簧调整片；

130 电操纵调整片；

131 翼尖整流罩；

132 左侧航行灯；

133 静电杆；

134 固定前缘缝翼翼肋；

135 副翼控制杆；

136 左侧机翼翼肋；

137 外侧机翼半跨度前翼梁；

138 油箱挂架；

139 左侧副油箱；

140 液压系统地面连接口；

141 主轮舱门；

142 左侧引擎机舱；

143 主起落架下部安装结构；

144 左侧主轮，低压轮胎；

145 扭矩力臂连接器；

146 液压回收动作筒；

147 滑油冷却器排气口，右侧冲压式进气口；

148 引擎舱防火墙；

149 防火密封框；

150 引擎安装构架；

151 滑油冷却器；

152 引擎安装环；

153 进气道异物分离器；

154 进气道；

155 左侧引擎进气道；

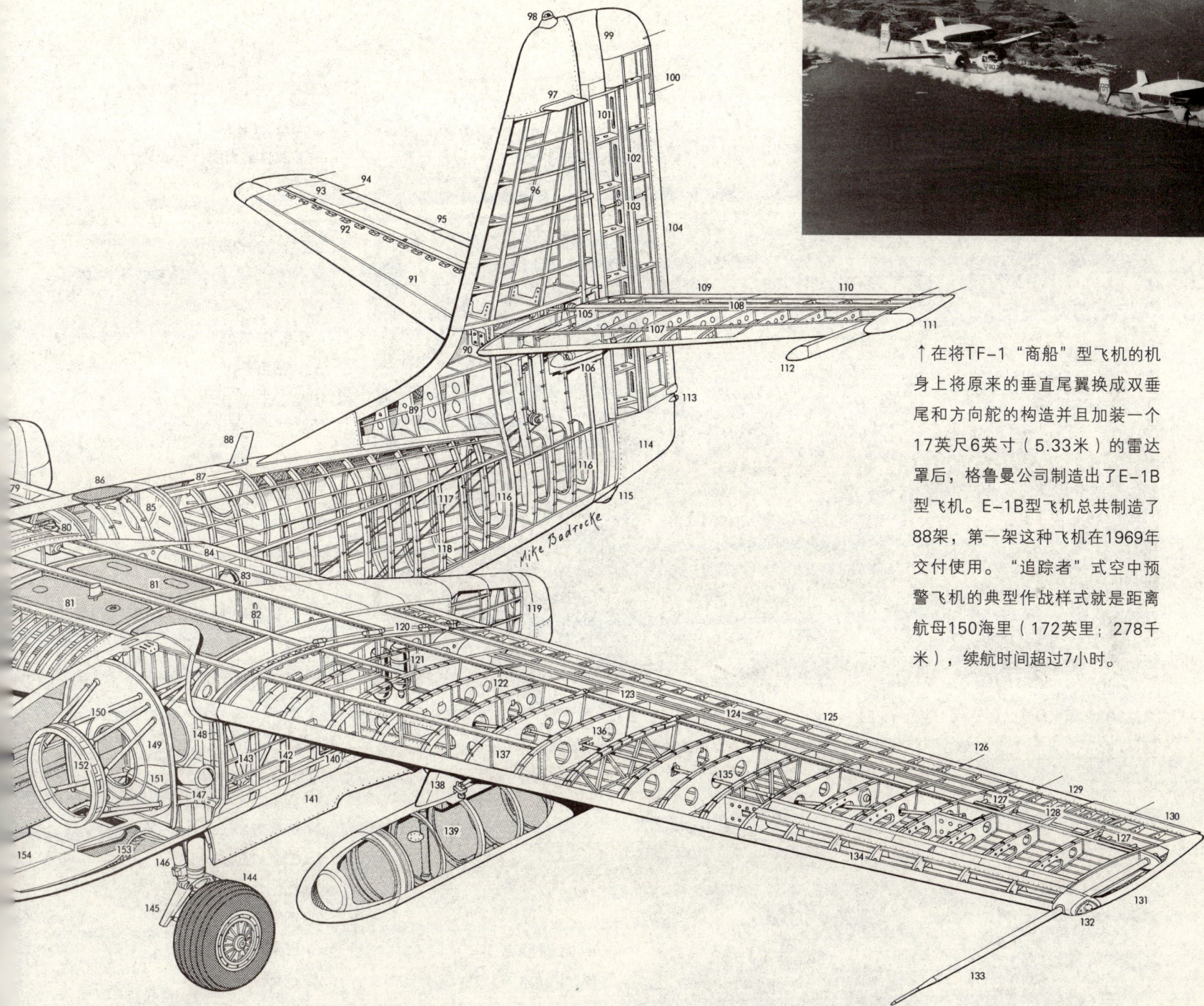

↑在将TF-1"商船"型飞机的机身上将原来的垂直尾翼换成双垂尾和方向舵的构造并且加装一个17英尺6英寸（5.33米）的雷达罩后，格鲁曼公司制造出了E-1B型飞机。E-1B型飞机总共制造了88架，第一架这种飞机在1969年交付使用。"追踪者"式空中预警飞机的典型作战样式就是距离航母150海里（172英里；278千米），续航时间超过7小时。

Mike Badrocke

霍克公司，"海怒"
Hawker Sea Fury

↑第803和第883舰队航空兵中队分别在1946年和1948年解散，随后这两支部队变成了皇家加拿大海军下属的部队。这两支部队装备"海怒"型飞机，并且被重新编号为皇家加拿大海军第870和第871中队。

←朝鲜战争期间，一架"海怒"FB.Mk 11型飞机挂上了弹射装置，开足马力等待升空命令。

"海怒"FB.Mk 11
重要部件剖面图
1 螺旋桨桨毂盖；
2 5叶式定速螺旋桨，直径12英尺9英寸（3.89米）；
3 螺旋桨桨毂螺距改变机械装置；
4 桨毂盖护板；
5 引擎罩环；
6 冷却进气口；
7 螺旋桨减速齿轮护套；
8 可拆卸引擎罩；
9 布里斯托尔"人马座"Mk18型18缸风双排冷星形引擎；
10 排气管；
11 汽化器进气口；
12 右侧20毫米"西斯帕诺"Mk5型航炮；
13 复进簧；
14 炮口；
15 60磅（27千克）对地攻击火箭；
16 无定向火箭发射导轨；
17 机翼折叠动作筒；
18 机翼折叠闭锁机械；
19 右侧外侧机翼；
20 右侧航行灯；
21 翼尖整流罩；
22 右侧副翼；
23 副翼铰接控制装置；
24 按钮控制杆；

25 副翼弹簧调整片；
26 可回收的着陆滑行灯；
27 弹仓（左右各290发）；
28 右侧机翼折叠位置；
29 外侧打开式后缘襟翼；
30 供弹鼓水泡式整流罩；
31 航炮炮尾；
32 滑油箱［14英制加仑（63.65升）］；
33 引擎火药启动器；
34 引擎轴承支柱；
35 液压油箱；
36 辅助驱动齿轮箱；
37 引擎冷却进气口；
38 机翼前翼梁附属连接部件；
39 耐火引擎舱壁；
40 机身双重结构；
41 主燃油箱；
42 燃油箱通风口；
43 加油口盖；
44 机身上部龙骨；
45 方向舵踏板；
46 辅助机身燃油箱［30英制加仑（136升）］；

47 机身底部龙骨；
48 机翼后翼梁附属连接部件；
49 氧气瓶；
50 控制杆；
51 仪表板；
52 防弹风挡；
53 Mk 4B型反光镜式瞄准具；
54 座舱罩；
55 飞行员右侧控制台；
56 飞行员座椅；
57 引擎油门和螺旋桨控制手柄；
58 无线电设备；
59 左侧控制台；
60 座椅靠背防弹板；
61 安全带；
62 头枕；
63 防弹头枕靠背；
64 滑动式座舱罩；
65 座舱罩导轨；
66 水平尾翼控制杆；
67 后机身连接结构；
68 鞭状天线；
69 机身蒙皮；
70 升降舵推拉控制杆；

"海怒" F.Mk X技术说明

主要尺寸
长度：34英尺3英寸（10.44米）
翼展：38英尺4.5英寸（11.70米）
翼展（折叠）：16英尺1英寸（4.90米）
机翼面积：280英尺²（26.01米²）
动力装置
1台布里斯托尔"人马座"Mk18型18缸风冷星形引擎，功率2480马力（1849千瓦），驱动1个Rotol型4叶式螺旋桨
重量
空重：9070磅（4114千克）
载荷：10660磅（4835千克）
性能
18000英尺（5486米）最大速度：465英里/时（748千米/时）
爬升至30000英尺（9144米）：9分48秒
航程（净）：710英里（1142千米）
实用升限：36180英尺（11028米）
武器装备
4门20毫米"西斯帕诺"Mk5型航炮

"海怒" FB.Mk 11技术说明

主要尺寸
长度：34英尺3英寸（10.44米）
翼展：38英尺4.5英寸（11.70米）
翼展（折叠）：18英尺2英寸（5.54米）
机翼面积：280英尺²（26.01米²）
动力装置
1台布里斯托尔"人马座"Mk18型18缸风冷星形引擎，功率2480马力（1849千瓦），驱动1个Rotol型4叶式螺旋桨
重量
空重：9240磅（4191千克）
载荷：12300磅（5579千克）
性能
18000英尺（5486米）最大速度：450英里/时（724千米/时）
爬升至30000英尺（9144米）：10分48秒
航程（净）：810英里（1304千米）
实用升限：37800英尺（11521米）
武器装备
4门20毫米"西斯帕诺"Mk5型航炮。机翼下挂架可携带2枚500磅或者1000磅（227千克或者454千克）炸弹（或者携带相同重量的凝固汽油弹或水雷），或者12枚25磅（11千克）火箭弹

←从这架FB.Mk 11型飞机可以看出，"海怒"火箭助推起落装置可以安装在飞机机翼的后部。

71 水平尾翼附属连接结构；

72 垂直尾翼翼根边条；

73 右侧水平尾翼；

74 右侧升降舵；

75 垂直尾翼；

76 垂直尾翼弧形前缘；

77 首柱；

78 方向舵；

79 质量平衡配重；

80 方向舵片；

81 甲板降落拦阻钩；

82 升降舵调整片；

83 左侧升降舵；

84 水平尾翼；

85 水平尾翼翼梁连接部件；

86 方向舵铰接控制装置；

87 机尾航行灯；

88 甲板降落拦阻钩附属连接装

置；

89 尾轮液压回收动作筒；

90 尾轮；

91 尾轮舱门；

92 后机身双层舱壁；

93 尾轮舱；

94 尾轮舱壁；

95 机身和纵梁；

96 方向舵推拉控制杆；

97 遥控罗盘发信机；

98 机腹天线；

99 把手；

100 无线电发射接收机；

101 后缘翼根边条；

102 可回收的马镫式登机梯；

103 内侧打开式后缘襟翼；

104 襟翼罩；

105 航炮加热器导管；

106 内侧弹仓（145发）；

107 供弹导轨；

108 左侧英国20毫米"西斯帕诺"Mk5型航炮；

109 供弹鼓；

110 外侧弹仓（145发）；

111 外侧打开式后缘襟翼；

112 左侧可收回的着陆/滑行灯；

113 副翼弹簧调整片；

114 副翼；

115 翼尖整流罩；

116 左侧航行灯；

117 空速管；

118 后翼梁；

119 机翼翼肋；

120 主翼梁；

121 前端翼梁；

122 1000磅（454千克）高爆炸弹；

123 60磅（27千克）对地攻击火箭；

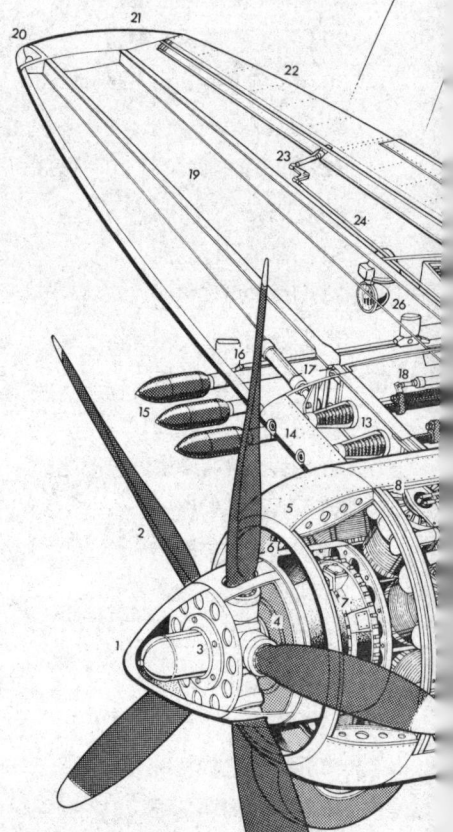

↓这架"海怒"FB.MK 11型飞机的尾翼上带有符号"O"，这是英国皇家海军"海洋"号航空母舰的特有标志。在朝鲜战争期间，该型飞机曾经多次从"海洋"号上起飞执行任务。这架飞机的机翼和机身上涂有黑白条图案，显得特别醒目。请注意机身上为方便飞行员登机而设计的内嵌式脚蹬凹槽。

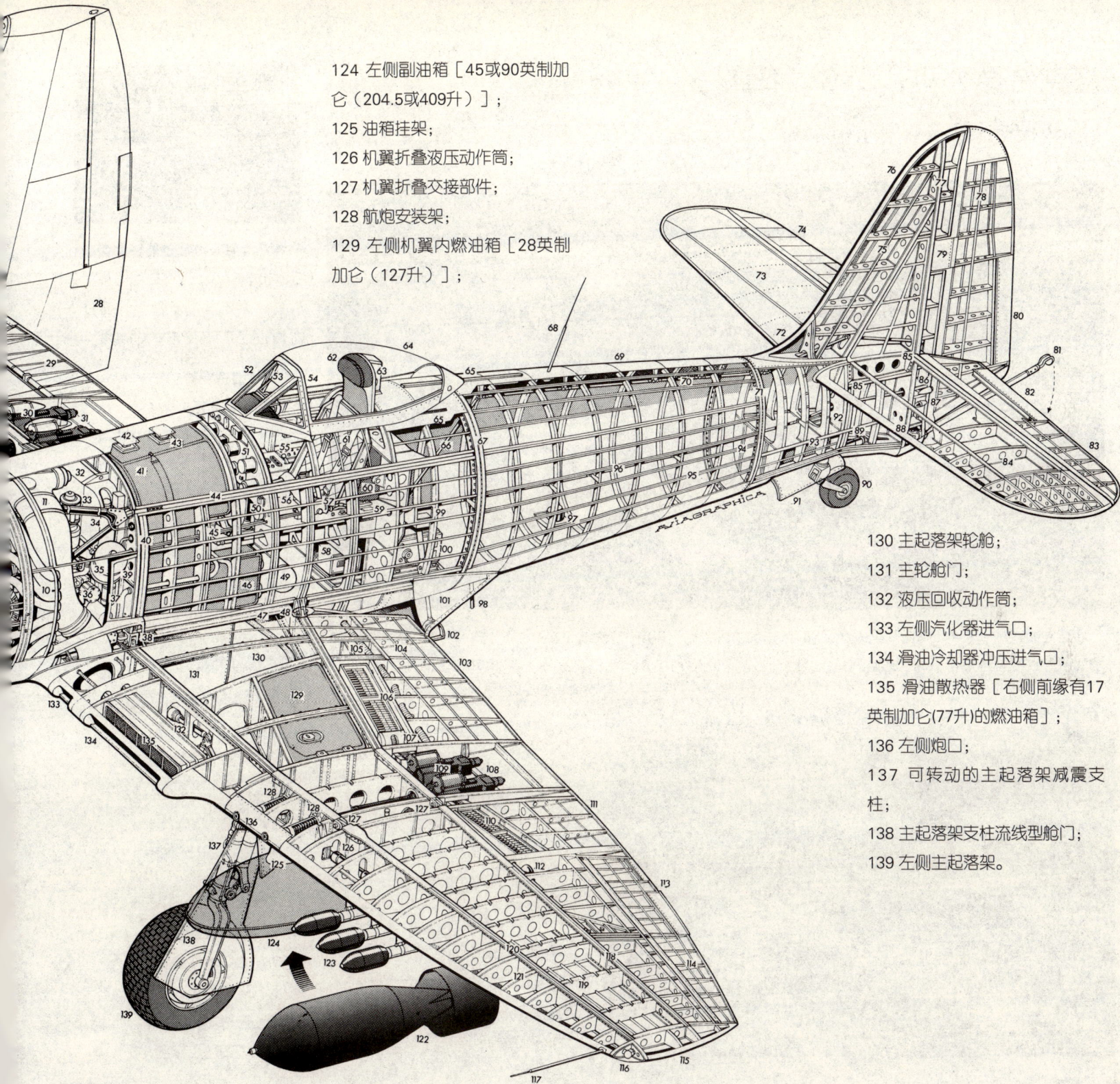

124 左侧副油箱［45或90英制加
仑（204.5或409升）］；

125 油箱挂架；

126 机翼折叠液压动作筒；

127 机翼折叠交接部件；

128 航炮安装架；

129 左侧机翼内燃油箱［28英制
加仑（127升）］；

130 主起落架轮舱；

131 主轮舱门；

132 液压回收动作筒；

133 左侧汽化器进气口；

134 滑油冷却器冲压进气口；

135 滑油散热器［右侧前缘有17
英制加仑(77升)的燃油箱］；

136 左侧炮口；

137 可转动的主起落架减震支
柱；

138 主起落架支柱流线型舱门；

139 左侧主起落架。

洛克希德公司，S-3 "海盗"
Lockheed S-3 Viking

↑洛克希德公司希望能够向德国和日本出售S-3；最终，德国依然保留其"大西洋"反潜机；而日本则购进了P-3反潜机。

S-3B"海盗"
主要部件剖面图
1 向上打开的玻璃纤维雷达罩；
2 雷达防护罩；
3 AN/APS（V）1型雷达；
4 可旋转雷达座；
5 可收回的空中加油管；
6 风挡雨刷；
7 风挡除冰液储存箱；
8 前识别灯；
9 座舱前密封舱壁；
10 前起落架枢轴固定点；
11 弹射钢索连接装置；
12 前轮拖曳连接摇臂；
13 机舱空调和压力溢出阀；
14 空速管；
15 座舱盖外部开启装置；
16 方向舵踏板；
17 仪表板；
18 仪表板遮盖罩；
19 电加热风挡玻璃；
20 上方开关面板；
21 第二飞行员座椅；
22 战术协调官工作台；

↑原计划制造的199架"海盗"只生产了187架，其中大约有119架被改进成了S-3B型飞机。剩下的8架老型号的飞机是试制型的原型机和实验用飞机。最终，S-3型飞机在1978年停产。

←在帕姆代尔的停机坪有第1、第3、第5和第7架S-3A原型机以及第1架生产型飞机。其中第5架原型机正在进行试飞前的准备。

23 飞行员逃生1-E型弹射座椅；

24 座椅安装框架/弹射导轨；

25 可抛弃的侧窗；

26 电发光编队灯；

27 引擎油门手柄；

28 OR-89AA型红外设备舱，右侧为雷达设备舱；

29 可收回的前视红外转塔；

30 前视红外转塔舱门；

31 辅助动力设备舱，乘员登机门在右侧；

32 辅助动力设备排气管；

33 左侧武器舱门；

34 机舱空调送风口；

35 倾斜座椅安装舱壁；

36 带有可旋转的人造偏光板的侧窗；

37 声呐操作员左翼；

38 声呐操作员仪表台；

39 战术协调官座椅；

40 电路断路器面板；

41 后乘员隔舱/弹射逃生口；

42 特高频L波段，特高频/敌我识别天线；

43 甚高频天线；

44 固定内机翼整体油箱，1900美制加仑（7192升）；

45 引擎灭火器瓶；

46 右侧引擎挂架；

47 CNU-264型货物吊舱；

48 除冰空气管；

49 右侧机翼折叠铰接连接和旋转制动器；

50 前缘扭矩轴和制动连接装置；

51 已经放下的右侧前缘；

52 前方和侧前方电子对抗天线；

53 右侧航行灯；

54 翼尖电子对抗设备吊舱；

55 后方和侧后方电子对抗天线；

↑ "海盗"在2002年获得了新生。它被赋予了新的反舰和对地攻击任务，并且还扮演了越来越重要的空中加油角色。其中的一些飞机将被永久性改装为空中加油机，这种新的飞机可能被命名为KS-3B。

S-3A "海盗" 技术说明

主要尺寸

翼展：68英尺8英寸（20.93米）

翼展（折叠）：29英尺6英寸（8.99米）

机翼面积：598.00英尺²（55.56米²）

净长度：53英尺4英寸（16.26米）

长度（机尾折叠）：49英尺5英寸（15.06米）

净高度：22英尺9英寸（6.93米）

高度（机尾折叠）：15英尺3英寸（4.65米）

动力装置

2台通用电气公司TF34-GE-2型涡轮风扇引擎，单台推力（不喷水起飞）9275磅（41.26千牛）

重量

空重：26650磅（12088千克）

正常起飞重量：42500磅（19277千克）

最大起飞重量：52540磅（23832千克）

燃油与载荷

机内燃油：12863磅（5753千克）

外挂燃油：可挂载两个300美制加仑（1136升）副油箱

最大载弹量：7000磅（3175千克），其中4000磅（1814千克）装于机身内

性能

海平面最大净平飞速度：439节（506英里/时；814千米/时）

在适宜高度最大巡航速度：超过350节（4503英里/时；649千米/时）

在适宜高度的巡逻速度：160节（184英里/时；296千米/时）

转场航程：超过3000海里（3454英里；5558千米）

作战半径：超过945海里（1088英里；1751千米）

续航时间：7小时30分

海平面最大爬升率：超过4200英尺（1280米）/分

实用升限：超过35000英尺（10670米）

武器装备

S-3B在其机身的"角落"里有两个机内武器舱。这两个武器舱可以携带4枚Mk46、50型鱼雷，4枚Mk36、62或82型炸弹/爆炸装置，或者2枚B57型核深弹（现在已不再装备美国海军航空母舰）。每个机翼外侧挂点可以挂载2枚Mk52、55、56或者60型水雷，6枚Mk36、62或82型爆炸装置/炸弹，6枚ADM-141型诱饵或者AGM-84"鱼叉"或AGM-84E"斯拉姆"导弹。在扮演空中加油角色时，它可以在左侧机翼下挂载一个D-704型吊舱，在右侧机翼下挂载一个300美制加仑（1135升）的副油箱

62 襟翼导轨；
63 自动测向天线；
64 航空电子设备架，左右侧；
65 右侧武器舱；
66 设备舱中央通道；

67 左侧武器舱；
68 BRU-14A型炸弹架；
69 通用自动计算机；
70 "冷板"航空电子设备冷却进气口；

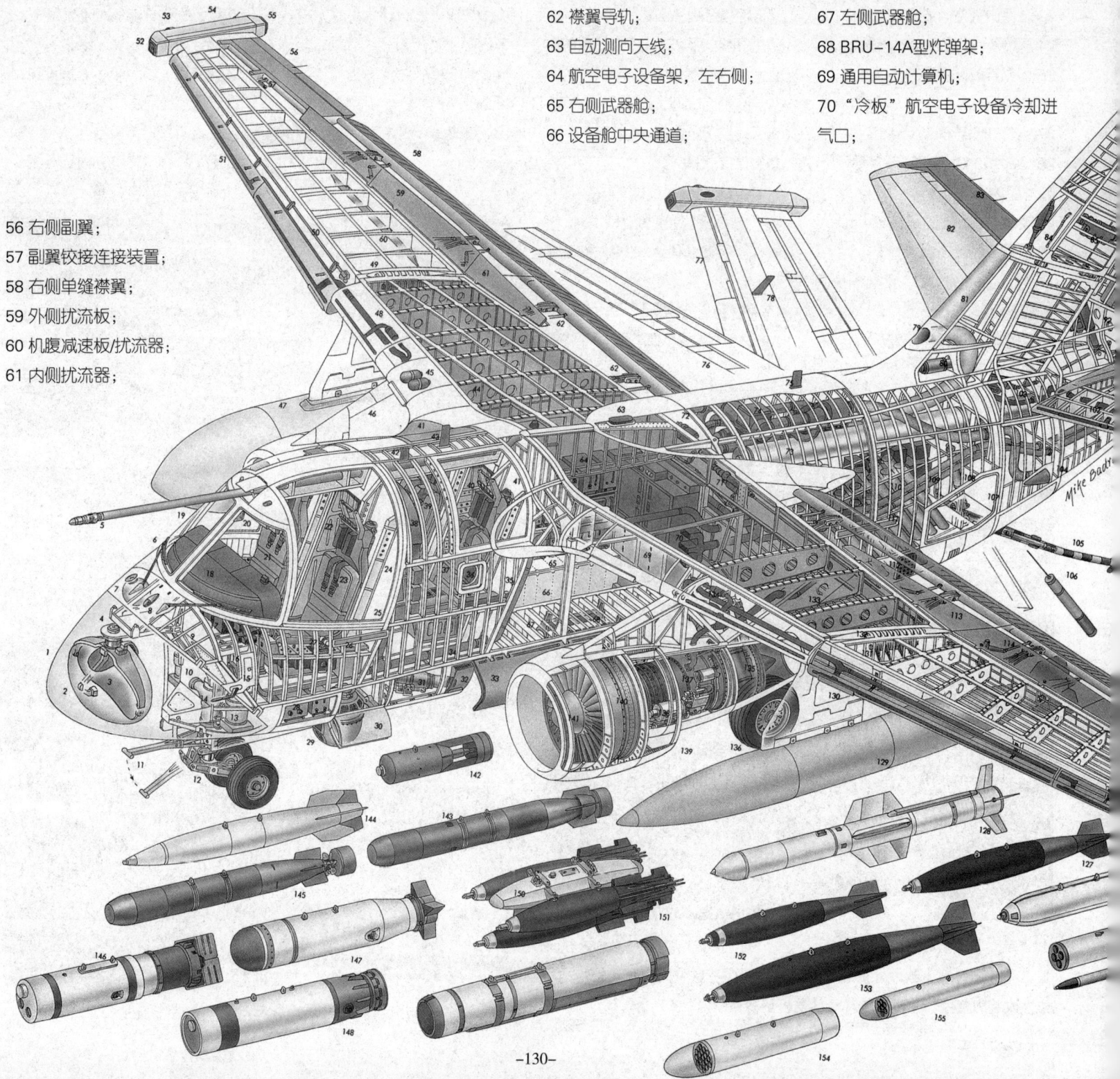

56 右侧副翼；
57 副翼铰接连接装置；
58 右侧单缝襟翼；
59 外侧扰流板；
60 机腹减速板/扰流器；
61 内侧扰流器；

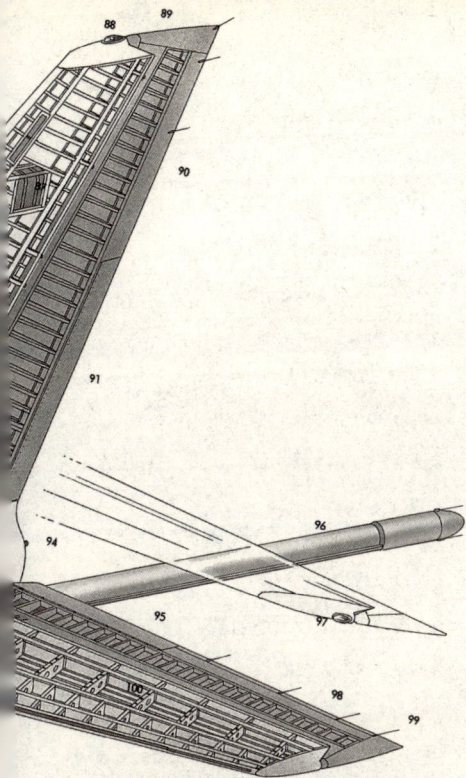

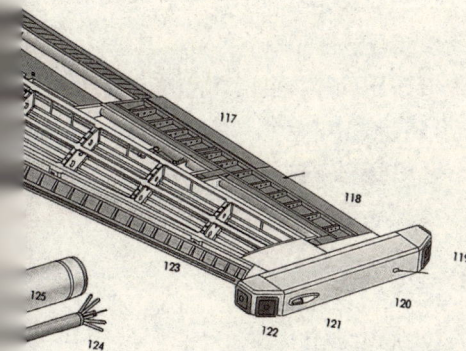

71 控制面制动器，后翼梁的后表面的副翼和扰流板；

72 中央襟翼驱动装置；

73 磁异探测器；

74 空调设备；

75 特高频L波段通信/"塔康"天线；

76 右侧机翼非对称折叠位置；

77 左侧机翼非对称折叠位置；

78 机翼下声呐浮标相关天线；

79 空气系统热交换器冲压式进气口；

80 高频调谐器；

81 嵌入式高频天线；

82 右侧可调水平尾翼；

83 右侧升降舵；

84 垂直尾翼折叠液压动作筒；

85 方向舵液压制动器；

86 垂直编队灯；

87 声呐浮标参考/接收天线；

88 防撞灯；

89 控制面突角补偿配重；

90 方向舵调；

91 方向舵调整片；

92 可调水平尾翼液压制动器；

93 升降舵铰接式连接装置；

94 机尾航行灯；

95 升降舵调整片；

96 可收回的磁异探测器；

97 垂直尾翼折叠位置；

98 左侧升降舵；

99 静电放电器；

100 左侧可调水平尾翼；

101 燃油通风管/排有油管；

102 水平尾翼除冰空气管；

103 升降舵液压制动器；

104 热交换器排气管；

105 甲板降落拦阻钩；

106 声呐浮标；

107 地面/甲板设备储存间航空电子设备舱在右侧；

108 甲板降落拦阻钩液压动作筒和缓冲器；

109 燃油通气/排放管；

110 声呐浮标发射器（60枚）；

111 航行灯；

112 金属箔条/闪光弹投放器，左右各一；

113 左内侧扰流板；

114 襟翼制动连接和导轨；

115 左侧单缝襟翼；

116 外侧扰流板；

117 副翼调整片；

118 左侧副翼；

119 后方/侧后方电子对抗天线；

120 左侧翼尖电子对抗吊舱；

121 左侧航行灯；

122 前方/侧前方电子对抗天线；

123 已放下的左侧襟翼；

124 4.5英寸折叠翼航空火箭；

125 LAU-10 "诅尼"火箭发射器；

126 Mk7型集束弹箱，CBU-59型杀伤毁伤集束炸弹或者Mk20 石眼"-2型炸弹；

127 Mk83型1000磅高爆炸弹；

128 AGM-84 "鱼叉"；

129 Acro 1D型300美制加仑（1136升）副油箱；

130 左侧机翼挂架；

131 机翼折叠旋转动作筒，液压驱动；

132 机翼折叠铰接连接装置；

133 左侧机翼整体油箱；

134 引擎压气机进气道；

135 主轮支柱；

136 左侧主轮；

137 通用电气公司TF34-GE-400型涡轮风扇引擎；

138 引擎附属设备；

139 风扇空气排气管；

140 风扇机匣；

141 进气道唇除冰空气管；

142 Mk54型350磅深水炸弹；

143 Mk50型 "梭鱼" 鱼雷；

144 Mk57型 "特殊" 武器；

145 Mk46型鱼雷；

146 Mk52型水雷；

147 Mk55型锚雷；

148 Mk56型水雷；

149 Mk60 "捕捉者" 水雷；

150 三联装弹射炸弹架；

151 Mk36型自毁水雷；

152 Mk82型500磅高爆炸弹；

153 Mk84型2000磅高爆炸弹；

154 LAU-69型19联装2.75英寸火箭发射器；

155 LAU-68型7联装2.75英寸火箭发射器。

麦克唐纳·道格拉斯公司/英国宇航公司，"鹞"II
McDonnell Douglas/BAE Harrier II

↑AV-8B "鹞" II飞机。

AV—8B "鹞" II
主要部件剖面图

1 玻璃纤维雷达天线罩；
2 平板式雷达扫描装置；
3 扫描跟踪装置；
4 雷达固定舱壁；
5 前视红外线系统；
6 APG – 65型雷达模块；
7 前俯仰操纵喷嘴；
8 空速管，左右各一；
9 座舱前密封舱壁；
10 俯仰感应装置和配平制动器；
11 偏航翼；
12 一体式弧形风挡玻璃；
13 仪表板遮盖罩；
14 方向舵踏板；
15 地板下航空电子设备舱、空气数据计算机和惯性导航设备；
16 电发光/夜视飞行眼镜编队灯板；
17 驾驶杆；
18 引擎油门和喷嘴角度控制手柄；
19 带有全色多功能阴极射线管显示器的仪表板；
20 驾驶员抬头显示器；
21 带有微型导爆索应急开关的滑动座舱盖；
22 UPC/Stancel I轻型弹射座椅；
23 座舱截面构架；
24 倾斜座椅支座后密封舱壁；
25 进气口附面层隔板；
26 左侧进气道；
27 着陆/滑行灯；
28 摇臂式前轮，收放时可缩短；
29 进气道辅助进气门，自动开启；
30 前轮液压收放动作筒；
31 液压系统蓄力器；
32 可拆卸的空中受油管；
33 座舱空调组件；
34 进气口附面层空气溢出管；
35 热交换器冲压进气口；
36 罗尔斯·罗伊斯公司F402 – RR – 408A "飞马" 11 – 61型涡轮风扇引擎；
37 引擎全自动数字控制装置；
38 上方编队灯板；
39 辅助设备变速箱；
40 交流发电机；
41 引擎滑油箱；
42 机身前部油箱；
43 液压系统地面接口和引擎监控/记录装置；
44 机身辅助升力边条；
45 前部无缝（风扇气流）可旋转喷管；
46 中央机身油箱；
47 喷管轴承；
48 燃气涡轮起动机/辅助动力装

置；

49 前缘根部延伸部分；

50 引擎舱通风进气口；

51 机翼中央段整体油箱；

52 右侧机翼整体油箱；

53 燃油输送和通风管道；

54 右侧武器挂架；

55 雷达告警接收机天线；

56 右侧航行灯；

57 滚转控制反作用气阀，上下喷嘴；

58 翼尖编队灯；

59 应急放油装置；

60 右侧副翼；

61 翼下起落架整流罩；

62 右侧翼下起落架，收放位置；

63 开缝襟翼；

64 铰接式开缝襟翼导流片；

65 甚高频/特高频天线；

66 防撞信标；

67 软化水箱；

68 引擎灭火器；

69 注水口；

70 后机身油箱；

71 电气系统分配板，左右各一；

72 金属箔条/闪光弹发射器；

73 热交换器冲压进气口；

74 方向舵液压制动器；

75 右全动式水平尾翼；

76 编队灯板；

77 垂直尾翼普通轻合金结构；

78 MAD补偿器；

79 温度探测器；

80 宽带通信天线；

81 玻璃纤维垂直尾翼翼尖天线整流罩；

82 雷达信标天线；

83 方向舵；

84 蜂窝式复合材料方向舵；

85 偏转控制气阀，左右喷管；

86 后部雷达告警接收机天线；

87 后俯仰控制喷嘴；

88 左全动式水平尾翼；

89 碳纤维复合材料多翼梁水平尾翼；

90 机尾缓冲器；

91 下部宽带通信天线；

92 水平尾翼液压制动器；

93 热交换器排气口；

94 航空电子设备空调组件；

95 水平尾翼操纵钢索；

96 后机身传统轻合金结构；

97 后机身航空电子设备舱；

98 航空电子设备舱检查口，左右各一；

99 编队灯板；

100 机腹减速板；

101 减速板液压制动器；

102 左开缝襟翼；

103 碳纤维复合材料襟翼；

104 襟翼液压制动器；

105 排气喷管套；

106 外侧襟翼铰链和相互联系连杆；

107 左侧翼下起落架整流罩；

108 左侧副翼；

109 副翼碳纤维复合材料结构；

110 应急放油装置；

111 左侧翼尖编队灯；

↑AV-8B安装一门通用电气GAU-12A"均衡器"，5管加特林式机炮，位于机身下方吊舱，标准备弹300发。但是GR.7机身下安装的是两门英国皇家兵工厂生产的25毫米"阿登"机炮。

AV-8B "鹞" II技术说明

主要尺寸

长度：47英尺9英寸（14.55米）

翼展：30英尺4英寸（9.25米）

机翼展弦比：4.0

水平尾翼翼展：13英尺11英寸（4.24米）

机翼面积：243.40英尺²（22.61米²）包括两个前缘根部延伸部分（LERX）

高度：11英尺7.75英寸（3.55米）

翼下起落架轮距：17英尺（5.18米）

动力装置

1台罗尔斯·罗伊斯公司的F402-RR-408A型（"飞马"11-61）推力矢量控制涡轮风扇引擎，推力约为23800磅（106千牛）

重量

作战空重：14860磅（6740千克）

正常起飞重量：22950磅（10410千克），7g操作在标准大气条件下滑跑1427英尺（435米）

短距起飞最大起飞重量：31000磅（14061千克）

垂直起飞最大起飞重量：18950磅（8596千克）

燃油及载荷

机内燃油：7759磅（3519千克）

外挂燃油：总计达8070磅（3661千克），分装于4个300美制加仑（1136升）副油箱中

最大载弹量：13235磅（6003千克）

性能

海平面最大净平飞速度：575节（662英里/时；1065千米/时）

海平面最大爬升率：14715英尺/分（4485米/分）

实用升限：超过50000英尺（15240米）

在32℃的条件下最大起飞重量短距起飞滑跑距离：1700英尺（518米）

重量为19937磅（9043千克）时降落反舰作战半径，带2枚AGM-84导弹、2枚AIM-9导弹和2个300美制加仑（1136升）副油箱，滑跑450英尺（137米）6.5°滑跃式起飞：609海里（701英里；1128千米）

执行战斗空中巡逻任务时的阵位停留时间，带4枚AIM-120导弹和2个300美制加仑（1136升）副油箱，滑跑450英尺（137米）后做6.5°滑跃式起飞（包括2分钟的战斗时间）：作战半径为100海里（115英里；185千米）时为2小时42分；作战半径为200海里（230英里；370千米）时为2小时6分

执行海面监视任务时的作战半径，带2枚AIM-9导弹和2个300美制加仑（1136升）副油箱，滑跑450英尺（137米）后做6.5°滑跃式起飞[包括50海里（57英里；92千米）]：608海里（700英里；1127千米）

限制过载

-3g～+8g

武器配备

AV-8B "鹞" II+式攻击机每个机翼下有4个外挂架，可以挂载AIM-9 "响尾蛇"导弹、AIM-120 "阿姆拉姆"导弹、Mk7集束炸弹布撒器、Mk82/83型炸弹、LAU-10/68/69火箭吊舱、AGM-65 "幼畜"导弹、AGM-84 "鱼叉"导弹、CBU-55/72凝固汽油弹、Mk77型燃烧弹以及GBU-12/16型激光制导炸弹，后期在可使用武器范围方面有进一步扩展。中心线外挂点用于挂载ALQ-167型电子对抗吊舱。两个机身内部舱可安装一门五管25毫米GAU-12型航炮（左侧）以及一个300发弹仓（右侧）

112 滚转控制反作用气阀，上下喷嘴；

113 左侧航行灯；

114 雷达告警接收机天线；

115 左侧机翼外挂架；

116 左侧翼下起落架；

117 外挂架承力点；

118 机翼外侧干舱；

119 副翼液压制动器；

120 翼下起落架支柱；

121 液压收放动作筒；

122 左侧机翼整体油箱；

123 副翼操纵杆；

124 中间导弹挂架；

125 AIM-9L/M "响尾蛇"空对空导弹；

126 导弹发射导轨；

127 机翼前缘翼刀；

128 碳纤维复合材料 "正弦波"多翼梁骨架；

129 后部（热气流）可旋转喷管；

130 后部喷管放气冷却轴承座；

131 液压蓄力器，双系统，左右各一；

132 压力加油接口/操纵面板；

133 反作用力控制空气管道；

134 向后收起的双轮主起落架；

135 内侧副油箱挂架；

136 外挂油箱；

137 机腹航炮吊舱，替代机身辅助升力边条；

138 航炮气动装置；

139 弹药横向输送和弹链回收槽；

140 弹仓，300发炮弹；

141 可拆卸的机身辅助升力边条横向冲压和液压制动器；

142 航炮口；

143 航炮燃气通风管；

144 向前散射反冲座；

145 GAU－12/U型25毫米五管旋
转航炮；
146 航炮吊舱辅助升力边条；
147 AGM－65A"幼畜"激光制
导空对地导弹；

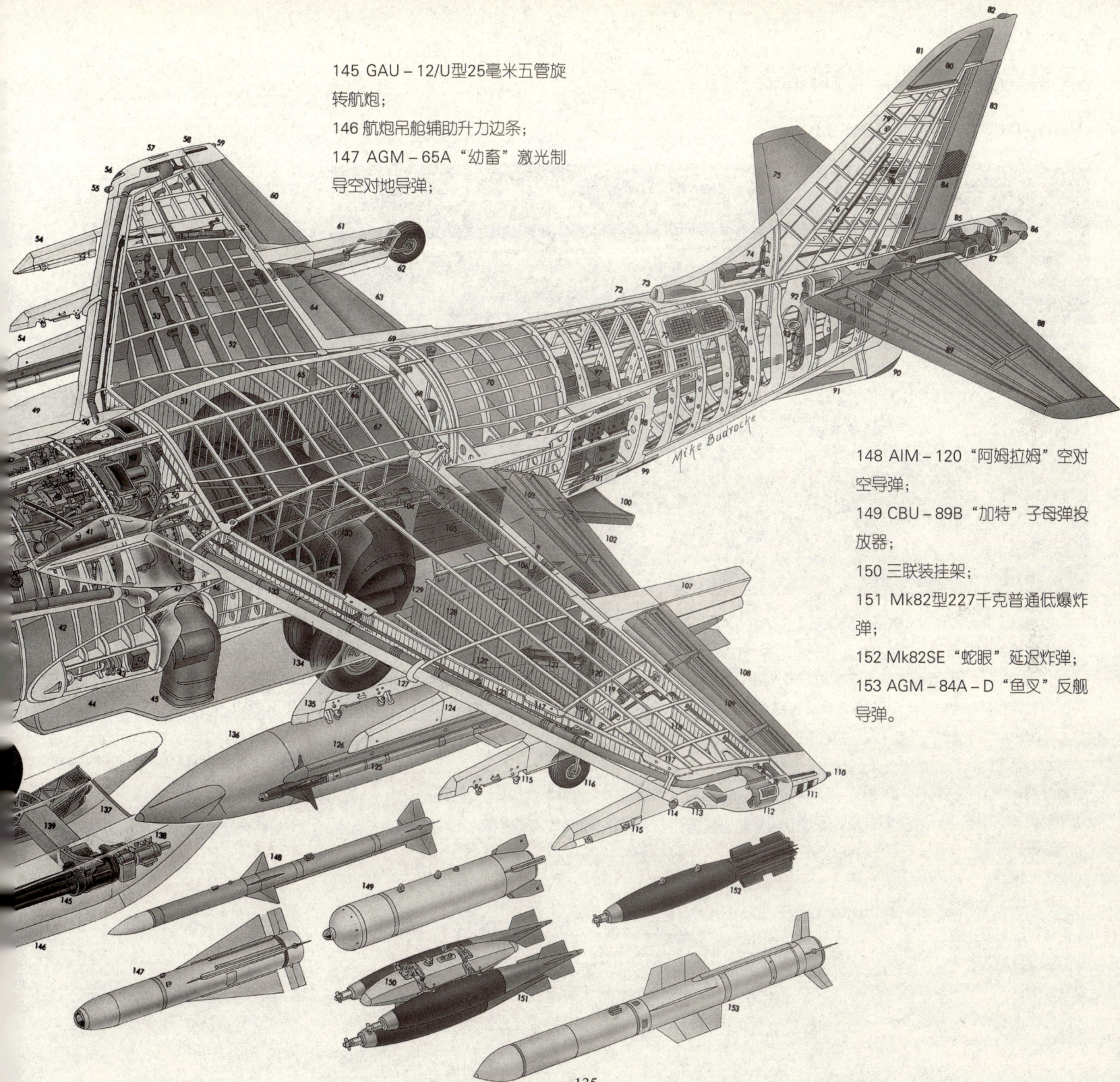

148 AIM－120"阿姆拉姆"空对
空导弹；
149 CBU－89B"加特"子母弹投
放器；
150 三联装挂架；
151 Mk82型227千克普通低爆炸
弹；
152 Mk82SE"蛇眼"延迟炸弹；
153 AGM－84A－D"鱼叉"反舰
导弹。

沃特公司，A-7 "海盗" - II
Vought A-7 Corsair II

↑图中这几架A-7D飞机隶属于驻扎在内华达州奈利斯空军基地的空军战术战斗机武器中心第57战斗机武器联队。该部队曾先后飞过A-10A、F-15C/D和F-16A/B/C/D等型号的飞机。战术战斗机武器中心在1966年成立，而第57战斗机武器联队（前身为第57战斗截击机联队）从1969年开始成为战术战斗机武器中心的一部分。战术战斗机武器中心在许多其他美国空军基地都派驻有分遣队帮助作战部队熟悉掌握新型战机。其中与A-7D型有关的就有一个设在亚利桑那州卢克空军基地的单位。

沃特公司A-7D "海盗"
主要部件剖面图

1 雷达罩；
2 雷达天线；
3 AN/APQ-126型雷达设备模块；
4 雷达跟踪机械；
5 雷达安装舱壁；
6 空速管；
7 风挡雨水吹除空气喷嘴；
8 冷却空气百叶窗；
9 雷达发射接收设备；
10 引擎进气道；
11 前方雷达告警天线；
12 仪表着陆系统天线；
13 "铺路便士" 激光测距和目标指示搜索器；
14 "铺路便士" 航空电子设备箱；
15 进气道构架；
16 座舱地板；
17 硼碳座舱装甲；
18 座舱加压阀；
19 防弹前密封舱壁；
20 方向舵踏板；
21 控制杆；
22 仪表板；
23 俯视投影地图显示器；
24 仪表板遮盖罩；
25 防弹风挡玻璃；
26 AN/AVQ-7（V）型抬头显示器；
27 飞行员后视镜；
28 座舱盖，向后打开；
29 弹射座椅头枕；
30 弹射座椅保险/安全手柄；
31 安全带；
32 麦克唐纳·道格拉斯公司Escapac 1-c2型火箭动力0-0弹射座椅；
33 右侧控制面板；
34 外部座舱闭锁装置；
35 引擎油门手柄；
36 左侧控制面板；
37 静压孔；
38 登机梯；
39 炮口；
40 可回收的登机梯；
41 滑行灯；
42 前起落架支柱；
43 摇臂轴横梁；
44 双前轮，向后收起；
45 前轮舱门；
46 炮管；
47 进气道中继部分；
48 座舱后密封舱壁；
49 攻角传感器；
50 电气系统设备舱；
51 弹射座椅发射导轨；

52 座舱罩后部构造；

53 座舱盖液压动作筒；

54 座舱盖铰接部件；

55 "塔康"天线；

56 供弹驱动装置；

57 座舱紧急释放装置；

58 供弹和弹链回收槽；

59 M61A1型"火神"转管航炮；

60 炮口烟尘排除口；

61 转管航炮，火药驱动，可拆卸；

62 航炮舱，空调设备在右侧；

63 液氧储存器；

64 应急液压油箱；

65 电子系统内装式测试设备面板；

66 地面电源接口；

67 机腹多普勒导航天线；

68 左侧航空电子设备舱；

69 冷却空气排气扇；

70 前机身油箱，1249美制加仑（4728升）；

71 机身挂架，500磅（227千克）；

72 机翼前翼梁/机身附属连接装置；

73 控制杆导管；

74 弹鼓，1000发；

75 通用空中加油口，打开状态；

76 中段整体油箱；

77 机翼中段贯穿构造；

78 机翼蒙皮中心线连接带；

79 上防撞灯；

80 右侧机翼整体油箱；

81 燃油系统管道；

82 挂架承力点；

83 内侧前缘襟翼；

84 襟翼液压制动器；

85 机翼中挂架，3500磅（1558千克）；

86 AIM-9"响尾蛇"空对空导弹；

87 导弹发射轨；

88 机身导弹挂架；

89 Mk82型高爆炸弹；

90 弹射式多弹挂弹架；

91 机翼外侧挂架，3500磅（1558千克）；

92 锯齿状前缘；

93 机翼折叠液压动作筒；

94 外侧机翼铰接部件；

95 前缘襟翼液压制动器；

96 "蛇眼"延迟炸弹，500磅（227千克）；

97 外侧前缘襟翼；

98 右侧航行灯；

↓1975年，双座型TA-7C型飞机进行了首飞。作为美国海军的高级教练机，TA-7C最初装备了TF30型引擎。从1983年3月开始，6架该型飞机被改装成EA-7L型并被分配到第34战术电子战中队执行电子战训练和模拟任务。美国海军1985年1月开始对TA-7C进行升级并更换引擎（TF41型）。图中的这些TA-7C型飞机隶属于绰号为"地狱剃刀"的第174攻击机中队，该中队属于驻扎在佛罗里达州塞西尔机场海航站的东海岸补充舰载机大队。

A-7D技术说明

主要尺寸

翼展：38英尺9英寸（11.81米）

长度：46英尺1.5英寸（14.06米）

高度：16英尺0.75英寸（4.90米）

机翼面积：375英尺²（34.84米²）

动力装置

1台埃利逊公司TF41-A-1型涡轮喷气引擎（罗尔斯·罗伊斯"斯佩"引擎生产许可证），推力14500磅（64.5千牛）

重量

空重：19781磅（8973千克）

最大起飞重量：42000磅（19051千克）

燃油与载荷

机内燃油：9263磅（4202千克）

外挂燃油：4个300美制加仑（1136升）副油箱

最大载弹量：（理论上）20000磅（9072千克）；（实际上，减少机内燃油的情况下）15000磅（6804千克）；（最大机内燃油情况下）9500磅（4309千克）

性能

2000英尺（610米）高度最大净速度：662英里/时（1065千米/时）

5000英尺（1525米）高度、6000磅（2722千克）外挂时最大速度：647英里/时（1041千米/时）

航程：（最大内部/外挂燃油）转场航程2485海里（2861英里；4604千米）或者（机内燃油）1981海里（2281英里；3671千米）

转场航程：2870英里（4691千米），携带4个250英制加仑（1137升）副油箱

作战半径：（高-低-高任务飞行剖面）620海里（714英里；1149千米）

武器装备

1门机内20毫米M61型"火神"航炮，备弹1000发；同时可在6个外挂点和2个机身外挂点携带15000磅（6804千克）武器

99 翼尖整流罩；

100 编队灯；

101 外侧机翼折叠位置；

102 右侧副翼；

103 副翼液压制动器；

104 燃油排放管；

105 右侧单缝后缘襟翼（放下）；

106 襟翼液压动作筒；

107 右侧扰流器；

108 扰流器液压制动器；

109 机背整流罩；

110 控制杆连接装置；

111 后翼梁/机身附属连接部件；

112 重力加油口盖板；

113 后机身燃油箱；

114 控制杆弹簧防震器；

115 引擎压气机进气道；

116 进气道中心整流罩；

117 机身上龙骨；

118 引擎放气管；

119 后机身主框架；

120 液压蓄力器；

121 垂直尾翼控制杆；

122 垂直尾翼边条；

123 垂直尾翼配平感觉装置；

124 垂直尾翼自动驾驶控制装置；

125 方向舵感觉控制装置；

126 垂直尾翼；

127 嵌入式甚高频天线；

128 右侧全动水平尾翼；

129 垂直尾翼前缘翼肋；

130 绝缘材料垂直尾翼顶端天线整流罩；

131 特高频/敌我识别天线；

132 甚高频全向无线电信标；

133 机尾航行灯；

134 机尾雷达告警天线（电子对抗）；

135 方向舵；

136 方向舵翼肋；

137 方向舵液压制动器；

138 垂直尾翼固定轴；

139 可拆卸的尾椎；

140 尾喷管；

141 引擎排气嘴；

142 左侧全动式水平尾翼；

143 水平尾翼翼肋；

144 水平尾翼翼梁盒；

145 前缘翼肋；

146 水平尾翼枢轴固定点；

147 水平尾翼控制杠杆；

148 液压制动器；

149 备用水平尾翼控制中间连接卡箍；

150 后引擎架；

151 埃利逊公司TF41-A-1型涡轮喷气引擎；

152 机身下龙骨；

153 机腹干扰物释放装置；

154 引擎舱检查孔盖板；

155 硼碳引擎舱装甲；

156 应急跑道制动钩；

157 制动钩液压制动器/缓冲器；

158 引擎附属设备齿轮箱；

159 主引擎安装部件；

160 液压油箱；

161 右侧弹着照相机；

162 燃油通风管；

163 左侧扰流器；

164 襟翼连接臂；

165 襟翼液压动作筒；

166 襟翼翼肋；

167 左侧单缝后缘襟翼；

168 燃油排放管；

169 副油箱尾翼；

170 副翼液压制动器；

171 左侧副翼；

172 后缘固定部分；

173 左侧编队灯；

174 翼尖整流罩；

175 左侧航行灯；

176 外侧前缘襟翼；

177 前缘襟翼（放下）；

178 前缘襟翼翼肋；

179 襟翼液压动作筒；

180 外侧机翼多翼梁骨架；

181 机翼铰接肋；

182 机翼折叠液压制动器；

183 左侧外侧挂架；

184 锯齿状前缘；

185 左侧主轮；

186 内侧机翼多翼梁骨架；

187 左侧机翼整体油箱；

188 中央挂架承力点；

189 主起落架支柱；

190 液压回收动作筒；

191 减震器支柱；

192 主起落架支柱枢轴固定点；

193 副翼感觉调整控制装置；

194 中央机身油箱；

195 机翼内侧挂架承力点，2500磅（1134千克）；

196 液压油箱；

197 起落架舱压力加油连接口；

198 安装于右侧轮舱上的着陆灯；

199 燃油收集器；

200 主轮舱门；

201 左侧机翼中央挂架；

202 250英制加仑（1137升）副油箱；

203 机腹减速板；

204 可回收的减速板侧阻力板；

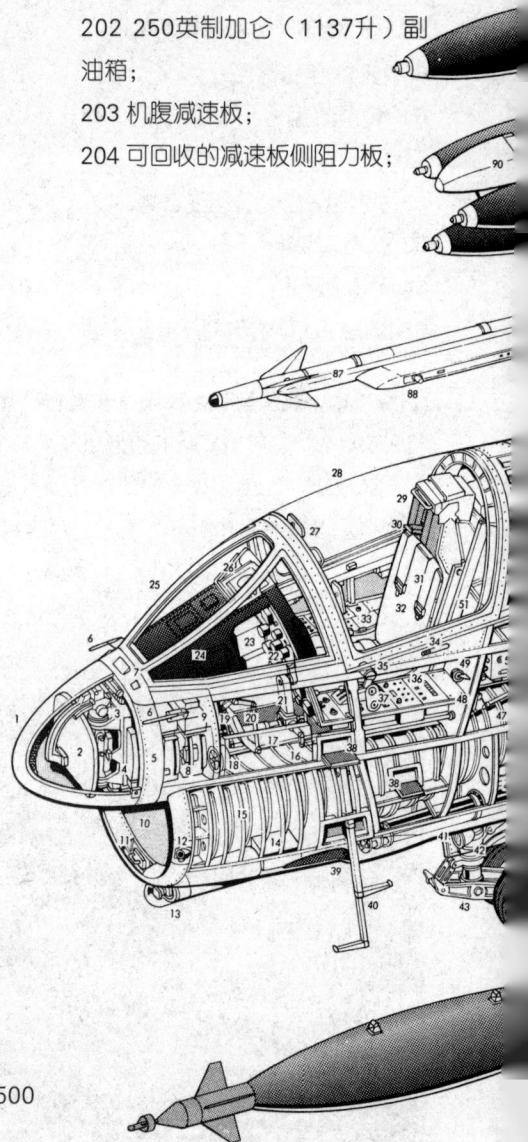

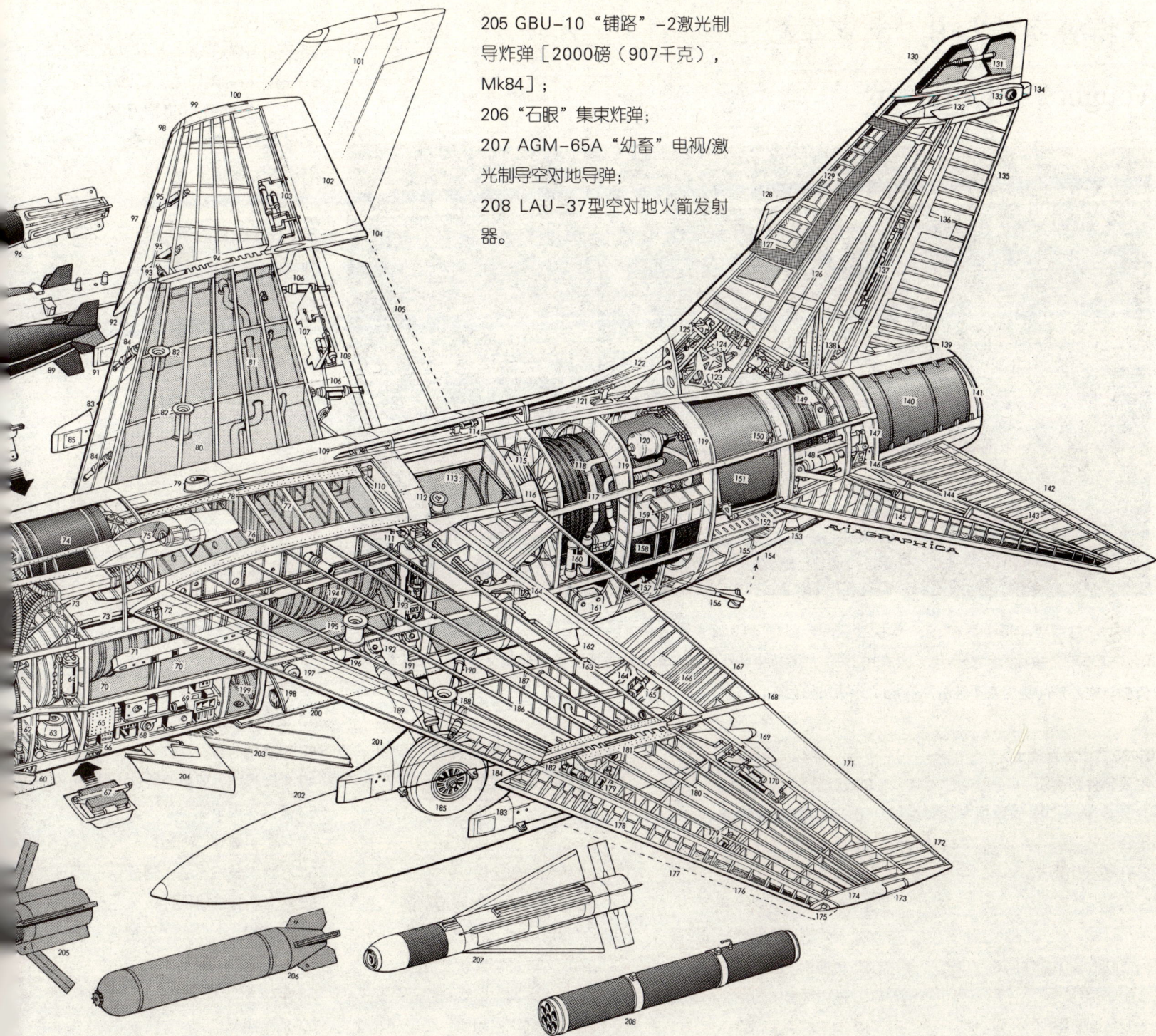

205 GBU-10"铺路"-2激光制
导炸弹[2000磅（907千克），
Mk84]；
206"石眼"集束炸弹；
207 AGM-65A"幼畜"电视/激
光制导空对地导弹；
208 LAU-37型空对地火箭发射
器。

AVIAGRAPHICA

沃特公司，F-8 "十字军战士"

Vought F-8 Crusader

↑第103海军战斗机中队在1957年换装F8U，随后在1963年再次换装F-8E型战斗机。在黎巴嫩危机期间（1958年），被称为"重击手"的第103海军战斗机中队随美国海军"福莱斯特尔"号航空母舰在地中海东部值勤。在此期间美国海军陆战队实施了一次两栖登陆行动。

F-8E "十字军战士"
主要部件剖面图

1 垂直尾翼顶部甚高频天线整流罩；
2 机尾告警雷达；
3 机尾航行灯；
4 方向舵；
5 方向舵液压动作筒；
6 引擎排气嘴；
7 变截面喷嘴挡板；
8 加力燃烧室冷却进气口；
9 喷嘴控制动作筒；
10 右侧全动水平尾翼；
11 水平尾翼翼梁盒；
12 前缘翼肋；
13 水平尾翼枢轴固定点；
14 水平尾翼液压控制动作筒；
15 尾喷管冷却进气管；
16 垂直尾翼主固定结构；
17 加力燃烧室喷管；
18 方向舵控制连接器；
19 垂直尾翼前缘；
20 左侧全动水平尾翼；
21 垂直尾翼翼根边条；
22 后引擎安装架；
23 后机身分割点双重结构（更换引擎用）；
24 加力燃烧室燃油喷射管；
25 水平尾翼自动驾驶控制系统；
26 甲板降落拦阻钩；
27 右侧腹鳍；
28 右机身燃油箱；
29 普拉特·惠特尼公司J57-P-20A型加力燃烧涡轮喷气引擎；
30 引擎舱冷却空气百叶窗；
31 翼根前缘边条；
32 排气系统管道；
33 引擎滑油箱［85美制加仑（322升）］；
34 机翼翼梁枢轴固定点；
35 液压襟翼动作筒；
36 右侧襟翼；
37 控制杆连接器；
38 后翼梁；
39 引擎附属齿轮箱；
40 内侧机翼多翼梁构造；
41 右侧机翼整体油箱，1348美制加仑（5103升）；
42 副翼动力控制装置；
43 右侧下垂副翼；
44 机翼折叠液压动作筒；
45 后缘翼肋；
46 后缘固定部分；
47 翼尖整流罩；
48 右侧航行灯；
49 前缘襟翼，放下位置；
50 前缘襟翼翼肋；
51 外侧机翼翼梁构造；
52 前缘襟翼液压动作筒；
53 机翼折叠连接部件；
54 前翼梁；
55 前缘襟翼内侧部分；
56 前缘犬齿结构；
57 机翼挂架；

58 AGM–12B "小斗犬"空对地导弹；

59 右侧主轮；

60 主起落架支柱；

61 减震器支柱；

62 液压回收动作筒；

63 着陆灯；

64 轮舱门；

65 主起落架枢轴固定点；

66 机翼翼梁/引擎安装主舱壁；

67 引擎辅助进气道；

68 翼根翼肋；

69 中段油箱；

70 机翼翼梁贯穿构造；

71 机背整流罩；

72 左侧襟翼动作筒；

73 左侧平板襟翼；

74 左侧下垂副翼，放下位置；

75 副翼动力控制装置；

76 燃油系统管道；

77 机翼折叠液压动作筒；

78 后缘固定部分；

79 左侧机翼折叠位置；

80 翼尖整流罩；

81 左侧航行灯；

82 左侧外侧前缘襟翼，放下位置；

83 外侧襟翼液压动作筒；

84 锯齿状前缘；

85 机翼折叠铰接部件；

86 内侧前缘襟翼液压动作筒；

87 左侧机翼整体油箱；

88 防撞灯；

89 导弹系统航空电子设备；

F-8E "十字军战士"技术说明

主要尺寸

长度：54英尺6英寸（16.61米）

高度：15英尺9英寸（4.80米）

翼展：35英尺2英寸（10.72米）

机翼面积：350英尺²（35.52米²）

动力装置

1台普拉特·惠特尼公司J57–P–20A型涡轮喷气引擎，功率（静推力）10700磅（48.15千牛）或者（加力燃烧室）18000磅（81千牛）

重量

空重：17541磅（7957千克）

总重：28765磅（13048千克）

战斗重量：25098磅（11304千克）

最大起飞重量：34000磅（15422千克）

性能

海平面最大平飞速度：764英里/时（1230千米/时）

40000英尺（12192米）高度最大平飞速度：1120英里/时（1802千米/时）

巡航速度：570英里/时（917千米/时）

失速速度：162英里/时（261千米/时）

1分钟爬升率：31950英尺（9738米）

实用升限：58000英尺（17678米）

战斗升限：53400英尺（16276米）

航程

航程：453英里（729千米）

最大航程：1737英里（2795千米）

武器装备

4门柯尔特·勃朗宁公司Mk12型20毫米航炮，每门备弹144发；4枚AIM-9"响尾蛇"空对空导弹；或者12枚250磅（113千克）炸弹；或者8枚500磅（227千克）炸弹；或者8枚"诅尼"火箭；或者2枚AGM-12A或AGM-12B"小斗犬"空对地导弹

↓美国海军第124战斗机中队训练出了许多在越南战场上驾驶"十字军战士"战斗机的飞行员，该中队是最早接收F8U-2NE型全天候战斗机的用户。F-8战斗机的机身和发动机经过不断改进，在越南战争中发挥了巨大作用。

→RF–8"十字军战士"执行了20多年的侦察任务。1965年，美国海军第62照相侦察机中队的RF-8A型飞机（如图）被RF-8G型飞机所替代。

机翼挂架

F-8E型战斗机的另一处重大设计特征在于引进了重型机翼挂架,从而能够通过不同类型的炸弹挂架来携带各种类型的炸弹。其中,最主要的一种弹射式炸弹挂架是Aero 7A1型四挂钩挂架,能够挂载重达2000磅(907千克)的Mk84型炸弹或者AGM-12"小牛头犬"导弹。如果需要携带多枚炸弹,则有一系列的挂架可以使用。例如,A/A37B-1型多炸弹挂架以及A/A37B-6型多炸弹弹射式挂架能够挂载多达6枚250磅(113千克)的炸弹、4枚500磅(227千克)级炸弹或者2枚1000磅(454千克)级炸弹。A/A37B-5型弹射式挂架可以挂载火箭弹吊舱(通常是4联装LAU-10"诅尼"火箭)或者集束炸弹。

航空电子设备

F-8E型飞机的特点是装备了AN/AWG-4型火控系统、AN/APQ-94型雷达以及AAS-15型红外搜寻与跟踪系统(可被动探测目标)。来自雷达的数据显示在矩形屏幕上,该矩形屏幕位于仪表板正中心,可以显示不同的距离。该系统还能够引导AIM-9"响尾蛇"导弹。导航/通信设备包括:APA-52"塔康"战术导航系统、APN-22型雷达高度计、APA-98型编码器组、A/NAS Q/17B型综合系统(控制ARC-27A型超高频收发机、APX-6B型敌我识别雷达收发机和ARA-25型超高频定向仪)、AES-6型自动驾驶仪和MA-1型陀螺仪稳定电磁罗盘。引信控制由AWW-1型系统操纵。

"响尾蛇"导弹

"十字军战士"飞机装备3种型号的AIM-9导弹:最初的型号是AIM-9B型(图中这架飞机装备的就是该型导弹),该型导弹配置一个长管状弹头,内部安装搜索范围2000米的红外搜索器,弹头是重4.5千克且含有爆炸碎片的烈性炸药,发射重量76千克;AIM-9C型导弹是一种很少使用的半自动雷达制导导弹,发射重量93千克;最后一种主要型号是AIM-9D型(用来装备F-8型战斗机),其短锥形头部装有精确制导弹头,发射重量为90千克,其中有9千克是新型高爆炸性杆式弹头。AIM-9D型导弹的有效射程相对于AIM-9B提升了3000米。执行空战任务时,装备短程红外制导导弹和4门20毫米"柯尔特"Mk12型航炮的"十字军战士",与F-4型战斗机相比似乎不够精良。但事实上,"十字军战士"也许更适合于朝鲜战争中典型的近距离空战。"十字军战士"一直战斗到战争后期,并且都是从小型航空母舰起飞,这是因为小型航空母舰不适合更大更重的F-4战斗机的需求。

动力装置

所有"十字军战士"配备的都是普拉特·惠特尼公司的J57型涡轮喷气发动机,这种性能优异的发动机刚开始被称作"涡轮黄蜂",它开创了喷气设计的新时代,采用双轴结构。九级低压压缩机与内部的两个同心轴相连接,由二级式涡轮驱动;与此同时,七级高压压缩机通过外面的轴,由单级涡轮驱动。在涡轮和压缩机之间是燃烧室和8个互相连接的喷火管,每个管子有6个供油喷嘴。安装在F-8E上的Dash20型发动机长6.85米,直径1.03米。发动机能产生41.12千牛的推力(正常功率)和48.15千牛的推力(战斗功率)。发动机通过两个地方进行固定:前端固定在翼后梁/发动机架的隔框上,后端固定在双框架后机身间隙处。加力燃烧室将分散的和集中的可变喷嘴合成一体,该喷嘴完全附着在机身外层上。后机身的这个地方通常不涂漆,也不组成发动机装置的一部分。由于Dash16型发动机以及后来的J57改进型发动机运转时产生的高温需要额外的冷却系统来为加力燃烧室降温,从而增加了额外的冷却空气装置。

可变倾角机翼

"十字军战士"典型的可变倾角机翼有两个主要作用:起飞时为飞机提供额外升力和允许飞机机身(与机翼反向)以较小的入射角着陆(这对飞行员的视界和着陆架的尺寸/重量有利)。在飞机着陆时,机翼以12.5°入射角飞行,机身则以5.5°入射角飞行。当F-8E(FN)和F-8J采用可控附面层设计之后,机翼倾角降低为5°(从7°)。机翼由位于右舷前面的一个液压压杆制动,该液压压杆仅重约13.6千克,看起来似乎不能撑起它上面的负荷。压杆收缩时长0.86米,可以伸长0.44米。在20685千帕的水压下,压杆可以产生7.56千牛的力(起飞后用于降低机翼)和24千牛的力(在重力和空气动力的帮助下,用于抬高机翼)。

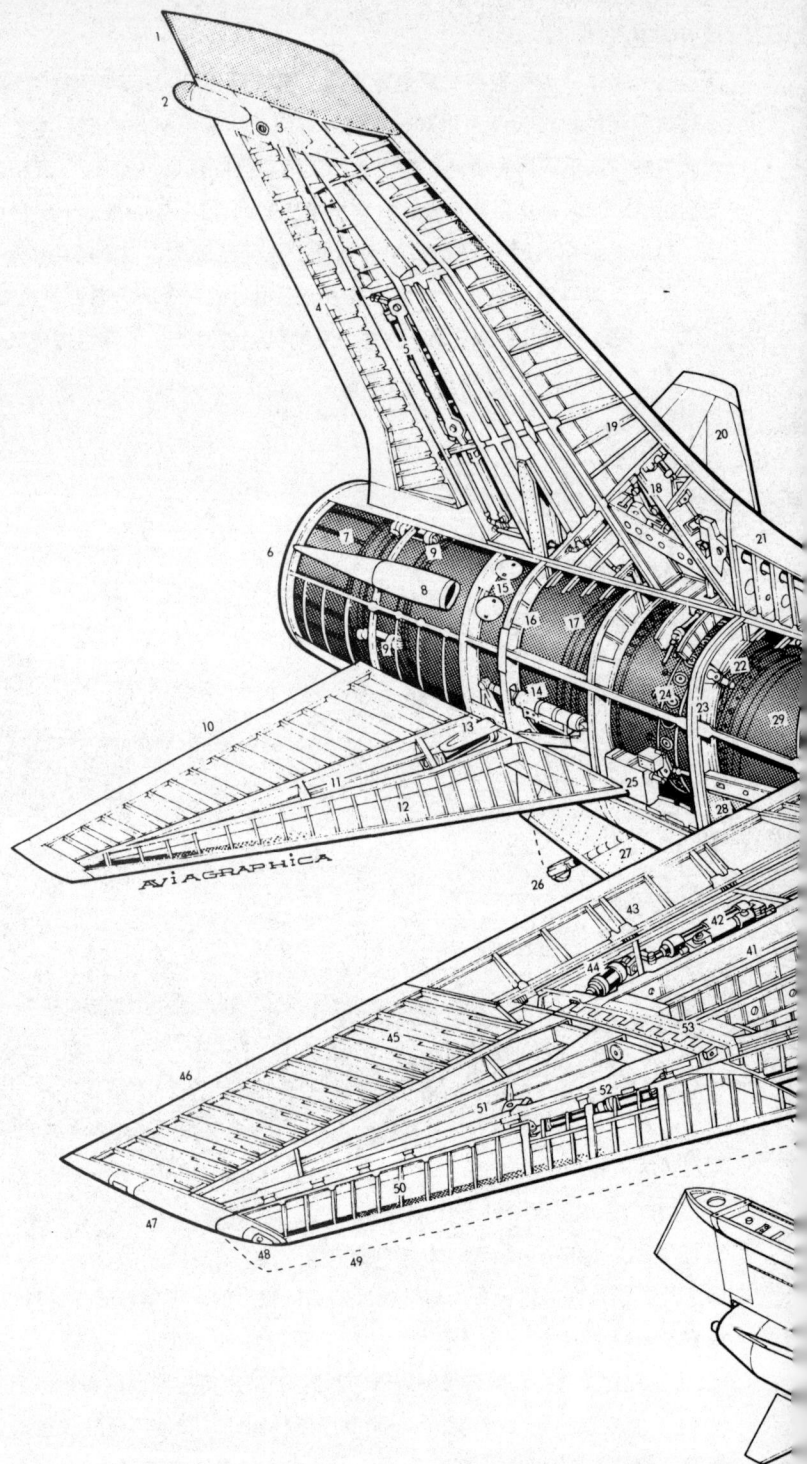

90 双位置可变倾角机翼,升起位置;

91 主进气道;

92 机翼角度液压动作筒;

93 机身上龙骨;

94 通风系统排气热防护套;

95 主机身油箱;

96 减速板液压动作筒;

97 减速板槽;

98 机腹减速板,放下位置;

99 火箭发射管;

100 火箭发射器挂架适配器;

101 "诅尼"折叠翼对地攻击火箭;

102 应急风驱动发电机;

103 液氧瓶;

104 机身挂架;

105 进气道;

106 热交换器排气管;

107 空调装置;

108 机背整流罩;

109 上机身检查孔盖板;

110 电子和电气设备供电系统;

111 机身挂架适配器;

112 导弹发射导轨;

113 AIM-9"响尾蛇"空对空导弹;

114 空中加油管,可伸缩;

115 空中加油管槽盖板;

116 弹仓(144发/门);

117 航空电子设备机内平台;

118 供弹槽;

119 航炮舱烟尘排放孔盖板;

120 Mk12型20毫米航炮;

121 废弹壳/弹链回收槽;

122 航炮检查孔盖板;

123 前轮舱门;

124 前轮;

125 摇臂轴横梁;

126 前起落架支柱;

127 炮管;

128 无线电/电子设备舱;

129 座舱铰接连接装置;

130 座舱后密封舱壁;

131 弹射座椅导轨;

132 飞行员马丁·贝克弹射座椅;

133 防护面罩释放手柄;

134 座舱盖;

135 安全带;

136 座舱罩应急释放装置;

137 飞行员右侧控制台面板;

138 座舱地板;

139 炮口冲击波槽;

140 进气道整流罩;

141 雷达冷却空气管;

142 方向舵踏板;

143 控制杆;

144 仪表板遮盖罩;

145 引擎油门控制装置;

146 雷达航炮瞄准具;

147 防弹风挡;

148 红外搜索头;

149 雷达电子设备;

150 座舱前密封舱壁;

151 引擎进气道;

152 雷达搜索跟踪机械装置;

153 雷达天线;

154 玻璃纤维雷达罩;

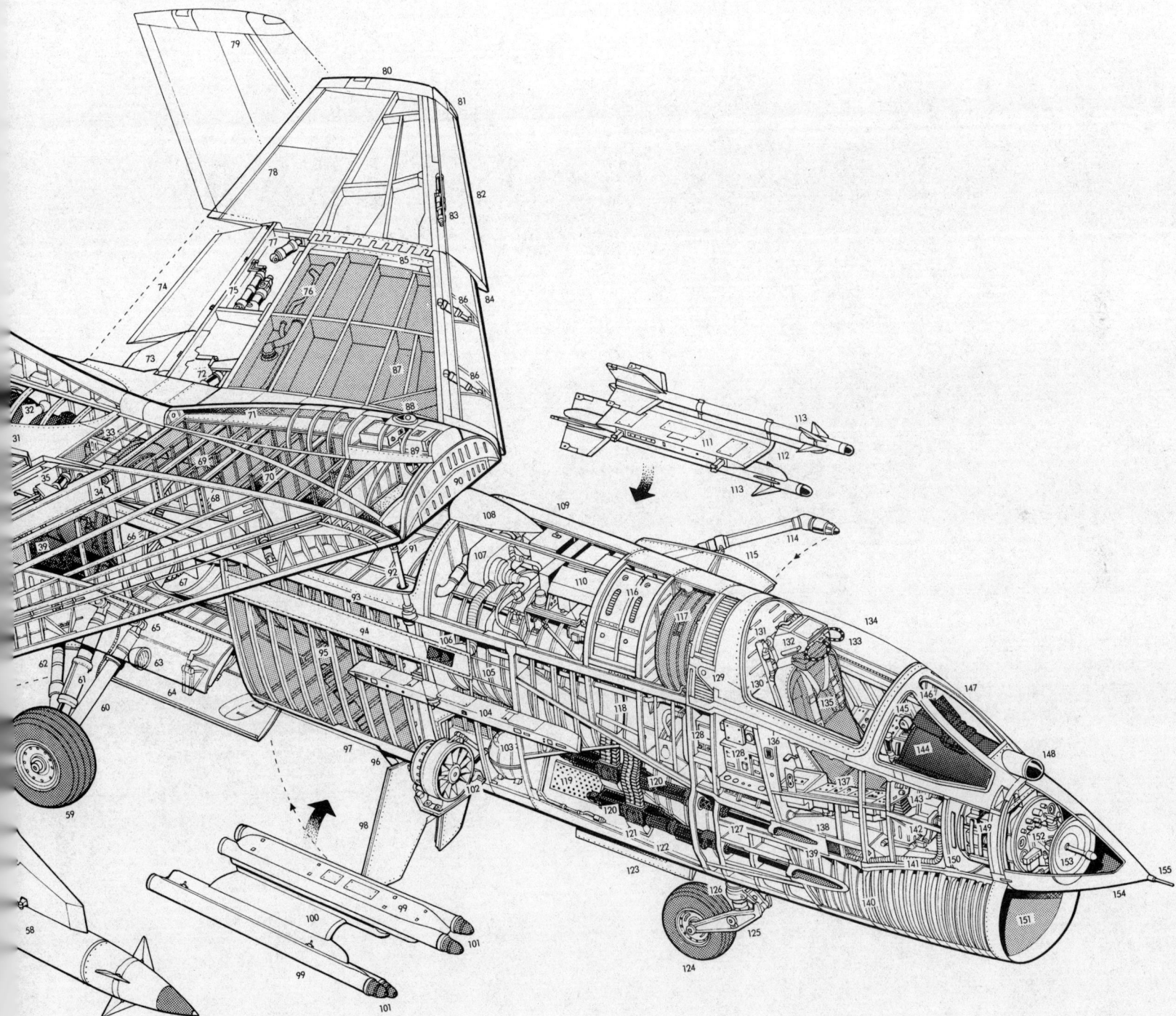

155 空速管。

-145-

侦察机
Reconnaissance Aircraft

波音公司，RC–135

Boeing RC-135

↑RC-135型机的基本乘员包括：2名飞行员，2名导航员，后舱能够容纳7个用于执行监听任务的操作员工作站。现在"铆钉"的乘员包括一些来自第55空军联队下属中队的人员。飞行员、导航员和地勤人员来自第38侦察中队；电子战军官（"乌鸦"）和维护人员从第343侦察中队抽调；剩余的乘员来自第97情报中队。

波音RC–135W

主要部件剖面图

1 雷达罩；
2 前雷达天线；
3 前压力舱壁；
4 机腹天线；
5 机头延长整流罩；
6 机头舱；
7 座舱地板；
8 飞行员侧控制台面板；
9 方向舵踏板；
10 控制杆；
11 仪表板；
12 风挡雨刷；
13 风挡玻璃；
14 驾驶舱眉窗；
15 上方系统开关面板；
16 副驾驶座椅；

17 可打开的用于观察的侧窗玻璃；
18 飞行员座椅；
19 安全设备装载室；
20 航图标绘桌；
21 导航员仪表台；
22 空中加油插槽，打开状态；
23 双重导航员座椅；
24 可回收的逃生阻流板，收起位置；
25 登机口地板格栅；
26 前起落架轮舱；
27 乘员登机口，打开状态；
28 可回收的登机梯；
29 双前轮，向前收起；
30 前起落架枢轴固定点；
31 地板下航空电子设备架；
32 电气设备架；
33 超编乘员座椅；
34 天体跟踪窗/天文导航系统；
35 驾驶舱通道；
36 断路器面板；
37 上方空气分配管；
38 1号特高频/甚高频天线；
39 右侧航空电子设备架；
40 盥洗室隔间；
41 水加热器；
42 洗漱盆；
43 储水箱；
44 盥洗室；
45 侧视机载雷达天线板；
46 侧视机载雷达设备整流罩；
47 货物通道，装载电子设备用；
48 主机舱地板；
49 模块化设备；
50 货物装卸门液压动作筒和铰接装置；
51 货物装卸门，打开状态；
52 自动测向仪天线；

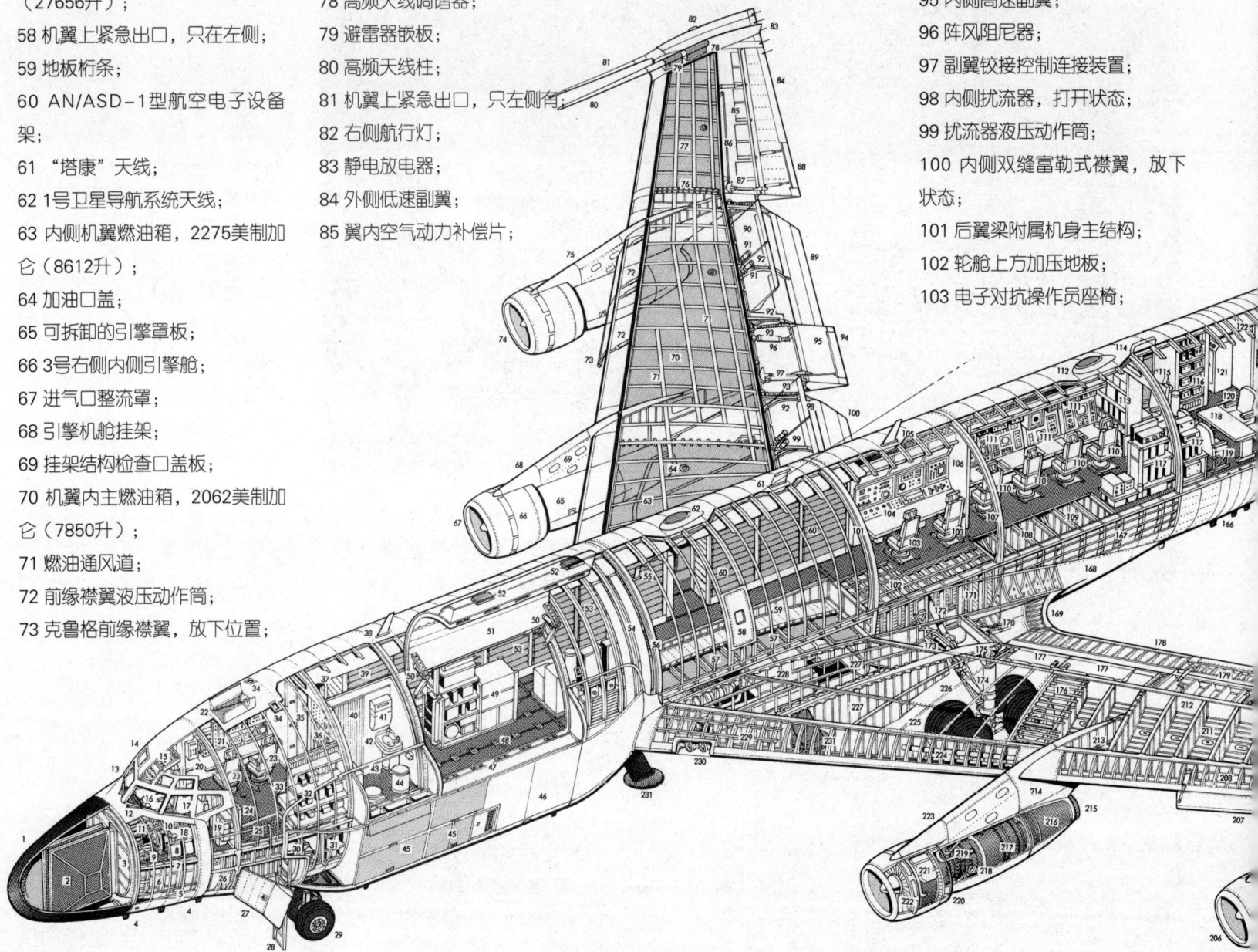

53 电子设备架；

54 空调送风管；

55 通风进气管；

56 前桁梁机身主结构；

57 中央燃油箱，7306美制加仑（27656升）；

58 机翼上紧急出口，只在左侧；

59 地板桁条；

60 AN/ASD-1型航空电子设备架；

61 "塔康"天线；

62 1号卫星导航系统天线；

63 内侧机翼燃油箱，2275美制加仑（8612升）；

64 加油口盖；

65 可拆卸的引擎罩板；

66 3号右侧内侧引擎舱；

67 进气口整流罩；

68 引擎机舱挂架；

69 挂架结构检查口盖板；

70 机翼内主燃油箱，2062美制加仑（7850升）；

71 燃油通风道；

72 前缘襟翼液压动作筒；

73 克鲁格前缘襟翼，放下位置；

74 4号右侧外侧引擎机舱；

75 外侧引擎机舱挂架；

76 外侧机翼连接翼肋；

77 机翼外侧燃油箱，434美制加仑（1643升）；

78 高频天线调谐器；

79 避雷器嵌板；

80 高频天线柱；

81 机翼上紧急出口，只在左侧有；

82 右侧航行灯；

83 静电放电器；

84 外侧低速副翼；

85 翼内空气动力补偿片；

86 扰流器内部连接装置；

87 副翼连接控制机械装置；

88 副翼调整片；

89 外侧双缝富勒式襟翼，放下状态；

90 外侧扰流器，打开；

91 扰流器液压动作筒；

92 襟翼导轨；

93 襟翼调整动作筒；

94 副翼控制和调整片；

95 内侧高速副翼；

96 阵风阻尼器；

97 副翼铰接控制连接装置；

98 内侧扰流器，打开状态；

99 扰流器液压动作筒；

100 内侧双缝富勒式襟翼，放下状态；

101 后翼梁附属机身主结构；

102 轮舱上方加压地板；

103 电子对抗操作员座椅；

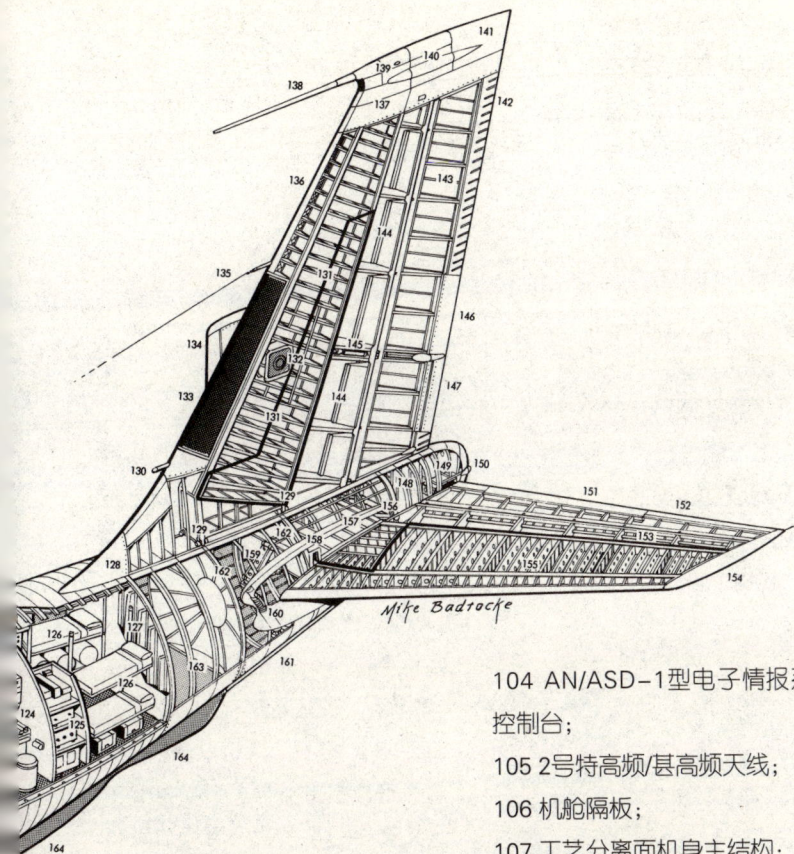

RC-135V "铆钉" 技术说明

主要尺寸	磅（80.07千牛）；更换动力系统之后装备4台CFM国际公司的F108-CF-100型涡轮风扇引擎，单台功率22000磅（97.86牵牛）
翼展：130英尺10英寸（39.88米）	
机翼面积（较小的副翼）：2313.4英尺²（255.9米²）	
机翼面积（副翼伸出）：2754.4英尺²（255.9米²）	**重量**
长度：135英尺1英寸（41.17米）	最大总重（滑行）：301600磅（136803千克）
高度：41英尺9英寸（12.73米）	**性能**
动力装置	总体上类似于KC-135E "同温层油船"
4台普拉特·惠特尼公司TF33-P-9型涡轮风扇引擎，单台功率18000	

104 AN/ASD-1型电子情报系控制台；

105 2号特高频/甚高频天线；

106 机舱隔板；

107 工艺分离面机身主结构；

108 主机舱地板桁条；

109 后地板下油箱，没有用在信号情报收集飞机上；

110 信号情报操作员座椅；

111 信号情报仪表和控制台；

112 2号卫星导航系统天线；

113 QRC-259型超外差式收音

机系统控制台；

114 后机舱紧急出口，维护舱口，只右侧有；

115 QRC-259型超外差式收音机系统操作员座椅；

116 航空电子设备架；

117 设备模块；

118 桌子；

119 乘员休息区座椅；

120 地板下雷达设备舱入口；

121 记录装置；

122 后机身闭合结构；

123 厨房；

124 后盥洗室；

125 设备储存架；

126 换班乘员床位；

127 后压力舱壁；

128 垂直尾翼边条；

129 垂直尾翼附属连接装置；

130 人造感觉系统压力感觉器；

131 垂直尾翼翼肋；

132 甚高频全向无线电信标；

133 高频凹槽天线；

134 右侧水平尾翼；

135 高频天线电缆；

136 垂直尾翼前缘；

137 垂直尾翼顶部天线整流罩；

138 高频天线柱；

139 避雷器嵌板；

140 高频调谐器；

141 远距离无线电导航系统天线；

142 方向舵固定后缘段；

143 方向舵翼肋；

144 翼内空气动力补偿板；

145 方向舵操纵控制杆；

146 方向舵操纵片；

147 反作用平衡片；

148 尾锥；

149 应急定位信标；

150 机尾航行灯；

151 升降舵片；

152 左侧升降舵；

153 升降舵翼内空气动力补偿板；

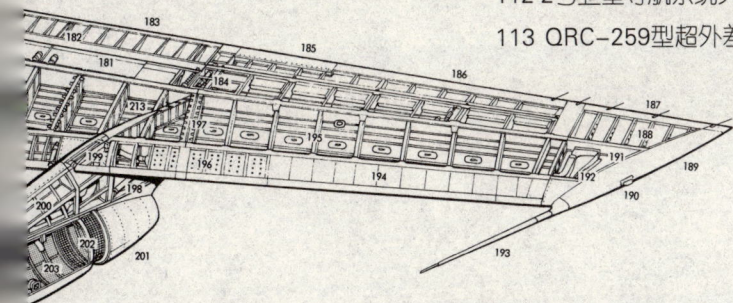

154 水平尾翼翼尖整流罩；

155 水平尾翼翼肋；

156 全动式可调配平水平尾翼连接装置；

157 中段贯穿结构；

158 水平尾翼封严板；

159 可调配平水平尾翼操纵臂；

160 调整动作筒；

161 燃油喷射管；

162 垂直尾翼连接主结构；

163 后机身燃油箱，信号情报收集飞机无；

164 机腹雷达罩；

165 机身蒙皮；

166 机腹天线阵；

167 机身下部圆形突出部/桁条；

168 机翼翼根后缘整流罩；

169 机翼边条；

170 襟翼操作调整动作筒；

171 主起落架轮舱；

172 起落架转向器支柱；

173 液压回收动作筒；

174 主起落架支柱；

175 起落架枢轴固定点；

176 机翼桁条；

177 左侧内侧扰流器；

178 内侧双缝襟翼；

179 内侧高速副翼；

180 副翼调整片；

181 外侧扰流器；

182 襟翼翼肋；

183 外侧双缝襟翼；

184 副翼铰接控制装置；

185 副翼调整片；

186 外侧低

187 静电放电器；

188 后缘固定段；

189 翼尖整流罩；

190 左侧航行灯；

191 燃油系统排气罐；

192 机腹排气空气进口；

193 空速管；

194 前缘蒙皮；

195 外侧机翼翼肋；

196 前缘除冰空气双蒙皮输送管；

197 外侧机翼连接肋；

198 挂架后承力点；

199 引擎机舱挂架连接装置；

200 挂架；

201 后部可调排气罩，打开状态；

202 推理转向叶栅；

203 引擎罩；

204 风扇空气转向器，打开状态；

205 压力开启弹簧进气门；

206 1号外侧引擎罩；

207 左侧前缘克鲁格式襟翼，放下位置；

208 前缘前翼肋；

209 前翼梁；

210 机翼翼肋；

211 左侧机翼整体油箱；

212 后翼梁；

213 对角线挂架安装肋；

214 2号引擎安装挂架；

215 引擎热喷口；

216 尾喷管；

217 普拉特·惠特尼公司TF33—9型涡轮风扇引擎；

218 引擎附属设备齿轮箱；

219 主引擎安装框架；

220 风扇空气，冷气流排气道；

221 引擎滑油箱

222 压气机进气道；

223 内侧引擎机舱挂架；

224 排气管；

225 4轮小车式主起落架；

226 机翼蒙皮；

227 内侧整体油箱；

228 机腹空调设备，左右侧；

229 前缘翼肋；

230 起落滑行灯；

231 信号情报天线。

↓ 由于来自苏联的威胁已经解除，战略空军司令部于1992年被撤销，现代化的间谍卫星、"联合星"飞机成为主角，但是RC—135型侦察机还是在美国空军的侦察机中占有十分重要的位置。在1999年"联盟力量"行动期间，RC—135"铆钉"飞机以米尔登霍尔为基地在南斯拉夫上空扮演了至关重要的电子战和空中监视角色。

↓1984年，C-135E编入美国空军太空司令部。在其生涯早期，该机参加了核武器和太空车跟踪相关的测试。1972、1973年，该机被改装为贵宾专属运输机，专为美国空军后勤司令部司令服务。

↑在20世纪80年代晚期，RC-135U型飞机一直以米尔登霍尔为基地进行活动。最初进行了一些小规模的现代化改装，比如，先加装战斗分发系统，后来又安装了机头下方天线罩，在前机身下放安装了第二天线罩，在前机身两侧对称整流罩上安装"兔子耳朵"整流罩、角整流罩。这些措施从根本上决定了它的基本作战样式。

→这些年来，KC-135已被改建用于其他工作，从空中指挥所任务到侦察。RC-135被用于特别侦察，而空军器材司令部的NKC-135A被用于试验项目。空战司令部掌管着一架OC-135，用作遵守《开放天空条约》的观察平台。

格鲁曼公司，OV-1/RV-1 "莫霍克"
Grumman OV-1/RV-1 Mohawk

↑在"莫霍克"家族中第一种装备机载侧视雷达吊舱的型号是AO-1R（后来被称之为OV-1B），这种型号的飞机一共生产了101架。为了克服加装AN/APS-94B吊舱而增加的重量和阻力，AO-1B将其翼展增加到了48英尺（14.6米），而原来的AO-1A型的翼展为42英尺（12.8米）。图中的这架机号为59-2623的AO-1B是刚刚组装完毕不久的第3架该型飞机。在图中可以注意到在机翼与机身连接处的很大的照明弹发射装置。

OV-1D "莫霍克"
主要部件剖面图

1 外部安装的机载侧视雷达天线整流罩；
2 天线倾斜机械装置；
3 提升螺杆；
4 侧视雷达天线，两个背靠背安装；
5 仪表着陆系统下滑道天线；
6 平板照相机窗口；
7 电子对抗天线；
8 铰接式机头锥；
9 前防弹座舱壁；
10 照相机安装架；
11 KA 60c型前向倾斜式全景照相机；

12 方向舵控制扭矩轴；
13 风挡除冰液储存箱；
14 前敌我识别天线；
15 数据连接天线；
16 扭矩力臂连接装置；
17 前起落架减震器支柱；
18 向后回收的前轮；
19 着陆滑行灯；

20 前轮舱门；
21 液压方向控制装置；
22 前起落架支柱轴；
23 方向舵踏板；
24 控制杆；
25 飞行员仪表板；
26 空速管；
27 风挡雨刷；
28 观察员机载侧视雷达控制和显示面板；
29 风挡防弹玻璃；
30 右侧窗/驾驶舱入口，打开状态；
31 可抛弃的座舱顶舱口；
32 弹射座椅防护面罩释放手柄；
33 上方系统控制装置；
34 引擎灭火手柄；
35 观察员弹射座椅；
36 仪表板遮盖罩；
37 中央控制台；
38 电子对抗控制和显示装置；
39 左侧窗/入口；
40 飞行员马丁·贝克Mk J5型弹射座椅；
41 安全带；
42 突出（下视）的侧窗玻璃；
43 紧急开启手柄；
44 静压孔；
45 装甲座舱地板；
46 踢开式梯子；

47 下登机梯，伸开状态；

48 控制连接装置；

49 后防弹座舱壁；

50 热交换器进气口；

51 空调装置；

52 氧气瓶；

53 灭火器；

54 前航空电子设备舱；

55 座舱顶部入口铰接点；

56 滑动式遮阳板；

57 冷却空气进气口；

58 天线柱；

59 1号甚高频/调频天线；

60 右内侧机翼；

61 引擎机舱冷却进气口；

62 引擎搬运支柱；

63 埃维科·莱科明公司T53-L-710型涡轮螺旋桨引擎；

64 引擎附属设备；

65 机腹滑油冷却器；

66 滑油冷却器进气口；

67 引擎压气机进气道；

68 进气道口除冰装置；

69 螺旋桨变桨距控制装置；

70 螺旋桨桨毂整流罩；

71 螺旋桨叶片根除冰装置；

72 右侧150美制加仑（567升）副油箱；

73 汉密尔顿标准3叶式全顺桨可逆定速螺旋桨；

74 加油口盖；

75 右侧油箱挂架；

76 可拆卸的引擎罩（滑油箱有装甲防护）；

77 机翼桁条；

78 副翼控制连接器；

79 机翼蒙皮；

80 前缘气动除冰带；

81 雷达告警天线；

82 右侧航行灯；

83 翼尖整流罩；

84 副翼质量补偿配重；

85 静电放电器；

86 右侧副翼；

87 副翼调整片；

88 弹簧调整片；

89 副油箱尾翼；

90 内侧（低速）下垂式副翼；

91 内侧副翼/襟翼内部连接装置；

92 引擎排气管；

93 排气嘴；

94 机尾整流罩冷却空气排出百叶窗；

95 右侧单片式单缝襟翼；

96 襟翼覆盖翼肋；

97 机翼翼根连接装置；

98 加油口盖；

99 单体式机身油箱，297美制加仑（1125升）；

100 侧钢缆和控制导管，左右各一；

101 自密封主燃油箱；

102 襟翼液压动作筒；

103 机翼翼梁/机身连接主结构；

104 燃油箱检查孔盖板；

105 机身蒙皮；

106 自动测向环状天线；

107 燃油排放管；

108 照相机控制装置；

109 KA 76a型垂直照相机；

110 KA 60c型后向倾斜式全景照相机；

111 控制连接器；

112 航空电子设备架；

113 冷却进气口；

114 "塔康"天线；

115 右侧减速板；

116 天线电缆导入口；

117 2号甚高频/调频天线；

118 后航空电子设备架；

119 水平尾翼自动驾驶控制装置；

120 垂直尾翼翼根边条；

121 水平尾翼连接部件；

122 升降舵铰接控制装置；

123 双翼梁扭矩盒尾翼结构；

124 垂直尾翼前缘气动除冰带；

125 右侧水平尾翼；

126 外侧方向舵内部连接装置；

127 前缘气动除冰带；

128 右侧垂直尾翼；

129 方向舵突角补偿配重；

130 右侧方向舵；

131 方向舵质量补偿配重；

132 右侧升降舵；

133 升降舵调整片；

134 高频天线电缆；

135 罗盘磁力阀；

136 甚高频全向无线电信标天线；

137 中央方向舵质量补偿配重；

138 防撞灯；

139 方向舵翼肋；

140 静电放电器；

141 机尾航行灯；

142 左侧升降舵翼肋。

OV-1D"莫霍克"技术说明

主要尺寸

翼展：48英尺（14.63米）

机翼面积：360英尺²（33.45米²）

长度（包括机载侧视雷达吊舱）：44英尺11英寸（13.69米）

高度：13英尺（3.96米）

动力装置

2台莱科明公司T53-L-710型涡轮螺旋桨引擎，单台功率1400马力（1044千瓦）

重量

空重：11757磅（5333千克）

载荷：15741磅（7140千克）

最大载荷：18109磅（8214千克）

机翼负载*：43.7磅/英尺²（213.5千克/米²）

动力负载*：5.6磅/轴马力（2.6千克/轴马力）

性能

最大速度：5000英尺（1525米）高度，305海里/时（491千米/时）

巡航速度：207海里/时（333千米/时）

爬升率：3618英尺/分；（18米/秒）

实用升限：25000英尺（7620米）

最大航程：1010英里（1625米）

*机翼和动力负载是以正常载荷和最大起飞动力为标准计算出的

143 左侧方向舵；
144 外侧水平尾翼翼肋；
145 垂直尾翼/水平尾翼连接部件；
146 前缘气动除冰带；
147 水平尾翼翼肋；
148 3翼梁水平尾翼扭矩盒；
149 后敌我识别天线；
150 方向舵扭矩轴；
151 机尾机腹缓冲器/系留点；
152 水平尾翼连接主结构；
153 后机身和纵梁；
154 机身下龙骨；
155 下方"塔康"天线；
156 雷达高度仪天线；

157 调频导航天线；
158 左侧减速板槽；
159 液压动作筒；
160 左侧减速板；
161 自动测向天线；
162 减速板铰接点；
163 设备舱检查门，左右侧；
164 电气系统设备；
165 地面电源接口；
166 电池；
167 机腹甚高频/特高频天线；
168 照相机设备光传感器；
169 浮标天线；
170 左侧襟翼操纵杆；

171 短翼；
172 后翼梁螺栓连接装置；
173 主起落架枢轴固定点；
174 左侧单缝襟翼；
175 左侧引擎排气嘴；
176 引擎机舱尾部整流罩；
177 襟翼翼肋；
178 外侧襟翼操纵杆；
179 襟翼/下垂式副翼内部连接装置；
180 摆动连接襟翼/副翼铰接部件；
181 左侧低速下垂副翼；
182 副翼调整片；
183 后翼梁；
184 副翼翼肋；
185 副油箱尾翼；
186 左侧副翼；
187 静电放电器；
188 副翼质量补偿配重；
189 翼尖整流罩；
190 左侧航行灯；
191 雷达告警天线；
192 前缘除冰带；
193 左侧150美制加仑（567升）副油箱；
194 加油口盖板；
195 左侧油箱挂架；
196 机翼翼肋；

197 副翼控制连接装置；
198 前翼梁；
199 副翼内部连接装置

↑为了评估"莫霍克"扮演武装侦察和地面支援角色的适宜性，2架OV-1B被改装为JOV-1A，使其能够在每个机翼下挂载500磅（227千克）的外部载荷。改装后的飞机还加装了驾驶舱机枪瞄准具、机枪开火以及外挂武器投放设备和装甲板。改装后飞机可以挂载的武器包括：0.50英寸（12.7毫米）机枪吊舱，2.75英寸（7厘米）和5英寸（12.7厘米）折叠翼航空火箭，250、500以及1000磅（114、227以及454千克）低空投放炸弹和"响尾蛇"空对空导弹。

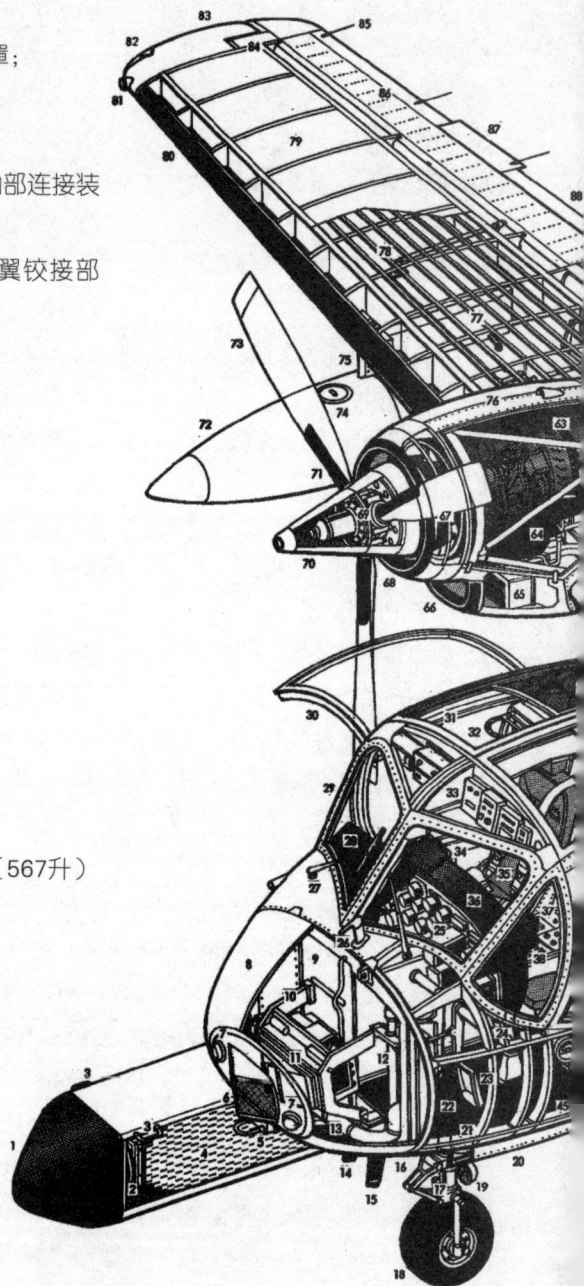

200 中央辅助翼梁；
201 主起落架轮舱；
202 引擎机舱；
203 左侧引擎排气管；
204 引擎排气进气口；
205 后引擎安装主框架；
206 主起落架液压回收动作筒；
207 侧断路器支柱；

208 引擎搬运支柱；
209 向下打开的引擎罩；
210 左侧主轮；
211 主轮舱门；
212 滑油冷却器进气口；
213 引擎进气道；
214 左侧螺旋桨将毂整流罩；
215 引擎罩鼻环；

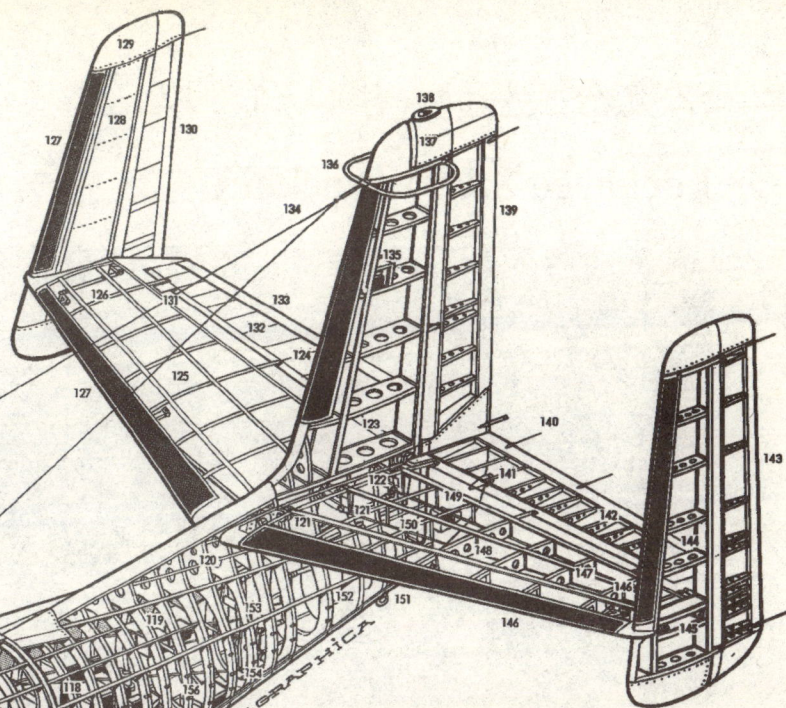

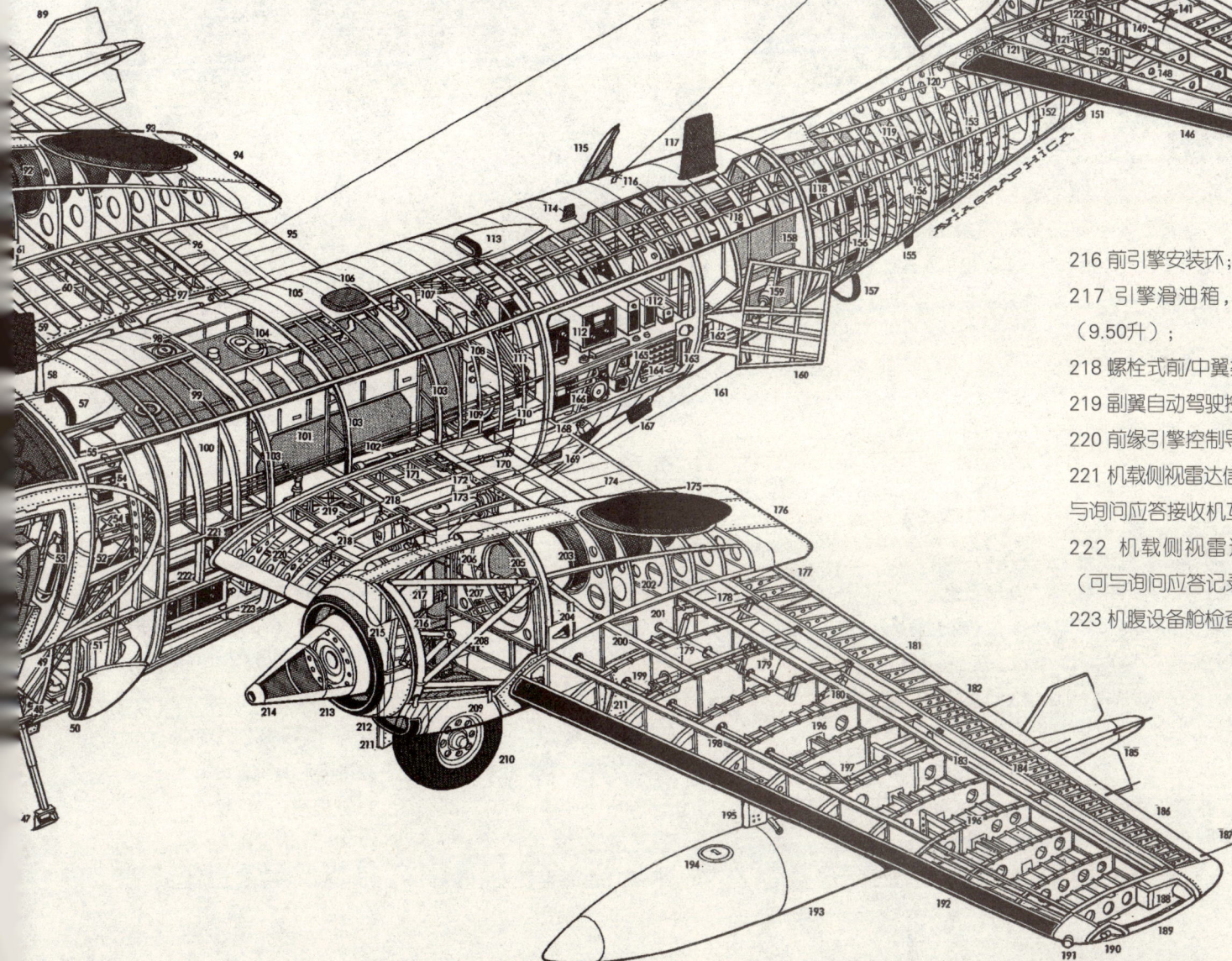

216 前引擎安装环；
217 引擎滑油箱，2.5 美制加仑（9.50升）；
218 螺栓式前/中翼梁连接部件；
219 副翼自动驾驶控制装置；
220 前缘引擎控制导槽；
221 机载侧视雷达信号接收机（可与询问应答接收机互换）；
222 机载侧视雷达信号处理器（可与询问应答记录器互换）；
223 机腹设备舱检查门。

洛克希德公司，SR-71 "黑鸟"
Lockheed SR-71 Blackbird

↑SR-71 "黑鸟"飞行高度达到30000米，最大速度达到3.5倍音速。因此SR-71比现有绝大多数战斗机和防空导弹都要飞得高、飞得快，出入敌国领空如入无人之境。

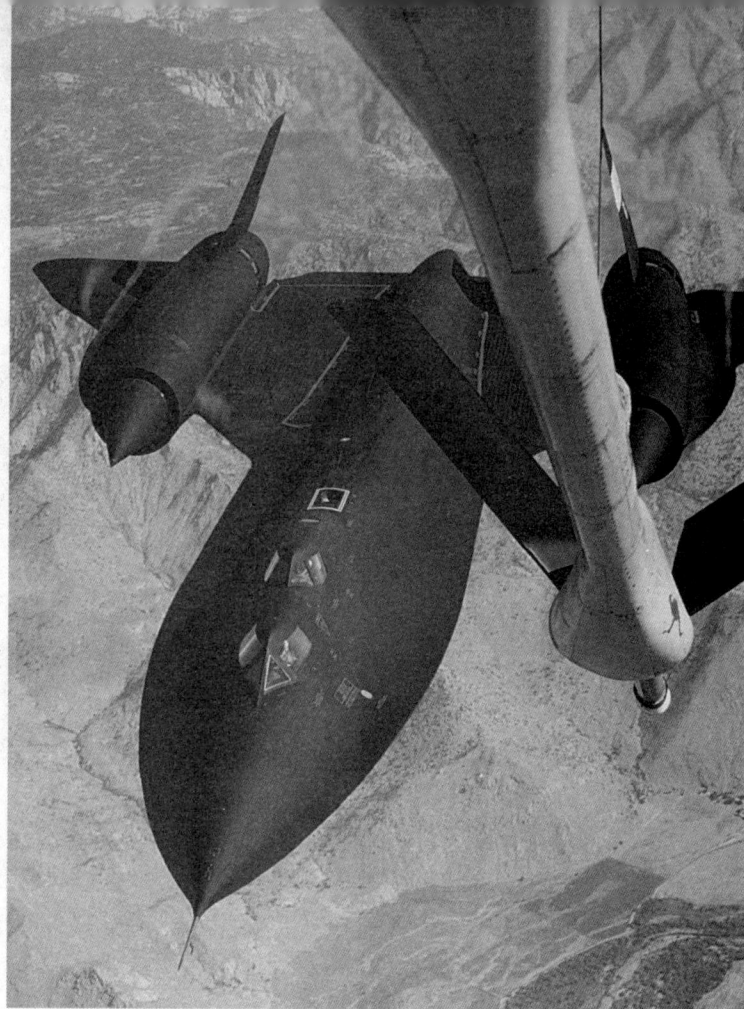

↑洛克希德公司的SR-71接受空中加油。

SR-71 "黑鸟"
主要部件剖面图

1 空速管；
2 空气数据探针；
3 雷达告警天线；
4 机头任务设备舱；
5 全景照相机开口；
6 可拆卸头锥连接结构；
7 座舱前密封舱壁；
8 方向舵踏板；

9 控制杆；
10 仪表板；
11 仪表板遮盖罩；
12 刀刃式风挡；
13 向上打开的座舱盖；
14 弹射座椅头枕；
15 座舱盖制动器；
16 洛克希德公司飞行员F-1型0-0弹射座椅；
17 引擎油门控制杆；

18 侧控制台面板；
19 机身龙骨闭和装置；
20 液氧储存器；
21 侧控制台面板；
22 侦察系统军官仪表显示器；
23 座舱后密封舱壁；
24 洛克希德公司侦察系统军官F-1型0-0弹射座椅；
25 座舱盖铰接点；
26 SR-71B型双座教练机机头外

形；
27 位置较高的教官座舱；
28 天文惯性导航天体追踪器；
29 导航和通信系统电子设备；
30 前轮舱；
31 前起落架枢轴固定点；
32 着陆和滑行灯；
33 双前轮，向前收起；
34 液压回收动作筒；
35 座舱环境系统设备舱；

36 空中加油口，打开状态；
37 机身上龙骨；
38 前机身；
39 前机身整体油箱；
40 集装运载托架，可互换的侦察设备模块组件；
41 机身边条；
42 前/中机身连接环；
43 中机身整体油箱，12219美制加仑（46 254升）；
44 "贝塔" B.120钛合金蒙皮；
45 波状机翼蒙皮；
46 右侧主起落架，收起位置；
47 进气道中段排气百叶窗；
48 旁路进气道百叶窗；
49 右侧引擎进气道；
50 进气道整流锥；
51 进气道整流锥收回位置（高速飞行位置）；
52 附面层排气孔；
53 进气道自动控制系统空气数据探针；
54 扩散器；
55 可调进气口导板；
56 铰接式引擎罩/外侧机翼；
57 普拉特·惠特尼公司JT11D-20B型引擎；
58 引擎附属设备；

59 辅助进气门；
60 压气机放气旁门；
61 加力燃烧室燃油歧管；
62 垂直尾翼固定翼根；
63 右外侧机翼；
64 下拱形前缘；
65 外侧滚转控制升降副翼；
66 全动式垂直尾翼；
67 连续工作加力燃烧室；
68 加力燃烧室喷嘴；
69 引擎舱第三风门片；
70 尾喷管喷射器调整瓣；
71 变截面尾喷管；
72 右侧机翼整体油箱舱；
73 减速伞舱门，打开状态；
74 带式快速减速伞；
75 后机身整体油箱；
76 双层蒙皮；
77 后机身结构；
78 升降副翼混合装置；
79 内侧升降副翼扭矩控制装置；
80 尾锥；
81 燃油通气管；
82 左侧全动垂直尾翼；
83 垂直尾翼翼肋；
84 扭矩轴铰接框架；
85 垂直尾翼液压制动器；
86 左侧引擎排气喷嘴；

→洛克希德公司的SR-71 "黑鸟"飞机毋庸置疑是迄今为止给人们留下最深刻印象的军用喷气式飞机。目前的官方记录表明，自从"黑鸟"服役开始直到它退役后这12年里，SR-71一直都是世界上飞行速度最快的喷气式飞机。"黑鸟"总是执行一些高度机密的侦察任务，在超过20年的时间里，通过它的传感器系统收集到的资料曾经用于帮助美国政府制定外交政策。

SR-71A "黑鸟" 技术说明

主要尺寸	性能
净长度：103英尺10英寸（31.65米）	设计最大速度：80000英尺高度（24385米）速度3.2～3.5马赫（受风挡结构整体性限制）
净长度（包括空速管）：107英尺5英寸（32.74米）	最大速度：80000英尺高度（24385米）速度3.35马赫
翼展：55英尺7英寸（16.94米）	最大巡航速度：80000英尺高度（24385米）高度3.35马赫
机翼面积：1605英尺²（149.10米²）	最大持续巡航速度：80000英尺高度（24385米）高度3.2马赫或者近似于2100英里/时（3380千米/时）
全动式垂直尾翼面积：70.2英尺²（6.52米²）	
高度：18英尺6英寸（5.64米）	最大升限（近似值）：100000英尺（30480米）
轮距：16英尺8英寸（5.08米）	
轮轴距：37英尺10英寸（11.53米）	作战升限：85000英尺（25908米）
动力装置	在总重140000磅（63503千克）情况下起飞滑跑距离：5400英尺（1646米）
2台普拉特·惠特尼公司J58型加力燃烧排气涡轮喷气引擎，单台推力（打开加力燃烧室）32500磅（144.57千牛）	
	最大着陆重量情况下着陆滑跑距离：3600英尺（1097米）
重量	**航程**
空重：67500磅（30617千克）	3.0马赫最大不加油航程：3250英里（5230千米）
最大起飞重量：172000磅（78017千克）	
	作战半径（典型）：1200英里（1931千米）
燃油与载荷	
总燃油量：12219美制加仑（46254千克）	3.0马赫不加油最长续航时间：1小时30分
内部传感器装载量（近似值）：2770磅（1256千克）	

↓SR-71主要的光学探测器是2台焦距为48英寸的照相机,能够航拍飞行路径(飞行距离在1544～3000千米)两侧的地形。机头的光学相机用于拍摄敌方边境纵深的全景倾斜图像。有了这种光学相机,SR-71可以拍摄2735～5421千米的狭长地带。在正常飞行高度上使用1种以上的照相系统,1架SR-71可以在1小时内拍摄155340平方千米的区域。

87 喷口调节片;

88 左外侧升降副翼;

89 升降副翼钛合金翼肋;

90 下方拱形前缘;

91 前缘对角线翼肋;

92 钛合金外侧机翼板;

93 外侧升降副翼液压动作筒;

94 引擎舱第三风门片;

95 引擎机舱/整体式外侧机翼板;

96 引擎罩/机翼板铰接轴;

97 左侧引擎舱环状结构;

98 内侧机翼板整体油箱;

99 多翼梁钛合金机翼;

100 主起落架轮舱;

101 轮舱热防护套;

102 液压回收动作筒;

103 主起落架枢轴固定点;

104 主轮支柱;

105 进气道;

106 外机翼板/引擎机舱边条;

107 3轮小车式主起落架,向内侧收起;

108 左侧引擎进气道;

109 可移动的进气道整流锥;

110 进气道整流锥;

111 内侧前缘对角线翼肋;

112 机翼内部整体油箱;

113 翼根/机身连接根部翼肋;

114 钛合金大坡度机身结构。

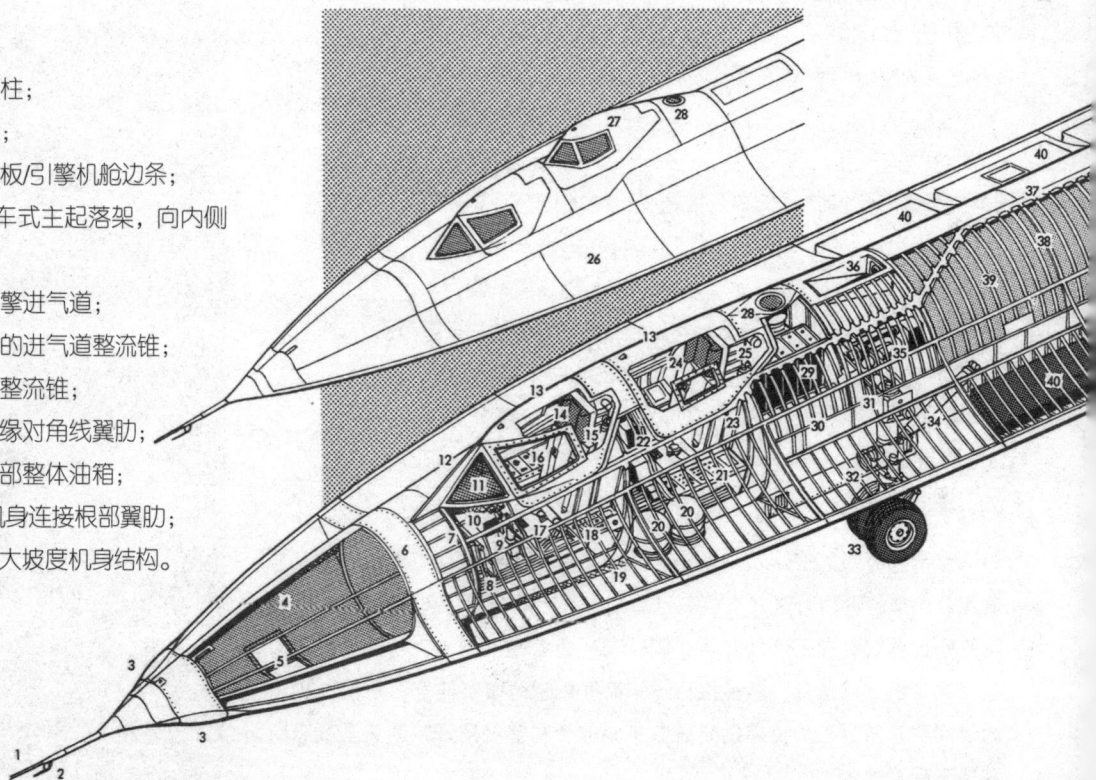

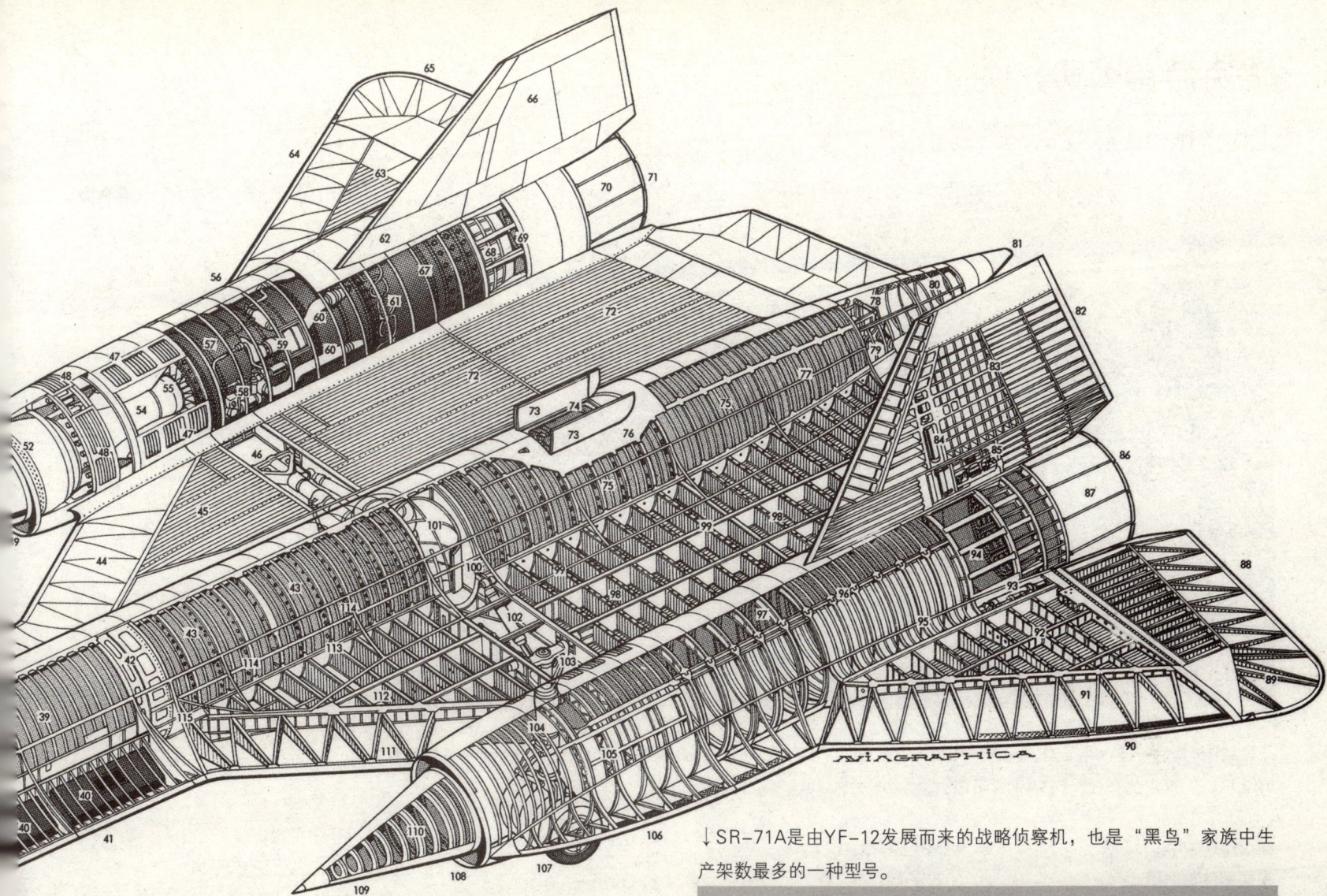

↓SR-71A是由YF-12发展而来的战略侦察机，也是"黑鸟"家族中生产架数最多的一种型号。

洛克希德公司，U-2

Lockheed U-2

↑U-2R是最后一款U-2改型，但是1978年美国重启U-2生产线，生产了29架由U-2R发展而来的TR-1A战场监视飞机。20世纪90年代，所有的TR-1A改称U-2R。

U-2R/TR-1A
主要部件剖面图

1 机头雷达罩；
2 雷达冷却进气口；
3 休斯公司先进合成孔径雷达系统天线；
4 雷达系统设备模块；
5 可互换的机头部分安装舱壁；
6 航空电子设备舱；
7 空速管；
8 下视潜望镜/偏流计；

9 前密封舱壁；
10 仪表板；
11 风挡玻璃；
12 座舱罩，向左侧开启；
13 座舱紫外线防护层；
14 后视镜；
15 座舱紧开启放装置；
16 飞行员零-零弹射座椅；
17 倾斜式后密封舱壁；
18 照相情报系统；
19 光学缝隙式全景摄影机；

20 设备空调进气口；
21 Q舱任务设备隔舱；
22 天文惯性导航系统设备；
23 卫星天线；
24 E舱航空电子设备隔舱；
25 左侧引擎进气道；
26 进气道空气溢出管；
27 主轮舱门；
28 双主轮向前收起；
29 着陆/滑行灯；
30 主起落架轮舱；

31 机腹天线，"农场"通信情报系统；
32 引擎舱舱壁；
33 引擎压气机进气道；
34 液压泵；
35 液氧容器；
36 空调设备舱；
37 机背特高频通信天线；
38 可互换任务吊舱；
39 前缘失速条；
40 机翼蒙皮；
41 右侧航行灯；
42 翼尖威胁告警接收机吊舱；
43 右侧副翼；
44 红外干扰欺骗吊舱；
45 右侧平板襟翼，内侧、外侧两段；
46 设备吊舱尾部整流罩；
47 防撞灯；
48 引擎滑油箱；
49 机翼板连接部件；
50 机械式机翼支撑主结构；
51 左侧机翼整体燃油箱；
52 加油口盖；
53 机翼翼肋；
54 吊舱支撑肋；
55 襟翼遮盖翼肋；
56 内侧平板襟翼；
57 普拉特·惠特尼公司J57-P-13B型无加力燃烧室涡轮喷气引

↑克拉伦斯·杰克逊曾是最有名的飞机设计师之一。他曾负责设计U-2系列、F-104"星斗士"和SR-71"黑鸟"。照片中，他站在一架美国宇航局的ER-2前面，这是U-2R的一个特殊型号。

↓美国航空航天局在默菲特机场利用ER-2型飞机进行高空实验工作，他们早期也曾使用过U-2C型飞机。图中近景的这架飞机装有高空大气样品收集设备。

U-2R技术说明

主要尺寸
长度：62英尺9英寸（19.13米）
高度：16英尺（4.88米）
翼展：103英尺（31.39米）
机翼展弦比：10.6
机翼面积：大约1000英尺²（92.90米²）

动力装置
1台普拉特·惠特尼公司J75-P-138型涡轮喷气引擎，推力17000磅（75.62千牛）

重量与载荷
基本空重（无动力系统和设备吊舱）：10000磅（4536千克）
作战空重：大约15500磅（7031千克）
最大起飞重量：41300磅（18733千克）
燃油载量：76498磅（3469千克）

传感器装载量：3000磅（1361千克）

性能
最大速度：0.8马赫
70000英尺（21335米）高度最大巡航速度：大于430英里/时（692千米/时）
海平面最大爬升率：大约5000英尺（1525米）/分
爬升时间：爬升至65000英尺（24385米）用时35分钟
起飞滑跑：最大起飞重量，大约650英尺（198米）
着陆滑跑：最大着陆重量，大约2500英尺（762米）

航程
最大航程：大约6250英里（10060米）
最大续航时间：12小时

↓U-2经常被看成是一个带着喷气式发动机的巨大的滑翔机。它不仅可以像滑翔机一样在空中翩翩起舞，而且着陆也需要很高的驾驶技巧。另一名驾驶员坐在U-2后座上，协助飞行员驾机。

↓当最后一架F-106"三角标枪"从美国空军退役之后，U-2R就成为美国空军现役飞机中唯一使用普拉特·惠特尼公司J57型引擎的飞机。就像20世纪50年代的U-2A型飞机一样，U-2R也存在着机身限制问题。而解决这一问题的答案就是换装通用电气公司的F118型引擎（与B-2采用的引擎类似）。1989年5月23日，一架实验飞机进行了首飞。尽管这次实验的结果被给予了高度的评价，但是直到1994年第一架生产型的U-2S才首次升空。F118型引擎被安装在了机身的中部，并通过一条长长的管道与尾喷管相连。这种引擎在其作战高度能产生比较小的推力，此时U-2的巡航速度比失速速度大不了多少。

69 后威胁告警雷达接收机；
70 可调水平尾翼角度控制动作筒；
71 升降舵片；
72 左侧升降舵；
73 水平尾翼前缘蒙皮支撑肋；
74 可收放的推力增强喷嘴；

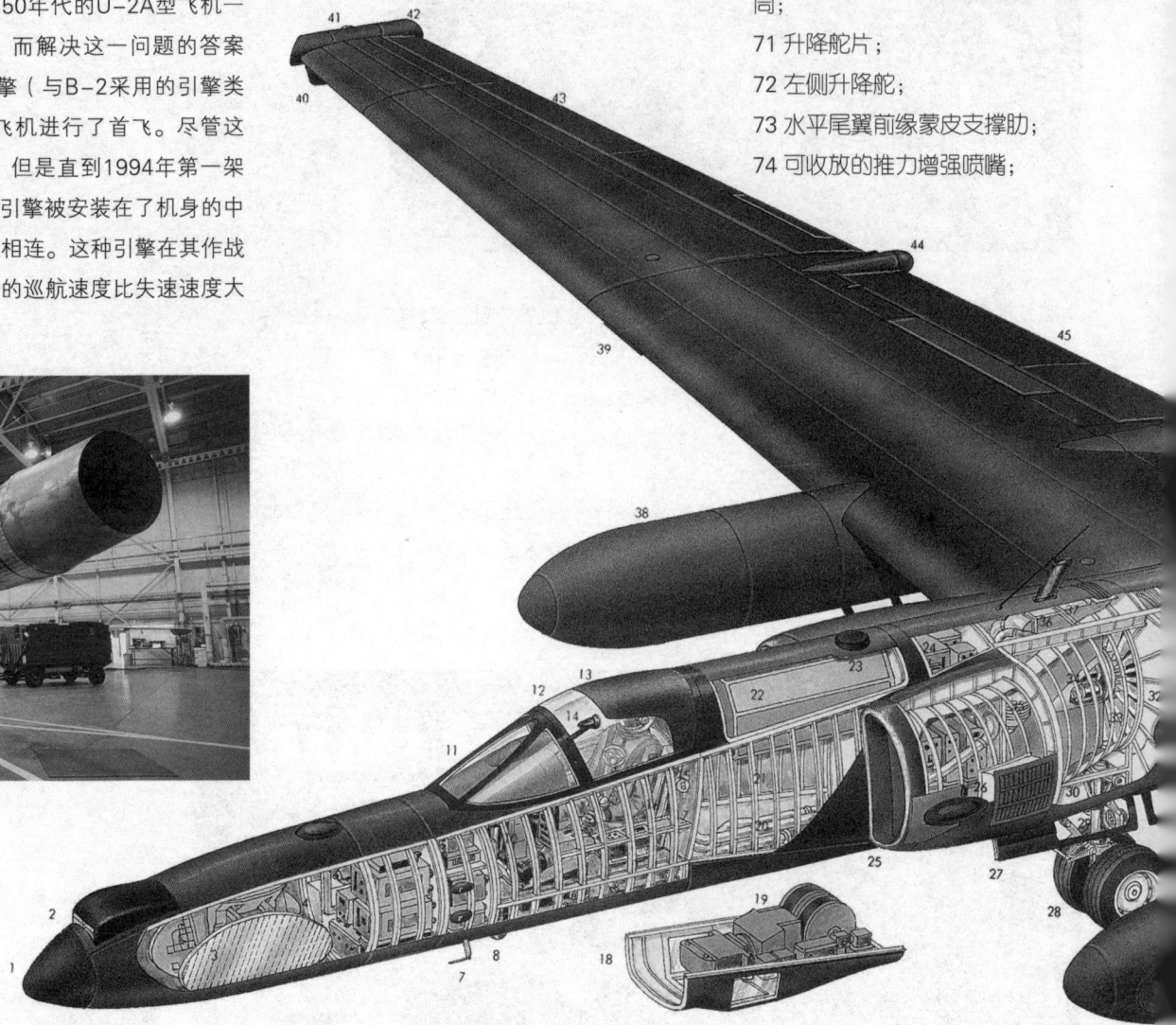

擎；
58 后机身分割点，更换引擎用；
59 延长的垂直尾翼边条整流罩；
60 通信设备隔舱；
61 右侧可调水平尾翼；
62 右侧升降舵；
63 垂直尾翼前缘高频天线；
64 机尾航行灯；
65 燃油通风装置；
66 电子对抗天线；
67 方向舵；
68 固定方向舵片；

75 可调水平尾翼枢轴固定点；
76 热防护尾喷管；
77 机腹任务设备舱；
78 数据连接天线；
79 尾轮舱门；
80 实心轮胎双尾轮；
81 左侧减速板；
82 减速板液压动作筒；
83 左侧设备吊舱尾部整流罩；
84 扰流器/升降装置；
85 外侧平板襟翼；

86 燃油排放管；
87 左侧副翼；
88 翼尖威胁告警接收机吊舱；
89 左侧航行灯；
90 耐磨翼尖蒙皮；
91 人工折叠翼尖铰接点；
92 左侧可拆卸的翼下起落架；

93 机翼板外侧整体燃油箱；
94 加油口盖；
95 前缘失速条；
96 3翼梁机翼扭矩盒；
97 前缘整体燃油箱；
98 机腹"独木舟"天线——电子
情报接收器；
99 外侧电子情报天线。

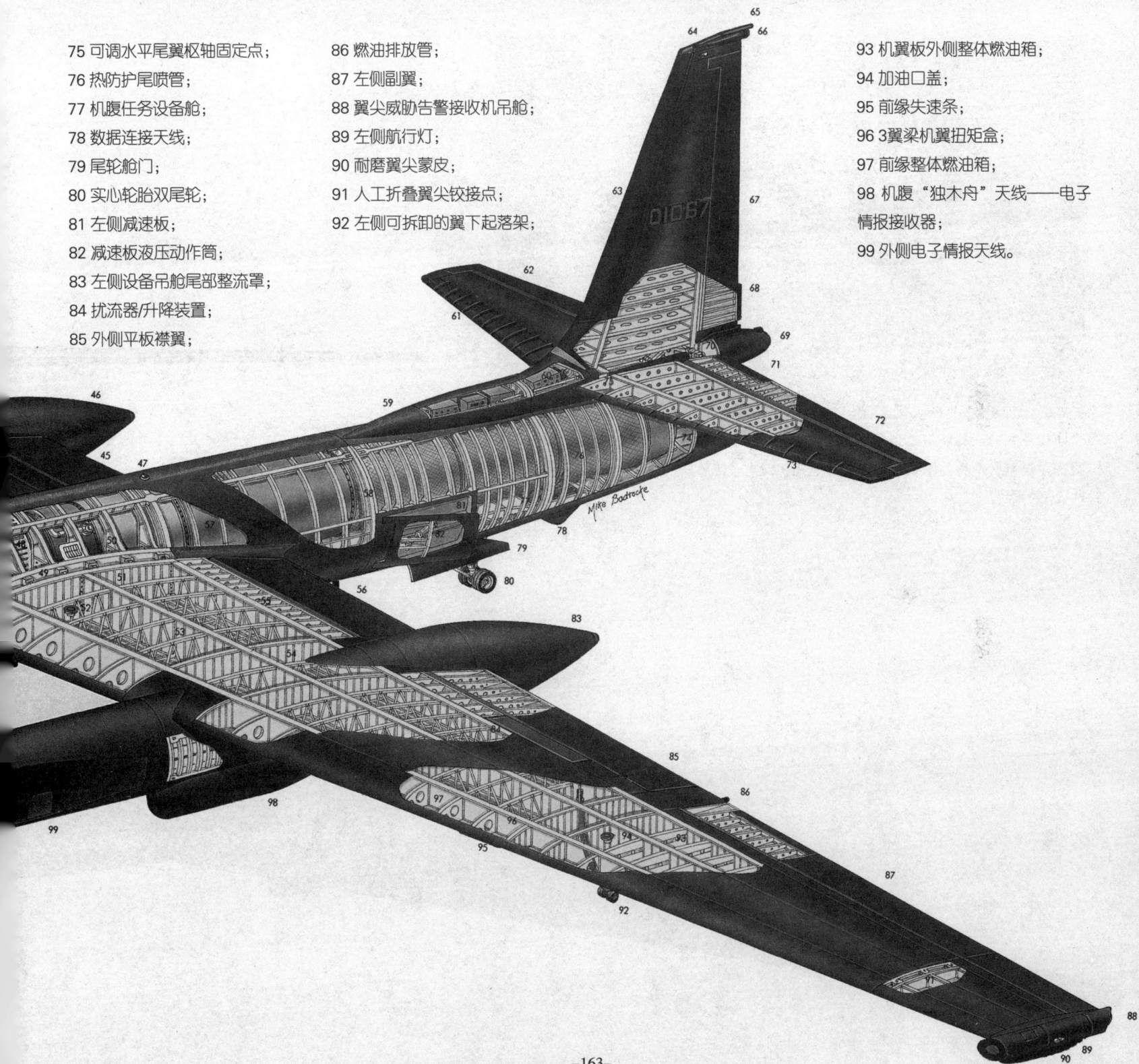

Mike Badrocke

↑U-2巨大的机翼能将其带到极高的地方，在那里机上的传感器能够从数英里以外窥探军事禁区。得益于机上的雷达、照相机或电子传感器，没有什么东西能够逃出U-2R的眼睛。

↑U-2R机身上方安装了"高级跨度"吊舱。该系统可以通过卫星数据链将机载"高级玻璃"信号情报（SIGINT）套件收集的情报数据发送出去，曾在前南斯拉夫的作战行动中使用过。

北美飞机制造公司，RA-5C "民团团员"
North American RA-5C Vigilante

↑ "民团团员"巨大的身躯使其成为一种不受指挥官欢迎的飞机，而且对于经验欠缺的飞行员来说，驾驶这种飞机会比较危险。然而在被改装成一种战术侦察平台之后它所表现出的无与伦比的能力使得直到它退役20年之后的今天仍然无法找到能够与其相匹敌的成功机型。

RA-5C "民团团员"
主要部件剖面图

1 空速管；
2 铰接式机头雷达罩；
3 搜索雷达天线；
4 铰接式雷达和AN/ASB-12型前向外壳（工作位置）；
5 电视光扫描器；
6 空中加油燃油管道；
7 空中加油管（收起）；
8 AN/ASB-12型轰炸引导设备；
9 雷达罩制动器；
10 雷达罩（折叠）；
11 液氧储存容器；
12 仪表板遮盖罩；
13 整体式丙烯酸风挡；
14 雷达飞行投影显示指示器；
15 控制杆；
16 方向舵踏板；
17 "塔康"天线；
18 自动测向天线；
19 AN/APR-27型天线；
20 反光镜；
21 飞行员弹射座椅；
22 座椅下高压应急氧气瓶；
23 座舱供气装置；
24 座舱罩应急空气瓶；
25 头枕；
26 飞行员座舱罩；
27 应急逃生系统弹射装药；
28 飞行员座舱罩制动器；
29 指示器供电系统；
30 轰炸计算机；
31 特高频天线；
32 雷达高度计；
33 AN/ALQ-100型天线；
34 导航员侧控制台；
35 座椅下高压应急氧气瓶；
36 导航员弹射座椅；
37 座舱罩应急空气瓶；
38 导航员舷窗；
39 头枕；
40 导航员座舱罩制动器；
41 液氧储存容器（2个）；
42 主飞行基准陀螺仪；
43 前轮舱；
44 前轮舱门；
45 前轮操纵系统；
46 滑行灯；
47 向前回收的前起落架；
48 前轮对准装置；
49 前起落架制动器；
50 主飞行控制电子设备舱；
51 飞行控制继电器；
52 敌我识别天线；
53 舱壁；
54 前机身燃油单元，455美制加仑（1722升）；
55 进气道侧板结构；
56 前可变斜板；
57 引擎机舱入口装配部件；
58 左侧进气道；
59 引擎机舱结构；
60 后可调斜板；
61 斜板制动器；
62 进气管道；
63 （机腹）弹射钢索钩（2个）；
64 主翼/机身锻件；
65 机翼前连接点；
66 附面层控制管道；
67 机身油盘燃油单元，490美制加仑（1855升）；
68 右侧翼根边条；
69 右侧副油箱，400美制加仑（1514升）；
70 AN/ALQ-41、-100型前发射天线；
71 AN/APR-25和AN/ALQ-41、-100型前接收天线；
72 机翼前缘下倾部分（内侧）；
73 下倾制动器和扭矩杆；
74 机翼折叠管道（液压和电气系统）；
75 机翼结构；
76 右侧机翼整体油箱，715美制加仑（2707升）；
77 翼展距离波纹刚性部件；
78 机翼折叠线；

79 机翼前缘下倾部分（外侧）；
80 右侧航行灯；
81 右侧编队灯；
82 机翼外侧部分（折叠）；
83 外侧扰流器偏流装置（下气流）；
84 AN/ALQ-41、-100型后接收天线；
85 中央和内侧（关闭）扰流器偏流装置（上气流）；
86 右侧襟翼；
87 附面层控制襟翼导管；
88 机翼后连接点；
89 机背整流罩；
90 翼上鞍形燃油箱，210美制加仑（795升）；
91 机翼中线装配线；
92 右侧进气道；
93 弹舱前燃油单元；
94 液压油箱空气储存箱；
95 左侧进气道；
96 左侧主轮舱；
97 回收动作筒；
98 通用枢轴；
99 主起落架放下锁定装置；
100 机翼后连接点；
101 钢质主结构和防火墙（曲线形喷管）；
102 通用电气公司J79-GE-10型涡轮喷气引擎；
103 附面层控制机身穿越管；
104 弹舱中央燃油单元；
105 1号液压蓄力器；
106 2号液压蓄力器；

107 后机身鞍形燃油箱，130美制加仑（429升）；
108 防撞灯；
109 右侧引擎滑油箱，6.10美制加仑（23升）；
110 机身后部结构；
111 水平安定面；
112 水平安定面安装结构；
113 水平安定面制动器；
114 垂直安定面制动器；
115 炸弹舱后燃油单元，885美制加仑（3350升）；
116 机身后部结构；
117 垂直安定面枢轴；
118 垂直安定面下部结构；
119 导管（从前至后：电气系

RA-5C"民团团员"技术说明

主要尺寸

长度：76英尺6英寸（23.35米）

长度（垂直尾翼和雷达罩折叠）：65英尺4.4英寸（19.92米）

翼展：53英尺（16.17米）

翼展（折叠）：42英尺（12.8米）

机翼面积：753.7英尺²（70.02米²）

高度（垂直尾翼折叠）：15英尺6英寸（4.72米）

动力装置

2台通用电气公司J79-GE-10型涡轮喷气引擎，单台推力（最大加力燃烧）17900磅（79.63千牛）

重量

空重：37498磅（17024千克）

基本重量：38219磅（17336千克）

战斗重量：55617磅（25227千克）

最大着陆重量（机场）：65988磅（29931千克）

最大着陆重量（拦阻）：47000磅（21319千克）

性能

海平面最大速度：806英里/时（1297千米/时）40000英尺（12192米）高度最大速度：1320英里（2124米）

初始爬升率：（海平面）6600英尺（2012米）/分

实用升限：49000英尺（14935米）

作战半径：1508英里（2427米）

转场航程：2050英里（3299千米）

武器装备

没有固定的武器携带方案。可以在每侧机翼下安装两个外挂点，可以挂载多种武器装备

←在进行弹射起飞时，"民团团员"的直列燃油箱可能会脱落，全部3个燃油单元很容易掉在甲板上。发生类似事故时，在大多数情况下会在甲板上造成爆炸和火灾。这种事故对航空母舰造成的损害并不算很大，而且有经验的飞行员还可以继续正常完成起飞。本图所示的是发生在1969年9月4日的一次类似事故。当时第12侦察攻击机中队的海军中校约翰·胡伯在驾机从"独立"号航空母舰上起飞时掉落了装载有885美制加仑（3350升）燃油的燃油单元。其他的一些事故就没有如此的幸运。来自同一单位的驾驶156609号飞机的机组在1973年春天，由于在起飞时油箱掉落导致火灾，当飞机发生滚转失去控制时，两名飞行员成功跳伞逃生并获救。

统、液压系统和机尾折叠钢缆）；

120 前缘绝缘板；

121 机尾折叠铰接线；

122 机尾折叠制动器；

123 垂直安定面上部结构；

124 前翼梁；

125 双工特高频通信/ALQ-55型天线；

126 电气导管；

127 垂直安定面（折叠）；

128 后编队灯；

129 电子干扰防御天线，AN/APR-18，AN/APR-25（V）或者AN/ALR-45（V）型；

130 伙伴加油用聚光灯；

131 燃油通风口；

132 AN/APR-18型天线（选装）；

133 燃油通风管；

134 电气导管；

135 蜂窝结构；

136 尾锥；

137 电子干扰防御吊杆天线，AN/ALQ-100型；

138 电子干扰防御吊杆天线，AN/ALQ-41型；

139 喷嘴整流罩；

140 可收放的变截面尾喷管；

141 蜂窝结构；

142 水平安定面；

143 水平安定面枢轴；

144 机械式端肋；

145 枢轴连接框架；

146 加力燃烧室；

147 排气喷嘴钢缆滑轮反映系统；

148 甲板着陆拦阻钩；

149 弹射起飞牵制器；

150 中央及内侧扰流器偏流装置；

151 机翼扰流器制动器；

152 左侧襟翼；

153 后缘蜂窝结构；

154 外侧扰流器偏流装置；

155 AN/ALQ-41、-100型接收机天线；

156 机翼外侧部分；

157 罗盘；

158 左侧编队灯；

159 左侧航行灯；

160 外侧前缘下垂结构；

161 下垂制动器和扭矩杆；

162 机翼折叠制动器；

163 机翼折叠铰接线；

164 翼展距离刚性部件；

165 外挂架；

166 左侧机翼整体油箱，715美制加仑（2070升）；

167 左侧副油箱（400美制加仑/1514升）（或者夜间摄影闪光吊舱，只能挂载于内侧挂架）；

168 AN/APR-25型和AN/ALQ-41、-180型前接收机天线；

169 高强度合金主起落架；

170 左侧主轮；

171 模块化多传感器机腹侦察吊舱；

172 被动电子对抗天线；

173 AN/APD-7型机载侧视雷达（下方还有AN/AAS-21型红外传

↑"民团团员"飞机最重要的型号是RA-5C型，它的主传感器是一个巨型机载侧视雷达，与其他照相机一起安装在机身下方。在越战期间，RA-5型飞机通常由F-4型战斗机护航，防范"米格"战斗机的攻击。为了能够跟上"轻装上阵"的RA-5C型飞机，满载的F-4型战斗机需要加力燃烧室。

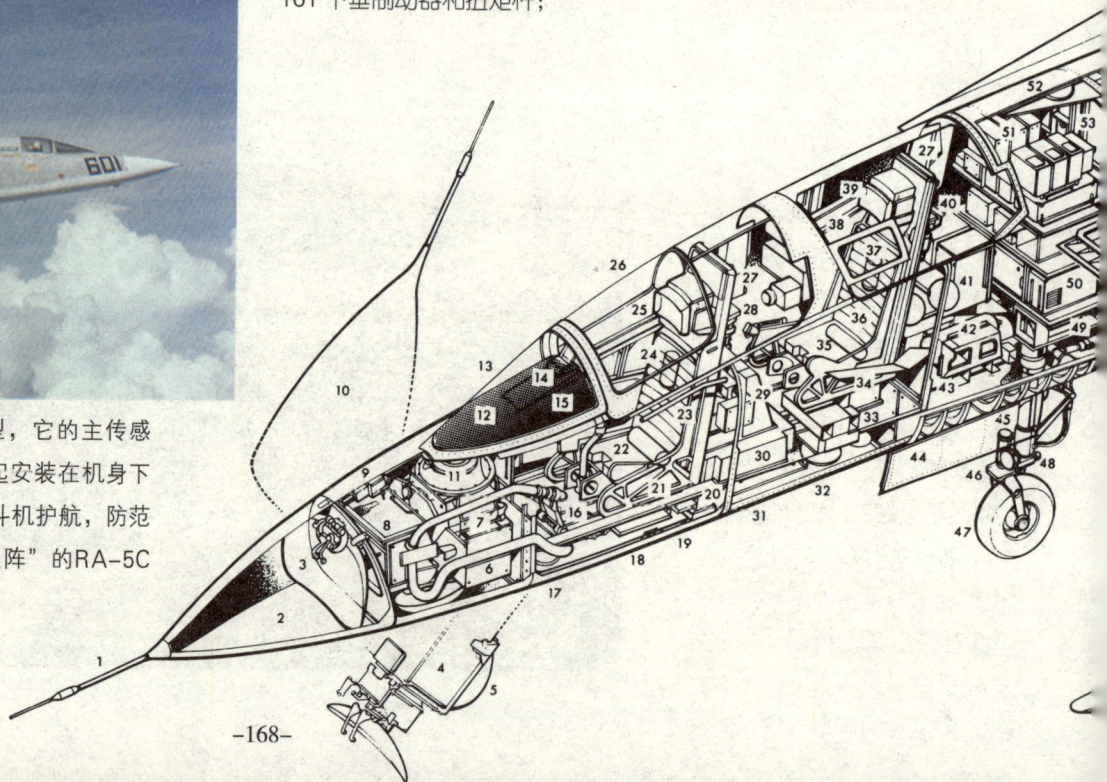

感器，图中没有表现）；

174 被动电子对抗装置；

175 侦察电子设备；

176 图像运动补偿照相机控制装置；

177 记录放大器；

178 数据换流器；

179 11和12波段接收机；

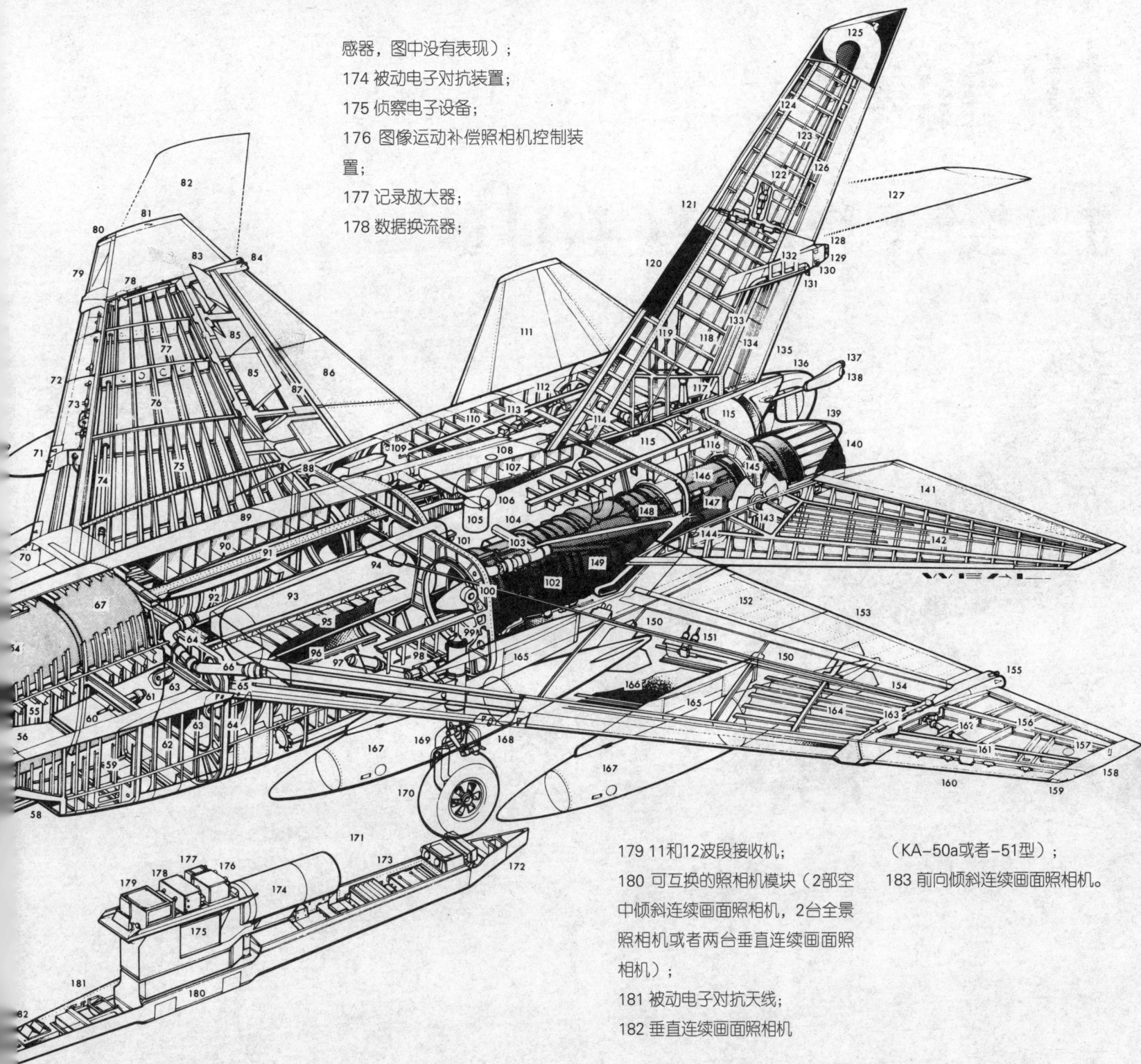

180 可互换的照相机模块（2部空中倾斜连续画面照相机，2台全景照相机或者两台垂直连续画面照相机）；

181 被动电子对抗天线；

182 垂直连续画面照相机

（KA-50a或者-51型）；

183 前向倾斜连续画面照相机。

加油机
Tanker Aircraft

波音公司，KC-135"同温层油船"
Boeing KC-135 Stratotanker

↑美国空军后备役部队拥有3个中队的KC-135R型加油机与1个中队的KC-135E型加油机，空军国民警卫队拥有10架KC-135E型加油机与13架KC-135R型加油机。图为堪萨斯州福布斯菲尔德基地第190空中加油机联队的一架KC-135E型加油机。

KC-135R 型"同温层油船"
主要部件剖面图

1 雷达整流罩；
2 气象雷达搜索天线；
3 仪表着陆系统天线；
4 前部密封舱壁；
5 甲板下的设备舱；
6 机腹部进口；
7 方向舵踏板；
8 仪表板；
9 风挡玻璃雨刷；
10 仪表板护罩；
11 风挡玻璃；
12 顶部控制面板；
13 水上迫降把柄；
14 座舱顶窗；
15 副驾驶员座椅；
16 驾驶员座椅；
17 空速管；
18 前轮舱；
19 出口扰流板；
20 进入舱门；
21 双前轮，向前收起；
22 登机梯；
23 出入舱门；
24 指令官座椅；
25 领航员位置；
26 空中加油口；
27 天体跟踪观察窗，天文导航系统；
28 "塔康"天线；
29 座舱门；
30 航空电子设备架；
31 领航员座；
32 临时成员座椅；
33 电子设备架；
34 机舱空气导管；
35 电池组；
36 洗脸池；
37 乘员抽水马桶；
38 指挥灯，用于空中接收飞机进行加油，左右各一各一个；
39 前部甲板下的油箱单元（4个），容量为4890英制加仑（5800美制加仑；21955升）；
40 货舱门卡锁；
41 舱门尺寸，9英尺6英寸×6英尺6英寸（2.9米×1.99米）；
42 货舱甲板骨架；
43 捆绑装置；
44 货舱门液压千斤顶与铰接装置；
45 向上开启的货舱门；
46 甚高频/超高频天线；
47 安装于货舱门上的测向仪天线；
48 通往上部机舱的空调送风管；

KC-135A "同温层油船" 技术说明

主要尺寸

长度：136英尺3英寸（41.53米）

高度：41英尺8英寸（12.70米）

翼展：130英尺10英寸（39.88米）

机翼展弦比：7.04

机翼面积：2 433.00 英尺²（226.03米²）

平尾翼展：40英尺3英寸（12.27米）

轴距：46英尺7英寸（14.20米）

动力装置

4台普拉特·惠特尼公司生产的J57-P-59W型涡轮喷气引擎，每台推力为13760磅（61.16千牛）

重量

作战空重：106306磅（48220千克）

最大起飞重量：316000磅（143335千克）

燃油与载荷

机内燃油：189702磅（86047千克）

最大有效载荷：83000磅（37650千克）

性能

高空最大水平速度：530节（610英里/时；982千米/时）

35000英尺（10670米）高度的巡航速度：462节（532英里/时；656千米/时）

卸载120000磅（54432千克）燃油的作战半径：1000海里（1151英里；1854千米）

实用升限：45000英尺（13715米）

在炎热、高原条件下最大起飞重量典型起飞距离：10700英尺（3261米）增加到14000英尺（4267米）

海平面最大爬升率：每分钟1290英尺（393米）

---

49 机翼检查灯；

50 前部翼梁固定机身主结构；

51 中部油箱（6个），6084英制加仑（7306美制加仑；27656升）；

52 机翼上部逃逸舱门，左右各一；

53 机翼中部骨架；

54 甲板纵梁骨架；

55 机身结构与纵梁骨架；

56 货舱顶部空气分配导管；

57 内侧整体机翼油箱，1894英制加仑（2275美制加仑；9612升）；

58 油箱注油口；

59 3号右内侧飞机引擎舱；

60 飞机引擎舱挂架；

61 机翼中部主整体油箱，1717

英制加仑（2062美制加仑；7805升）；

62 放油通路；

63 前缘襟翼液压千斤顶；

64 前缘襟翼；

65 No.4右外侧飞机引擎舱；

66 外侧飞机引擎舱挂架；

67 外侧后备整体油箱，361英制加仑（434美制加仑；1643升）；

68 可选择配备的锥形软管空中加油吊舱（法国的C-135FR型安装有）；

69 右侧航行灯；

70 外侧低速副翼；

71 副翼内部平衡板；

72 扰流板联动装置；

73 副翼铰接装置控制联动装置；

74 副翼配重；

75 外侧双缝襟翼段；

76 外侧扰流板，打开状态；

77 扰流板液压千斤顶；

78 襟翼导轨；

79 襟翼千斤顶；

80 副翼配重；

81 内侧高速副翼；

82 节气阀；

83 副翼联动装置；

84 内侧扰流板，打开状态；

85 内侧双缝襟翼段；

86 防撞灯；

87 主轮上部的密封板；

88 后部翼梁固定机身主结构；

89 左侧主轮舱；

90 主轮舱隔板；

91 后部甲板下的油箱单元（5个），5311英制加仑（6378美制加仑；24143升）；

92 机舱舷窗；

93 面向中间的士兵座椅，E30型座椅；

94 分离式顶部货物导轨；

95 货物吊索/绞盘；

96 后舱载货甲板；

97 后部逃生出口（仅右侧有）；

98 士兵座椅（收起的状态）；

99 后部机身刚性部件表面；

100 辅助动力装置：空气支持导管；

101 加油管操作员舱的进口，左右各一；

102 舱壁绝缘内衬；

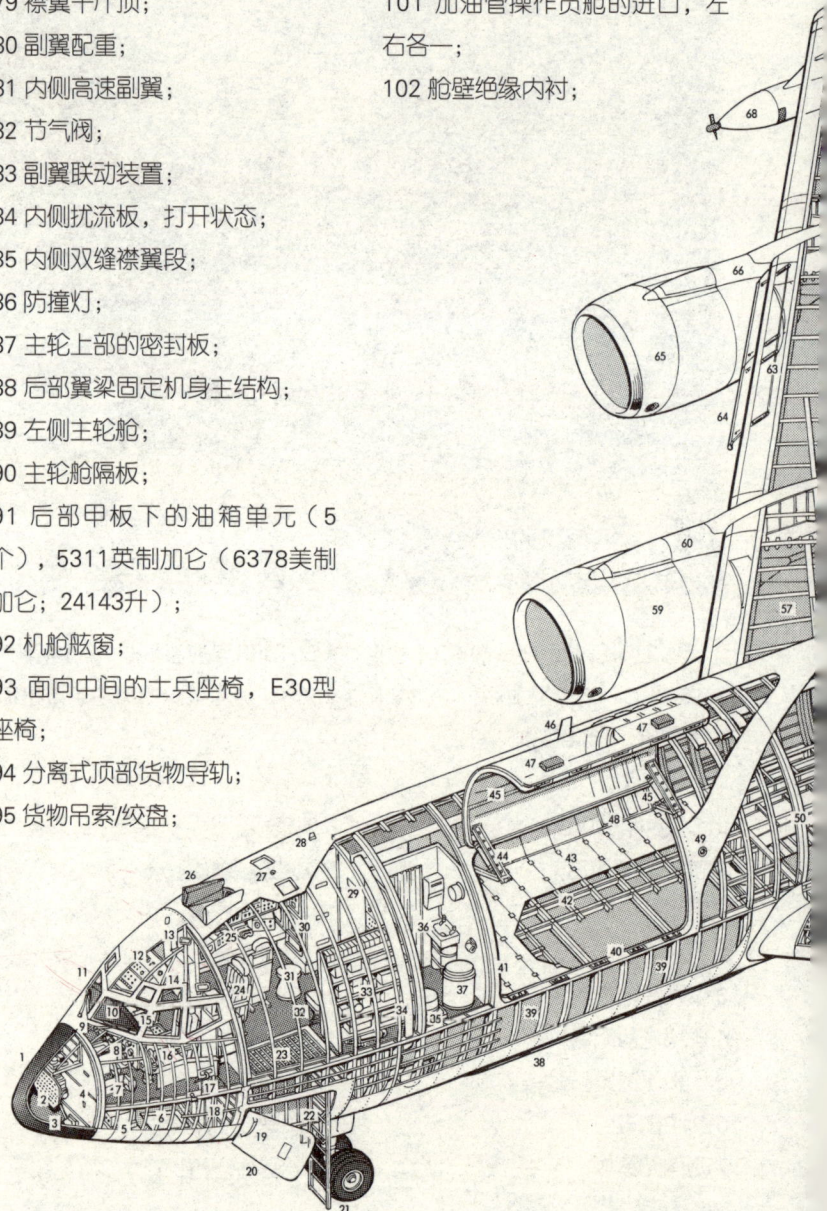

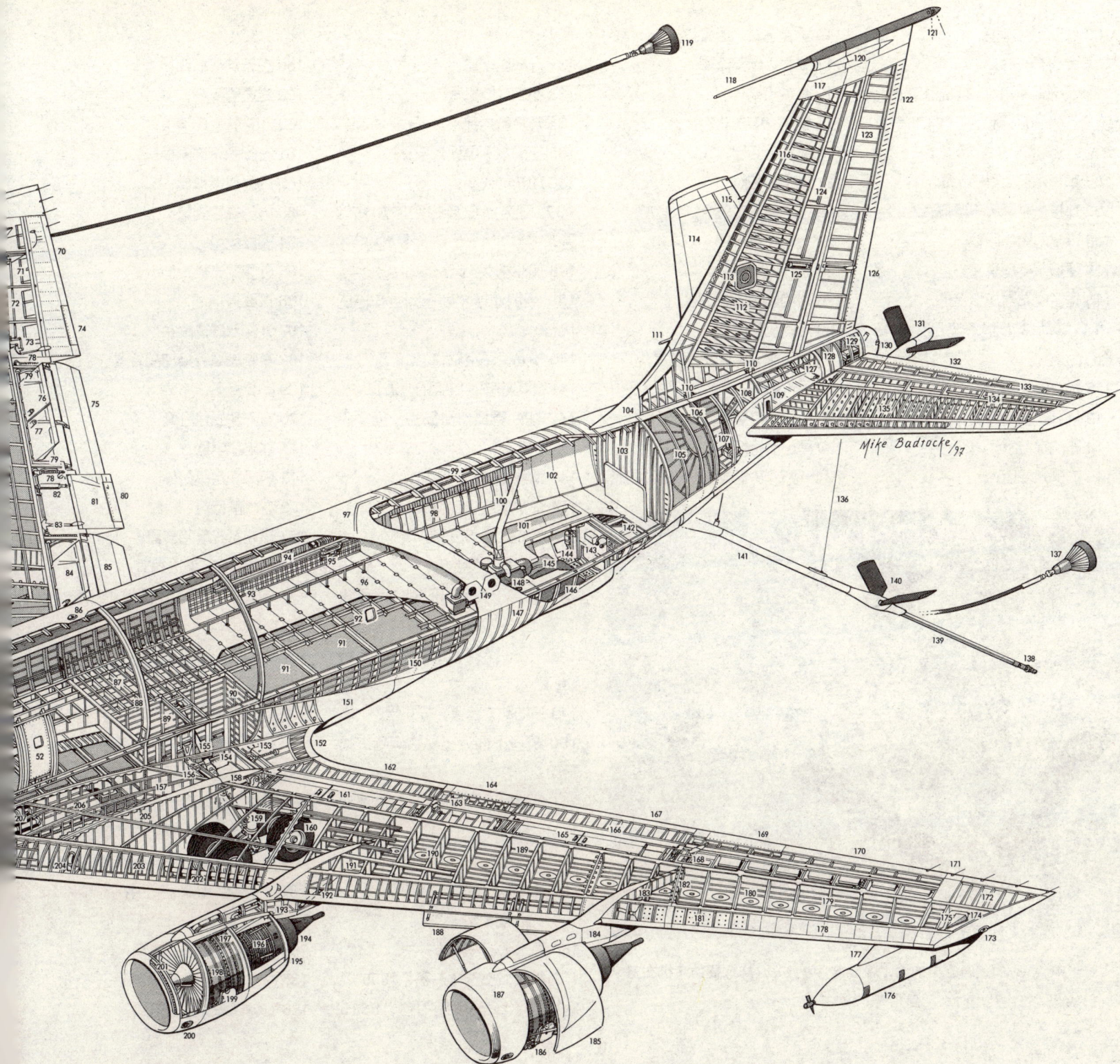

Mike Badrocke/97

103 后部密封舱壁；

104 翼根整流片；

105 后部甲板上方的油箱单元，容量为1810英制加仑（2175美制加仑；8230升）；

106 垂直尾翼翼梁固定隔板；

107 焊接水平尾翼千斤顶；

108 水平尾翼中段；

109 焊接水平尾翼密封垫；

110 垂直尾翼附加接合处；

111 载荷感觉器系统压力感受器；

112 垂直尾翼骨架；

113 甚高频全向天线；

114 右侧焊接水平尾翼；

115 右侧升降舵；

116 垂直尾翼前缘翼肋；

117 翼尖天线整流罩；

118 高爆天线；

119 右侧空中加油软管；

120 高频调节器；

121 空中加油灯；

122 方向舵固定后缘；

123 方向舵骨架；

124 内部平衡板；

125 方向舵液压制动器；

126 方向舵配重；

127 焊接水平尾翼铰接装置；

128 尾锥骨架；

129 坠毁定位装置；

130 尾部航行灯与频闪灯；

131 硬加油管（处于收起的位置）；

132 升降舵配重；

133 左侧升降舵骨架；

134 升降舵内部平衡板；

135 左侧水平尾翼骨架；

136 加油管缆线；

137 可选择安装的空中加油软管；

138 加油管头；

139 硬加油管（处于完全伸出的状态）；

140 加油管稳定翼；

141 硬加油管，放下的位置；

142 加油管操作员窗盖，处于收起的状态；

143 观察窗；

144 空中加油控制面板；

145 加油管操作员的卧床；

146 飞行教员的卧床；

147 机身下面突出部刚性元件表面；

148 可选择安装的辅助动力装置；

149 辅助动力装置：排气管；

150 机身下面突出部结构与纵梁骨架；

151 机翼根部后缘；

152 襟翼；

153 襟翼操纵千斤顶；

154 主轮舱门；

155 主起落架支杆；

156 液压回收千斤顶；

157 机翼根部整体油箱，1895英制加仑（2275美制加仑；8615

158 主起落架枢轴；

159 减震器支杆；

160 四轮式主起落架；

161 左侧内侧扰流板；

162 内侧双缝襟翼；

163 内侧高速副翼；

164 副翼配重；

165 外侧扰流板；

166 襟翼骨架；

167 外侧双缝襟翼；

168 左侧副翼铰接控制装置；

169 副翼配重；

170 左外侧低速副翼；

171 静电放电器；

172 后缘固定段骨架；

173 左侧航行灯；

174 燃油系统放油装置；

175 机腹NACA型进气道；

176 左侧可选择配备的锥形软管空中加油吊舱；

177 空中加油吊舱挂架；

178 前缘表面镶板；

179 外侧机翼骨架；

180 机翼下表面/纵梁面检修孔；

181 前缘除霜空气管道；

182 外侧机翼接合翼肋；

183 引擎挂架固定翼肋；

184 左外侧飞机引擎舱挂架；

185 飞机引擎罩盖，引擎安装口；

186 引擎附加设备变速箱；

187 No.1左外侧飞机引擎舱；

188 左侧前缘克鲁格襟翼；

↑经过KC-135的定时空中加油，像E-3"哨兵"这样重要的飞机在空中飞行的时间可由几小时增加到几天。

189 左侧机翼整体油箱；

190 左侧机翼骨架；

191 内侧飞机引擎舱固定翼肋；

192 飞机引擎舱支杆；

193 飞机引擎舱挂架骨架；

194 引擎中央部位，热气喷口；

195 涡扇气、冷气喷口；

196 引擎涡轮部件；

197 CFN国际公司F108-CF-100
（CFM56-2A2）型涡轮风扇引
擎；

198 引擎涡扇外罩；

199 远程燃油箱；

200 除霜排气管；

201 进气口边缘除霜放气口；

202 引擎放气管道；

203 前缘骨架；

204 压力加油接口，左右各一；

205 主起落架固定翼肋；

206 空调系统热交换器；

207 机腹空调装置；

208 热交换器冲压进气口；

209 着陆灯。

→早期的KC-135A在机身前部有一个大型的货舱门。

→1991年"沙漠盾牌"行动中，KC-135A型加油机为美国与欧洲国家派往海湾地区的飞机进行空中加油。之后，又转而帮助军事空运司令部的运输机进行人员与设备的运送。大约200架KC-135型加油机被直接指派到战区，由临时空中加油联队指挥。与此同时，其他几百架加油机则有规律地飞行于美国与海湾地区之间。海湾战争期间，大约共进行了15000次空中加油飞行，美国空军、美国海军、美国海军陆战队及联军的近46000架飞机接受了空中加油。虽然KC-135型加油机被限定于沙特阿拉伯北空区域为其加油区，但它有时也冒险穿越伊拉克边境为燃料不足的飞机提供燃油。

麦克唐纳·道格拉斯公司，KC-10 "补充者"

McDonnell Douglas KC-10 Extender

↑1999年以美国为首的北约联军发动的科索沃战争期间，美国空军派遣24架KC-10A型加油机组成联军加油机部队，穿梭于西班牙的莫隆与德国的莱茵曼之间。图中的这架KC-10A型加油机是从德国的莱茵曼起飞的，隶属于第60空军远征联队。

KC-10 "补充者"
主要部件剖面图

1 雷达整流罩；
2 气象雷达搜索天线；
3 雷达装置；
4 前密封舱壁；
5 雷达整流罩铰接装置；
6 风挡玻璃雨刷；
7 风挡玻璃；
8 仪表板护罩；
9 操纵杆；
10 方向舵踏板；
11 无线电与电子设备；
12 驾驶舱甲板；
13 飞行员座椅；
14 顶部系统控制面板；
15 飞行技师控制面板；
16 观测员座椅；
17 驾驶舱门；
18 空中加油照明灯；
19 通用空中加油口；
20 洗手间；
21 机组成员行李柜；
22 厨房；
23 空调冲压进气口；
24 登机舱门；
25 空调系统面板；
26 前部着陆传动杆；
27 双前轮；
28 前起落架舱门；
29 空调设备；
30 乘客座椅，6名成员与14名辅助人员；
31 前部座舱顶部面板；
32 上部编队灯；
33 敌我识别天线；
34 顶部空调管道；
35 机组成员休息铺位（4个）；
36 布帘；
37 货物绞盘；
38 货物安全网；
39 货舱处理系统控制箱；
40 低电压编队灯；
41 下舱氧气瓶；
42 载货甲板；
43 下舱水箱；
44 舱门液压千斤顶；
45 货舱门，102英寸×140英寸（2.59米×3.56米）；
46 "塔康"天线；
47 甚高频天线；
48 右侧引擎舱；
49 超高频卫星通信天线；
50 美国空军463L型货盘，机舱内安装有25货盘；
51 货舱主舱门；
52 前部下舱油箱单元，总容量为18075美制加仑（68420升）；
53 机身结构与纵梁骨架；

54 引导灯，左右各一；

55 机翼根部；

56 着陆灯；

57 电力系统分配设备；

58 进入设备舱的楼梯；

59 中部驱动装置；

60 机翼中央部位；

61 货舱舷窗，左右各一；

62 中段油箱，飞机基础燃油系统，容量为238565磅（108211千克）；

63 甲板横梁骨架；

64 机翼翼梁/机身主结构；

65 机翼中央骨架上部整体油箱；

66 机翼中央段舱门；

67 防撞灯；

68 右侧机翼整体油箱；

69 机翼内侧前缘；

70 引擎推进换向器格栅，打开状态；

71 右侧飞机引擎舱挂架；

72 外侧前缘板条驱动装置；

73 压力加油连接管；

74 燃油系统导管；

75 板条导轨；

76 外侧前缘板条段；

77 右侧航行灯；

78 翼尖编队灯；

79 右侧翼尖频闪光灯；

80 静电放电器；

81 副翼配重；

82 副翼液压千斤顶；

83 外侧低速副翼；

84 放油管；

85 外侧扰流板（4个），打开状态；

86 扰流板液压千斤顶；

87 襟翼液压千斤顶；

88 襟翼铰接装置整流罩；

89 外侧双翼缝襟翼，处于向下的位置；

90 高速副翼；

91 内侧扰流板；

92 内侧双翼缝襟翼，处于向下的位置；

93 机身电镀表面；

94 超高频天线；

95 中部机身骨架；

96 主轮舱上部密封甲板；

97 中部着陆轮舱；

98 载货甲板；

99 滚装传送带；

100 货舱内壁；

101 进入下舱加油位置的楼梯；

102 加油软管卷轴装置；

103 软管固定装置；

104 紧急出口舱门；

105 货舱后部空调导管；

106 高频天线；

107 中部引擎支架结构；

KC-10A "扩展者" 技术说明

主要尺寸

翼展：155英尺4英寸（47.34米）

机翼展弦比：8.8

机翼面积：3861英尺²（358.69米²）

长度：181英尺7英寸（55.35米）

高度：58英尺1英寸（17.70米）

平尾翼展：71英尺2英寸（21.69米）

轮距：34英尺8英寸（10.57米）

轴距：72英尺8英寸（22.07米）

动力装置

3台通用电气公司生产的CF6-50C2型涡轮风扇引擎，单台推力52500磅（233.53千牛）

重量

作为加油机的作战空重：240065磅（108891千克）

作为运输机的作战空重：244630磅（110962千克）

最大起飞重量：590000磅（267620千克）

燃油及载荷

飞机基本载油：238236磅（108062千克）

机身油箱单元：117829磅（53448千克）

总机内燃油：356065磅（161508千克）

最大货物载荷：169409磅（76843千克）

性能

最大速度：0.95马赫

25000英尺（7620米）高度无外挂最大水平速度：810英里/小时（982千米/小时）

30000英尺（9145米）高度最大巡航速度：564英里/小时（908千米/小时）

海平面最大爬升率：每分钟2900英尺（884米）

实用升限：33400英尺（10180米）

100000磅（45400千克）载荷时的正常航程：6905英里（11112千米）

最大载货量时的最大航程：4370英里（7032千米）

转场航程：11500英里（18507千米）

最大起飞重量时的平稳起飞距离：10400英尺（3170米）

最大着陆重量时的平稳着陆距离：6130英尺（1868米）

→KC-10飞行队最初漆成蓝白颜色的图案，后来出现了许多其他的颜色，包括蜥蜴绿、深灰和目前的淡灰图案。

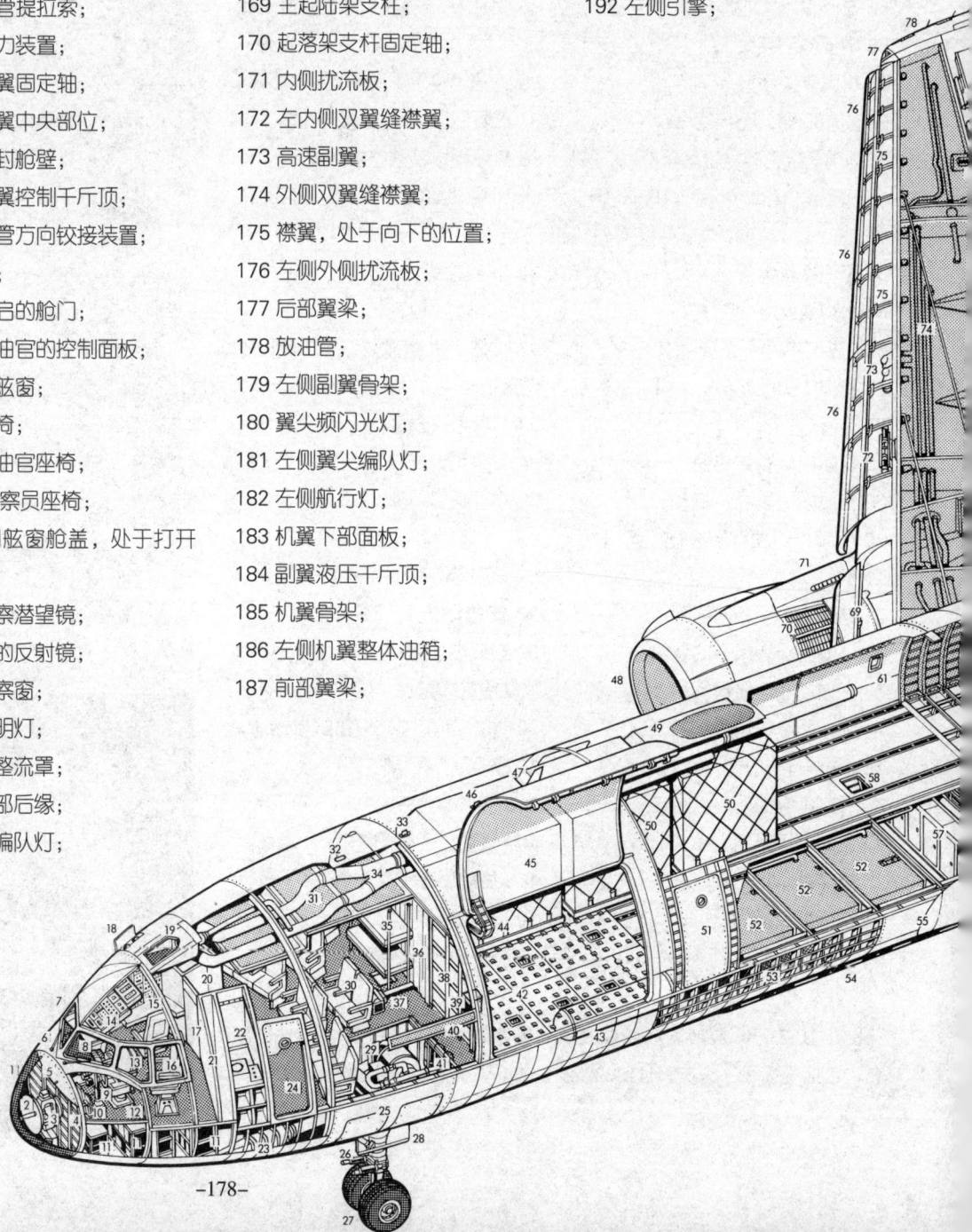

108 中部引擎进气口；

109 进气道骨架；

110 进气道环形结构；

111 垂直尾翼附加接合处；

112 右侧水平尾翼；

113 右侧升降舵；

114 垂直尾翼骨架；

115 J波段与I波段天线；

116 甚高频全向定位器（1）天线；

117 垂直尾翼翼尖整流罩；

118 甚高频全向定位器（2）天线；

119 方向舵配重；

120 两段式方向舵；

121 方向舵液压千斤顶；

122 垂直尾翼低电压编队灯；

123 中部引擎；

124 分离式引擎罩；

125 空气系统预冷器；

126 引擎固定架；

127 热气流喷口；

128 涡扇排气管；

129 分离式尾锥整流罩；

130 中部引擎阶梯；

131 平尾升降舵内侧；

132 升降舵液压千斤顶；

133 两段式升降舵；

134 空中加油软管，处于放下状态；

135 左侧水平尾翼骨架；

136 前缘翼肋；

137 硬加油管，处于放下状态；

138 硬加油管的升降舵；

139 硬加油管的双方向舵；

140 伸缩加油管；

141 回退装置；

142 加速计；

143 硬加油管提拉索；

144 辅助动力装置；

145 水平尾翼固定轴；

146 水平尾翼中央部位；

147 后部密封舱壁；

148 水平尾翼控制千斤顶；

149 加油硬管方向铰接装置；

150 供油管；

151 向下开启的舱门；

152 空中加油官的控制面板；

153 指挥用舷窗；

154 学员座椅；

155 空中加油官座椅；

156 教员/观察员座椅；

157 指挥用舷窗舱盖，处于打开状态；

158 后部观察潜望镜；

159 潜望镜的反射镜；

160 侧面观察窗；

161 机翼照明灯；

162 反射镜整流罩；

163 机翼根部后缘；

164 低电压编队灯；

165 后部油箱单元；

166 主起落架舱；

167 中央起落架液压千斤顶；

168 双轮中央起落架；

169 主起陆架支柱；

170 起落架支杆固定轴；

171 内侧扰流板；

172 左内侧双翼缝襟翼；

173 高速副翼；

174 外侧双翼缝襟翼；

175 襟翼，处于向下的位置；

176 左侧外侧扰流板；

177 后部翼梁；

178 放油管；

179 左侧副翼骨架；

180 翼尖频闪光灯；

181 左侧翼尖编队灯；

182 左侧航行灯；

183 机翼下部面板；

184 副翼液压千斤顶；

185 机翼骨架；

186 左侧机翼整体油箱；

187 前部翼梁；

188 左侧前缘板条段；

189 压力加油连接；

190 前缘除霜伸缩空气管；

191 四轮主着陆装置；

192 左侧引擎；

193 推进换向器格栅，处于关闭
状态；

194 通用电气公司生产的CF6-
50C2型涡轮风扇引擎；

195 涡扇附加变速箱；

196 引擎进气口；

197 飞机引擎舱底板；

198 飞机引擎舱挂架骨架；

199 挂架附加接合处；

200 机翼表面镶板；

201 机翼纵梁；

202 内侧机翼翼肋；

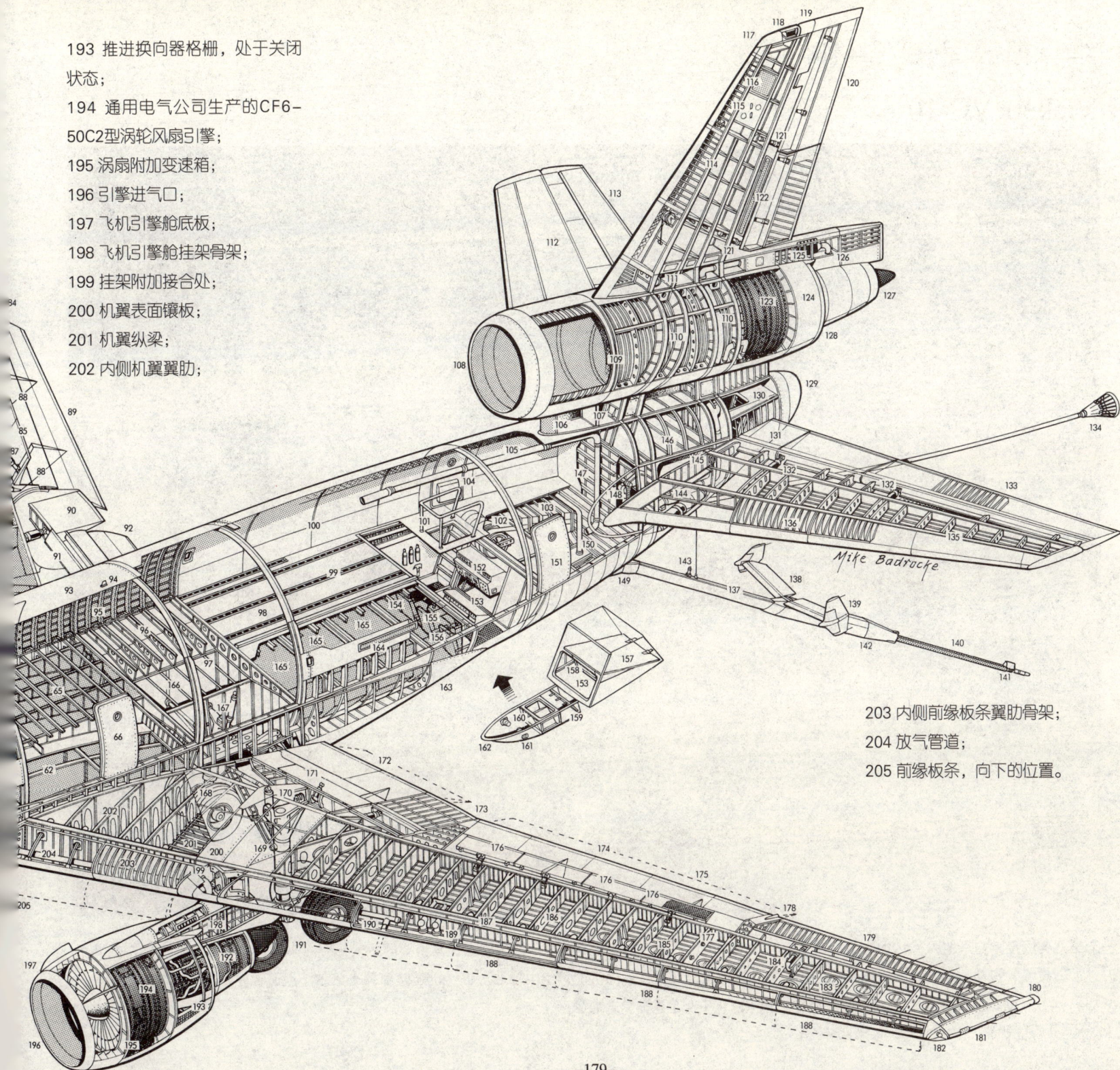

203 内侧前缘板条翼肋骨架；

204 放气管道；

205 前缘板条，向下的位置。

Mike Badrocke

维克斯公司，VC-10
Vickers VC-10

↑虽然英国皇家空军的VC-10型飞机即将达到其服役期限，但该型机依然是英国现役部队中极其重要的组成部分。VC-10型飞机曾参加过1991年的"沙漠风暴"行动；除英国皇家空军的飞机以外，还为美国海军作战飞机进行空中加油。该飞机还曾部署于巴尔干地区，并支援过联合国的各种行动。V-10K.Mk 2型最初涂的是灰绿相间图案，但大麻色机身也是非常普遍的。

↑图为第一架K.Mk2改进型，机号为ZA141，于1982年由罗伊·雷德福特驾驶在菲尔顿进行首飞，其机身上部涂有灰绿相间的伪装图案。垂直尾翼的脆弱性结构导致其加装了机号为XX914的VC-10飞机的尾部装置，而XX914飞机结束了作为英国皇家航空研究中心（贝德福德）测试平台的任务。ZA141飞机于1983年6月9日作为试验用飞机交付给了航空与飞机实验研究所。

→VC-10C.Mk1（K）型与K.Mk2型飞机在其服役届满时将会退役，这主要是由于C.Mk1（K）型的维护费用问题以及服役所需数百万英镑的检修费。因此，它们将会被废弃。如果VC-10加油型与运输型飞机的服役要求保持不变的话，它们会因此延缓退役。然而，这种形势直接导致了VC-10型飞机部队士气的下降。英国皇家空军设想，到2007年，VC-10飞机的加油任务将会由民用承包商利用波音767或空中客车A310改装的加油机来完成。由地方人员操纵民用加油机、装满燃油飞往战区的可行性目前已经得到了确定。

VC-10C.Mk1技术说明

主要尺寸

翼展：146英尺2英寸（44.56米）

机翼面积：2932英尺²（272.38米²）

机翼展弦比：7.29

机长（包括空中加油管）：158英尺8英寸（48.38米）

高度：39英尺6英寸（12.04米）

平尾翼展：43英尺10英寸（13.36米）

轮距：21英尺5英寸（6.53米）

轴距：65英尺10.5英寸（20.08米）

动力装置

4台由罗尔斯·罗伊斯公司RCo.43 Mk301型涡轮风扇引擎，单台推力为21800磅（96.97千牛）

重量

空重：146000磅（66224千克）

最大起飞重量：323000磅（146510千克）

最大起飞重量（装备K.Mk2燃油系统）：313056磅（142000千克）

最大起飞重量（装备K.Mk3燃油系统）：334882磅（151900千克）

最大起飞重量（装备K.Mk4燃油系统）：334882磅（151900千克）

燃油与载荷

最大有效载荷：57400磅（28037千克）

机内燃油：19365英制加仑（88032升）

机内燃油（K.Mk2型燃油系统）：21485英制加仑（97671升）

机内燃油（K.Mk3型燃油系统）：22925英制加仑（104217升）

机内燃油（K.Mk4型燃油系统）：19425英制加仑（88306升）

性能

31000英尺（9450米）高最大巡航速度：581英里/小时（935千米/小时）

30000英尺（9145米）高度经济巡航速度：426英里/小时（684千米/小时）

最大有效载荷时的航程：3898英里（6273千米）

海平面最大爬升率：3050英尺/分钟（930米/分钟）

实用升限：42000英尺（12800米）

最大起飞重量时爬升到35英尺（10.70米）的起飞距离：8300英尺（2530米）

正常着陆重量时的平稳着陆距离：7000英尺（2134米）

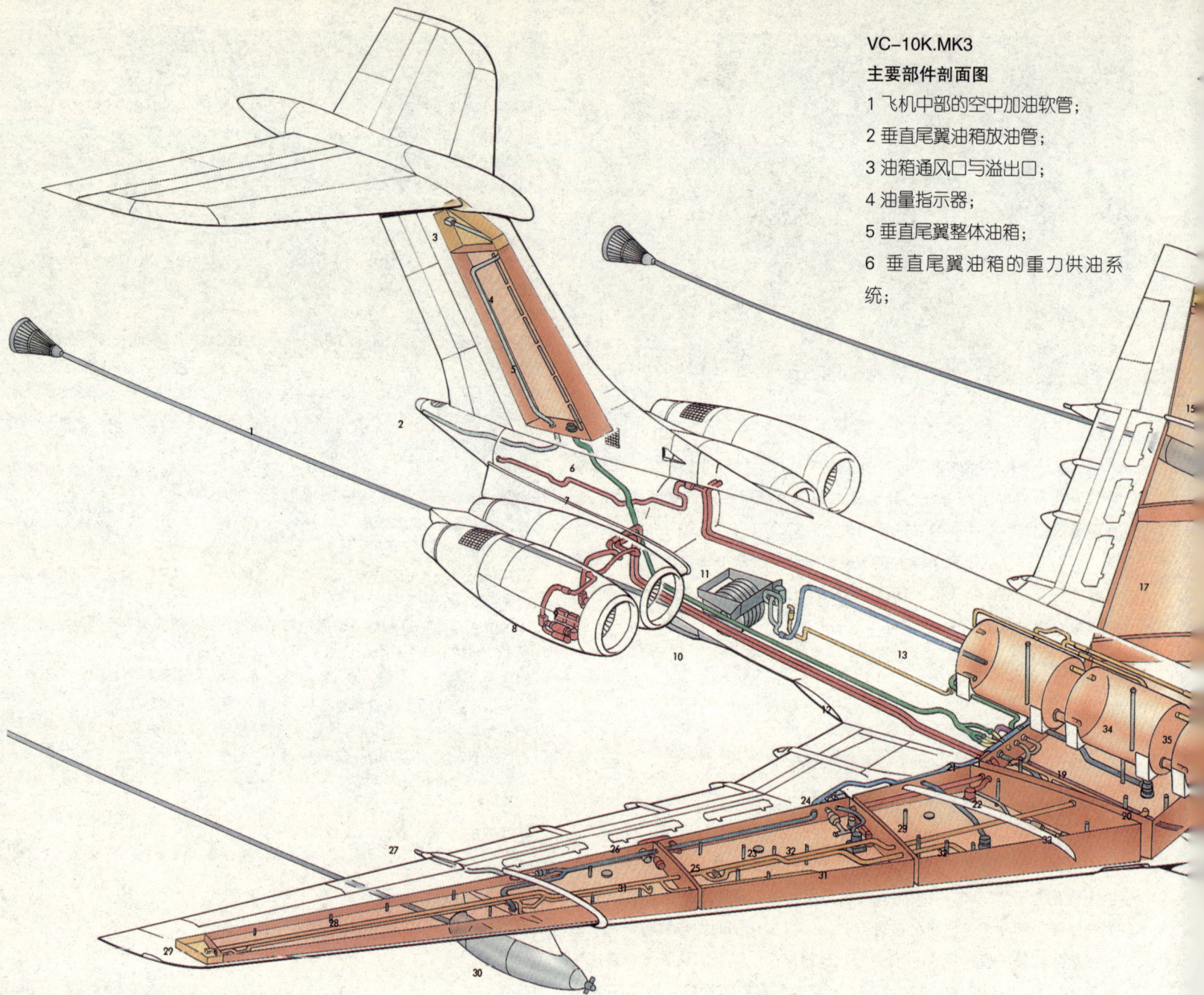

VC-10K.MK3

主要部件剖面图

1 飞机中部的空中加油软管；

2 垂直尾翼油箱放油管；

3 油箱通风口与溢出口；

4 油量指示器；

5 垂直尾翼整体油箱；

6 垂直尾翼油箱的重力供油系统；

7 辅助动力装置：供油管；
8 引擎油泵；
9 燃油控制单元；
10 软管绞盘组整流罩；
11 飞机中部的软管绞盘组；
12 引擎供油管；
13 软管绞盘组燃油供油管；
14 翼尖纵向油箱通风口；
15 外侧1号A机翼油箱；
16 Mk32型空中加油机翼吊舱
17 1号机翼油箱；
18 2号机翼油箱；
19 飞机中部油箱；
20 传输泵；
21 低压旋阀；
22 传输泵；
23 上翼面加油口；
24 压力加油连接管；左右各一；
25 机翼中部的4号油箱；
26 传输泵与油箱内部连接装置；

27 放油装置；
28 外侧4号A机翼油箱；
29 左侧翼尖纵向油箱通风口；
30 右侧Mk32型空中加油吊舱；
31 油箱通风管；
32 油量指示装置；
33 前部推进泵；
34 机身油箱单元（5个）；
35 油箱互连系统；
36 机身油箱通风管；
37 油量指示装置；
38 空中加油软管的供油管线；
39 飞行技师位置的空中加油控制
面板；
40 固定式空中空中加油管。

↑VC-10加油机型飞机在飞机头部增加了空中加油管，尾锥处安装有透博梅卡·阿图斯特520型辅助动力装置。新的VC-10飞机包括VI112型VC-10飞机与VI164型超级VC-10，而超级VC-10飞机的机身前部增设了货舱密封门。

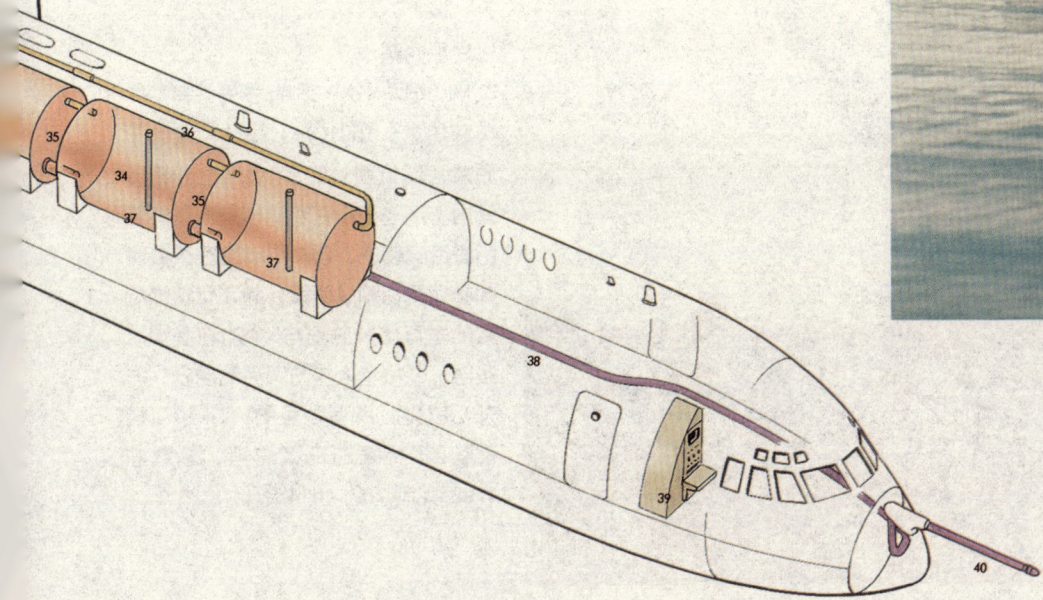

→软管加油装置

VC-10飞机上安装有两种加油装置。后部机身下面安装有LTD Mk17B型软管空中加油装置，配置有总长为70英尺（21米）的软管，每分钟可输送燃油4000磅（500英制加仑；2270升）。机翼外侧下安装有两个FRL Mk32/2800型加油装置吊舱，配置有48英寸（14.60米）长的软管，每分钟输送燃油2800磅（350英制加仑；1591升）。利用中部加油软管为一架大型飞机进行加油，或者是利用机翼加油吊舱为两架战斗机进行加油时，正常的飞行速度在250～390英里/小时（400～630千米/小时）之间。Mk17B型与Mk32型软管加油装置（如右图）装备有信号灯，用于指示受油飞机与矫正位置。漏斗形加油软管接头上安装有白灯以在夜间加油时提供可视信号。

←附加油箱

K.Mk2型与K.Mk3型都额外载有3500英制加仑（15910升）燃油，装载于原乘客舱位置处的5个等尺寸油箱单元内。这些油箱在密封前是通过货舱门进行安装的，但K.Mk2型在改装时却必须要切割成两段。除了可选择配置的垂直尾翼油箱与3个加油装置贮液器——每个大约为20英制加仑（91升）以外，所有型号的VC-10飞机都有6个标准的机翼油箱，总载油17925英制加仑（81480升）。